KB061373

2023 미래 과학 트렌드

국내 최고 과학자 집단이 선정한
3년 안에 혁신을 가져올 키워드 37

2023 미래과학 트렌드

국립과천과학관 지음

위즈덤하우스

과학은 단지 기술이나 지식이 아닙니다.

생각하는 방법이고 세상을 대하는 태도입니다.

책머리에

1969년 7월 20일은 얼마 전까지만 해도 제 인생에서 가장 벅찬 날이었습니다. 그날에 대한 기억이 실제였는지는 심하게 의심스럽지만, 어쨌든 전 그날 아폴로 11호에서 우주인들이 달에 내리는 장면을 TV 위성중계를 통해 본 것 같습니다. 당시 TV를 보면서 사람들이 감탄하며 나누던 이야기도 생생하게 기억합니다. 하지만! 어른들 말씀에 따르면 그때는 집에 TV가 없었다고 합니다. 또 제가 만 6세가 채 되지 않았을 때이기도 하고요.

아무리 생각해도 가짜 기억인 것 같습니다. 여기저기서 듣고 본 장면을 짜 맞추어 하나의 사건으로 기억하는 듯합니다. 이걸 알면서도 차마 1969년 7월 20일에 대한 집착을 버리지 못했습니다. 하지만 더 이상 아닙니다. 이제는 다른 날이 또 생겼기 때문입니다. 바로 2022년 6월 21일입니다. 전남 고흥군 나로우주센터에서 발사된 한국형 발사체 누리호 KSLV-II가 700킬로미터 상공에 180킬로그램급 성능검증위성과 1.3톤의 더미 위성을 차례로 분리시킨 날이지요. 단 16분 동안의 비행으로 대한민국은 세계 7대 우주 강국이 되었습니다.

하지만 정말 16분에 이룬 성과일까요? 솔직히 말하면 저는 이날 발사를 앞두고 떨리지 않았습니다. (별로 과학적인 태도는 아니지만)

2021년 10월 21일 누리호 1차 발사가 실패했을 때 실패를 보고하는 대통령, 그 뒤에 서 있는 과학자 그리고 그 사실을 담담히 받아들이는 시민들을 보고 엄청난 자신감을 느꼈습니다. '아! 다음에는 되겠구나!'라는 생각을 한 것이지요. 그러고 나서 예상보다 빠르게 2차 발사를 하게 되었습니다. 실패를 디딤판 삼아 발전하는 모습은 전형적인 과학 선진국의 문화입니다. 2022년 6월 21일을 기점으로 우리는 실패를 통해 발전하는 나라가 되었다고 생각합니다.

과학은 단지 기술이나 지식이 아닙니다. 생각하는 방법이고 세상을 대하는 태도입니다. 태도는 하늘에서 뚝 떨어지는 게 아닙니다. 기본적인 지식과 이해가 필요하지요. 그리고 그 바탕이 되는 것이 읽고 쓰는 능력, 문해력입니다. 20세기에는 글을 읽고 쓸 수 있으면 문화생활을 즐길 수 있었습니다. 문해력이 문화의 핵심이고 행복의 기본 조건이었지요. 우리는 21세기에 살고 있습니다. 과학을 문화로 즐길 수 있어야 행복한 시대인 것입니다.

그렇다면 과학을 문화로 즐긴다는 것은 무슨 뜻일까요? 우리는 도서관에 다니고 책을 읽으면서 스스로 문학가가 되겠다고 생각하지는 않습니다. 그저 문학을 즐깁니다. 미술관이나 음악회에 갈 때도 마찬가지입니다. 화가가 되거나 음악가, 예술가가 되려는 게 아니라 문화를 즐기려고 합니다. 과학도 그렇게 하면 됩니다.

그런데 우리는 과학을 문화로 즐기지 못했습니다. 과학관에 가면 어떤 자세였지요? 아이들은 "음! 나는 과학자가 되어야겠어!"라고 다짐하고, 부모님들은 "우리 애를 과학자로 키워야지!" 하는 기대로 과학관을 방문하지는 않으셨나요? 저는 그랬습니다. 과학은 문화가 아니었습니다. 하지만 지금은 21세기입니다. 너무 힘들어하지 말고 겁먹지 말고 과학을 문화로 즐겼으면 좋겠습니다.

최근 1년 동안 우리나라와 전 세계에 다양한 과학 이슈가 있었습니다. 무슨 일이 일어났는지는 어렴풋하게 알겠는데 주변에서 그게 무엇이냐고 물으면 설명하기 어렵습니다. 문화로 즐기는 과학! 그게 말처럼 쉽지 않습니다. 왜 그럴까요? 과학은 어렵기 때문입니다. 사실 과학만 어려운 게 아니라 다른 것도 다 어렵습니다. 그런데도 유독 과학이 어려운 까닭은 언어가 다르기 때문입니다. 과학은 수학이라는 이상한 비(非)자연어로 구성되어 있거든요.

그래서 과학을 즐기기 위해서는 누군가가 통역을 해주어야 합니다. 과학자와 시민 사이에서 과학을 통역해주는 사람이 바로 과학 커뮤니케이터이고요. 과학관의 과학자가 바로 그 사람들입니다. 우리나라 147개 과학관 가운데 가장 뛰어난 과학관은 (굳이 말할 필요가 없지만) 국립과천과학관입니다. 지하철 4호선으로 서울역에서 25분, 사당역에서 9분 걸리는 곳이지요. 게다가 우리 국립과천과학관 동료들이 시민을 위한 과학 뉴스 해설 유튜브 방송을 합니다. (당장 검색해서 구독해보세요. 벌써 7만 명 가까운 사람들이 보고 있습니다.) 심지어 국립과천과학관의 과학 커뮤니케이터들이 방송 내용을 새롭게 다시 써서 책으로 엮었습니다.

우주는 우리 모든 과학 애호가를 빨아들이는 블랙홀입니다. 저도 〈책머리에〉를 우주 이슈로 시작한 것처럼 말입니다. 'PART 1. 지속 가능한 우주탐사'에서는 제임스웹우주망원경을 비롯한 우주망원경과 아르테미스 달 탐사 프로그램 그리고 최신 소행성 소식과 블랙홀 등을 다룹니다. 누리호가 성공했다는 데서 조금 더 나아가 그 뒤에 숨은 비밀이 궁금하지 않습니까? 'PART 2. 산업화 초읽기, 확장되는 과학'을 펼치십시오. 2부의 중심 키워드는 인공지능, 로봇, 데이터, 핵융합, 메타버스, 딥페이크 등 4차 산업의 핵심과 관련되어 있습니다.

　많은 사람들이 화학을 아주 싫어합니다. 화학이 어렵다 보니 막연하게 화학물질을 혐오하기도 하지요. 그런데요, 화학이 없으면 현대인의 삶은 불가능합니다. 식품, 약품, 의복, 주택, 통신, 이동에 이르기까지 화학이 핵심이지요. 하지만 화학에 관한 최신 이슈를 이해하기란 쉽지 않습니다. 'PART 3. 새로운 소재, 무한한 기회'는 암모니아처럼 단순하고 익숙한 분자에서 태양전지, 신경세포 모방 소재, 웨어러블 디바이스와 새로운 플라스틱을 소개합니다.

　'PART 4. 일상을 지키기 위한 세포 정복'은 알츠하이머 신약 개발, 대체육 등 우리 삶과 경제와 가장 관계가 깊은 생명과학의 발전을 다룹니다. 그리고 'PART 5. 지구에서 공존하기 위한 절박한 외침'은 우리에게 닥친 가장 심각하고 암울한 문제를 따져봅니다. 바로 기후변화, 기후 위기지요. 'PART 6. 오늘의 문화가 된 과학'은 일영원구라는 우리 과학 유산 발굴의 의미부터 새로운 과학 소비자의 등장, 시민과학자의 탄생까지 다채롭게 변화하는 지금의 과학문화 현상을 심층 분석해서 보여줍니다.

　물론 이 책을 처음부터 끝까지 순서대로 읽을 필요는 없습니다. 관심 있는 주제부터 살펴보거나 아무 생각 없이 펼친 곳부터 읽어도 됩니다. 우리 필자들은 여러분이 《2023 미래 과학 트렌드》에서 많은 정보를 얻고 궁금증을 해결하기를 바라지 않습니다. 그것은 우리의 목표가 아닙니다. 독자들이 이 책을 문화로 즐기고 그리고 그 과정에서 새로운 질문을 떠올리시기를 바랄 뿐입니다.

2022년 11월
국립과천과학관장 이정모

차례

PART 1

지속 가능한 우주탐사

인류 탄생 이래 가장 역동적인 우주 시대가 온다

(우주과학)

차세대
제임스웹우주망원경의
첫 이미지

우주과학

강성주

천문학의 새로운 역사를 쓰다

2021년 12월 24일, 전 세계 천문학자, 아니 우주를 사랑하는 전 세계인의 가슴을 뛰게 할 선물 배달이 시작되었다. 무려 30여 년간 많은 우여곡절을 겪었던 제임스웹우주망원경(James Webb Space Telescope, JWST)이 남아메리카 프랑스령 기아나의 쿠루 발사 기지에서 아리안5 로켓에 실려 크리스마스 선물처럼 우주로 날아오른 것이다. 우주망원경의 대명사 허블우주망원경(Hubble Space Telescope, HST)이 발사되기도 전인 1989년, 차세대우주망원경(Next Generation Telescope, NGST)이라는 이름으로 계획이 수립된 뒤 2007년에 발사 목표 시점이 처음으로 설정되었지만, 이후 JWST 개발 역사는 고난의 연속이었다. 기술의 한계와 자금 조달 문제 그리고 여러 정치적 이유로 한없이 지연되었으며 2011년, 마치 블랙홀처럼 NASA의 다른 모든 프로젝트의 자금을 빨아들이며 좌초 위기에까지 몰렸다. 그러나 미국을 주축으로 한 전 세계 천문학계와 일부 정치권의 피나는 노력으로 가까스로 발사가 진행될 수 있었다.

많은 사람이 JWST를 허블우주망원경의 후계자라 언급하지만, 사실 허블우주망원경은 가시광선과 자외선의 일부 영역을 주로 관측하고, JWST는 적외선 영역으로만 관측이 가능하다. 그렇기 때문에 실질적으로는 후계자라고 지칭하기보다 상호 보완 관계로 파악하는 것이 더 옳다. 하지만 천체 관측을 통해 다양한 과학 임무를 수행하기에 JWST가 허블우주망원경을 계승한다는 것이 그리 틀린 말은 아니라고 할 수도 있다.

JWST는 2021년 12월 24일 발사 이후, 지구로부터 150만 킬로미터 정도 떨어진 목표 지점인 제2라그랑주점(2nd Lagrange point, L2 Point)에 약 한 달의 여정으로 도착해 현재 임무를 수행 중이다. 왜 JWST의 목적지를 L2 포인트로 정했을까? 앞서 언급했듯 JWST는 우리가 일반적으로 사물을 인식하는 가시광선(visible light)이 아닌 적외선(infrared)으로 관측한다.

적외선은 열에 민감하기 때문에 온도가 아주 낮은 환경에서 볼 수 있다. 따라서 우주에서 처음으로 생겨난 별과 그 별이 모여서 만든 은하로부터 나오는 매우 어두운 빛을 관측하기 위해서는 JWST의 촬영 장비인 근적외선 카메라와 중적외선 영역에서 촬영 및 분광을 하는 중적외선 관측 장비 같은 기기들이 매우 낮은, 영하 230도 이하의 환경에서 작동해야 한다. 그래야만 우주 먼 곳에서 오는 아주 어둡고 미세한 빛도 관측이 가능하기 때문이다. 허블우주망원경과 같이 지구 근처의 궤도를 돌면 지구에서 나오는 매우 강한 적외선이 관측을 방해하기 때문에 가능한 한 태양은 물론 지구로부터 멀리 떨어져야 하지만 동시에 언제나 통신이 가능한 지점에 있어야 한다. 이러한 모든 조건을 만족하는 지점이 바로 L2 포인트다.

L2 포인트는 항상 태양-지구-망원경이 일직선을 이루기 때문에, 빛과 열을 차단할 수 있다면 JWST를 구동하기 위한 최적의 조건이 된다. 바로 이 역할을 하는 것이 JWST의 아래쪽에 있는 5겹 태양차단막이다. 이것은 테니스 코트와 비슷한 크기이며, 5겹의 층층이 쌓인 포일 같은 막이 2미터의 두께를 만든다. 태양을 향한 쪽의 온도는 섭씨 125도 정도지만 빛과 열이 5겹의 태양차단막을 통과하면서 관측을 하는 기기가 위치한 건너편의 온도는 영하 235도로 유지된다. 겨우 2미터의 두께로 태양의 빛과 열을 완벽하게 차단하는 이 막을 우리는 '2미터의 기적'이라고 부른다.

고개를 들어 밤하늘을 바라보는 순간순간, 시간 여행을 하게 된다. 지구에 닿은 모든 빛은 과거에서 온 것이기 때문이다. 하늘에 떠 있는 가장 가까운 별인 태양 역시 우리에게 보이는 모습은 8분 전 형태다. 빛은 매우 빠르지만 결국 시속 30만 킬로미터의 유한한 속도를 가지고 있기에 우리가 바라보는 천체는 빛이 천체를 떠난 그 순간의 모습이 된다. 태양에서 가장 가까운 별도 4광년 이상 떨어져 있으니 행성을 제외한, 하늘에 보이는 모든 천체는 적어도 4년이 지난 과거의 형태라고 할 수 있다.

우주 스케일에서는 먼 거리를 관측할수록 더 먼 과거를 보는 것이기 때문에 망원경은 일종의 타임머신 역할을 한다. JWST에는 인류가 만든 어떤 우주망원경보다도 관측 천문학의 최신 기술이 담겨 있다. 그 의미는 더 먼 과거로의 여행이 가능하다는 말이다. JWST의 다양한 목적 가운데 천문학자들과 대중의 관심을 끄는 과학 임무는 바로 우주 초기 은하의 형성과 진화, 별과 외계 행성 탐색, 우리 태양계 탐사, 블랙홀 관측 등이다. 특히 무엇보다도 중요한 일은 우주 초기의 모습을 확인하는 것이다.

우주 초기에 태어난 은하는 그 속에 처음 생겨난 무겁고 거대한 별들이 내뿜는 자외선으로 가득한 모습이었다. 그러나 초기 은하들의 강력한 자외선 에너지는 130억 년이 넘는 기나긴 우주 역사를 거쳐 우리에게 다가오는 동안 우주 공간 자체의 팽창으로 인해, 파장이 점점 늘어나 이제는 적외선 영역으로까지 길어졌다. JWST가 적외선 관측을 위한 우주망원경으로 설계된 이유도 바로 여기에 있다. 따라서 빅뱅 이후 얼마 지나지 않아 형성된 우주 초기 은하들은 적외선으로만 관측이 가능하고 JWST는 이 초기 은하에서 나오는 희미한 빛을 볼 수 있도록 제작되었다.

또한 항성과 항성 사이에 존재하는 아주 차가운 성간 먼지나 가스와 같은 성간물질은 가시광선처럼 짧은 파장의 영역에서 반사되거나 흡수되어 관측이 어렵다. 하지만 적외선으로는 그 내부에서 일어나는 일, 예를 들면 별과 외계 행성 탄생의 모습 같은 현상을 확인할 수 있다. 이처럼 JWST는 우주의 모든 시간대에서 형성된 다양한 은하를 관측하는 데에도 아주 탁월한 성능을 지녔다. 즉, JWST는 초기 은하의 모습과 함께 우주 역사에서 일어난 모든 시대의 은하 내부를 들여다봄으로써 은하 진화를 관측할 수 있다.

SMACS 0723 은하단과 슈테판 5중주

약 5개월간의 거울 및 초점 정렬, 그 외 여러 테스트 과정과 시험 가동을 무사히 마친 후 2021년 7월 12일, JWST가 관측한 첫 이미지들이 공개되었다. 크리스마스에 배달을 시작한 선물이 이제야 도착했다. 사진은 과학적으로도, 예술적으로도 아름다움 그 자체였다. 전 세계인의 관심이 집중되었던 만큼 첫 번째 이미지는 백악관에서 조 바이든 대통령이 직접 공개했다. 바로 SMACS 0723이라고 하는 거대 은하단이었다. SMACS 0723은 지구로부터 약 40억 광년 떨어진, 거대한 은하들이 모여 있는 곳이다. 이 사진의 특징은 은하단의 강한 중력 때문에 중력렌즈 현상이 뚜렷하게 나타난다는 것이다. 중력렌즈는 중력이 시공간에 영향을 미친다는 아인슈타인의 이론을 관측으로 증명할 수 있는 현상 중 하나다.

그림 1-1을 자세히 보면 휘어진 원반 모양 은하들을 확인할 수 있는데, 아주 멀고 어두워서 원래는 관측할 수 없었다. 하지만 중심에 위치한 SMACS 0723 은하단이 주위의 시공간을 휘어지게 만들어 마치 볼록렌즈와 같은 역할을 했고 우리 시야

그림 1-1

JWST가 처음으로 공개한 SMACS 0723 딥필드. 중간에 위치한 무거운 은하단의 영향 때문에 휘어진 원반 모양의 은하들이 보이는데, 이로써 중력렌즈 현상을 확인할 수 있다. 배경에 나타난 은하들은 붉은색을 띨수록 우주 초기에 형성된 것이다.

에서 벗어나는 빛을 다시 모음으로써 이렇게 길쭉한 형상의 중력렌즈 효과를 확인할 수 있는 것이다. 이와 더불어 우주 깊은 곳 멀리 위치한 붉은색 은하는 그동안 관측할 수 없었던 내부 구조의 형태까지 뚜렷하게 나타났다. 이 한 장의 사진에는 우주 나이에 버금가는 시공간이 압축되어 있는데 무려 131억 년 전의 은하부터 우리은하 내부의 별까지, 다양한 시간에 다양한 형태로 존재하는 천체들이 담겼다.

우선 사진에서 8개의 회절 무늬가 나타나는 천체들은 모두 우리은하 내부에 존재하는 별이다. 그 외의 흰색과 빨간색으로 나온 천체들은 모두 은하인데, 적색으로 갈수록 더 오래되었음을 의미한다. 우주는 가속 팽창을 하고, 초기에 생겨난 은하들에서 출발한 빛은 공간이 팽창함에 따라 점점 파장이 늘어나 현재는 적외선 영역으로 넘어가고 있다.

이와 함께 공개된 〈슈테판 5중주〉(그림 1-2)에는 은하들 진화 과정과 내부 구조도 명확히 보인다. 나선은하의 충돌로 인해 어떻게 은하들이 상호작용 하며 진화하는지를 명확하게 드러내는 이 이미지는 앞서 언급했듯, 우주의 모든 시간대에서 형성된 다양한 은하를 관측하려는 JWST의 임무를 잘 나타낸다고 할 수 있다.

외계 행성 WASP-96b

JWST에는 이미지 촬영과 함께 분광의 기능을 하는 장비도 함께 실려 있다. 분광(分光)이란 말 그대로 빛을 나눈다는 말인데, 특정 영역의 파장을 아주 좁은 구간으로 나누어 각각의 파장에서 일어나는 현상을 면밀하게 관측하는 것을 의미한다. 마치 흰색의 태양 빛이 프리즘을 통과하면 빨주노초파남보 일곱 가지 색깔로 나뉘어 세세하게 빛의 성분을 확인할 수 있는 것처럼, 분광 관측을 이용하면 빛이 담은 정보를 자세히 알 수 있다.

이러한 분광 관측은 주로 외계 행성의 대기 성분 분석에 중요하게 활용된다. 외계 행성이 공전하고 있는 모항성에서 나온 빛은 외계 행성의 대기를 통과하면서 대기에 존재하는 여러 다른 분자에 의해 흡수된다. 가령 태양과 비슷한 모항성을 도는 외계 행성에 A와 B라는 분자가 존재하고, A는 주황색을 흡수하고, B는 파란색을 흡수한다고 가정해보자. 모항성에서 나온 빛은 우리 태양과 같이 빨주노초파남보의 구성 성분을 가지고 있다. 먼저 지금의 예시는 분광에 관한 이해를 돕기 위한 것임을 명확히 해둔다.

외계 행성이 모항성 앞을 지나는 순간, 이 모항성에서 나온 빛은 외계 행성의 대기를 통과하며, 외계 행성 대기에 존재하는 A, B 분자에 의해 주황색과 파란색이 흡수된다. 이 외계 행성의 대기를 통과한 빛은 우리가 관측할 때 빨노초남보, 이렇게 다섯

그림 1-2
은하가 상호작용 하는 모습을 확인할 수 있는 <슈테판 5중주>.

가지 색으로 확인될 것이다. 우리는 이미 지구에서 어떤 분자 성분이 어느 파장에 흡수가 일어나는지 실험을 통해 잘 알고 있다. 따라서 이 분광 결과를 분석하면 외계 행성의 대기에 어떤 성분이 얼마나 존재하는지 파악할 수 있다.

이러한 관측 결과인, 외계 행성 WASP-96b의 대기 성분을 분석한 그래프가 JWST의 첫 이미지들과 함께 공개되었다. 지구로부터 1,150광년 떨어져 있고 목성보다 1.2배 크지만 질량은 0.4배로 작은 기체 행성의 대기를 분석한 결과다. 모항성으로부터 매우 가까운 거리를 공전하는데도 수증기 형태로 된 물이 존재함을 확인할 수 있었다. JWST의 우수한 분광 능력을 보여주는 결과였는데, 그렇다면 외계 행성의 대기를 분석하는 이유는 무엇일까? 우리가 아는 우주 속 생명체의 존재는 아직 지구에만 있다. 그리고 생명체가 존재하기 위해서는 대기가 필수적이다. JWST는 적외선으로 외계 행성의 대기를 분석하여 지구 대기와 비슷한 성분을 가진 외계 행성을 찾고자 한다. 이 우주망원경은 궁극적으로는 외계 생명체의 존재 여부를 간접적으로 확인하려는 중요한 임무를 지니고 있기 때문이다.

용골자리 성운과 타란툴라 성운

별은 먼지 구름 속에서 먼지들을 재료로 탄생한다. 그래서 막 태어난 별들은 아직 두꺼운 먼지에 싸여 있는 경우가 많다. 외계 행성 또한 별이 되고 남은 이 먼지 구름 속에서 형성되기 때문에 갓 태어난 별과 외계 행성이 생성되는 모습을 직접 확인하기 위해서는 그 안을 볼 수 있어야 한다.

앞서 언급했듯 JWST는 매우 민감한 고해상도의 적외선 관측 장비를 이용하기 때문에 이런 임무 수행에 적절하며 여태까지의 그 어떤 우주망원경보다 우수한 성능으로 별의 탄생과 외계 행성의 모습을 관측하는 데 효과적이다. JWST로 촬영한 용골자리 성운(그림 1-3)과 타란튤라 성운(그림 1-4)에서는 바로 이러한 별 탄생의 순간을 아름답고 자세하게 확인할 수 있다. 두 성운은 매우 무겁고 뜨거운 별들이 태어나는 장소다.

그동안 천문학자들은 비교적 작은 질량을 가진 별이 어떤 환경에서 어떤 과정을 거쳐 태어나는지에 대해 많은 연구를 진행해왔다. 하지만 매우 무겁고 뜨거운 별은 작은 질량의 별과는 다른 생성 과정을 거치는 것으로 알려졌으며, 대부분 아주 두꺼운 먼지 구름 속에 있기 때문에 생성을 관측하기가 쉽지 않았다. 이번에 공개된 용골자리 성운과 타란튤라 성운의 이미지에서는 허블우주망원경의 것과 비교해봤을 때, 먼지 구름 속에서 태어나고 있는 노란색과 붉은색으로 빛나는 매우 많은 무거운 별의 모습을 확인할 수 있다. 따라서 앞으로 JWST의 관측 결과를 이용해 무거운 별의 생성 환경과 더불어 그동안 비밀에 싸여 있던 탄생 과정까지 밝혀지리라 기대한다.

그림 1-3

JWST로 관측한 용골자리 성운. 그 어느 곳보다 활발하게 별이 태어나는 지역이며 막 생성된 별들이 산맥처럼 펼쳐진 먼지 구름 속에서 노란색, 붉은색 계열로 빛나는 모습을 확인할 수 있다.

그림 1-4

JWST로 관측한 타란툴라 성운. 중심부에 위치한 무겁고 뜨거운 별로 이루어진 성단
에서 나오는 강력한 자외선과 항성풍으로 인해 가운데 빈 공간이 생기며 거대한 먼지
구름 속에서 별이 탄생하는 장면을 볼 수 있다.

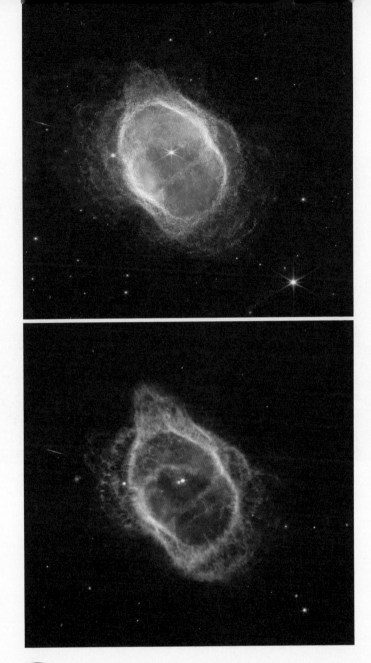

그림 1-5

별이 죽어가는 마지막 단계의 행성상성운인 남쪽 고리성운. 중적외선 관측 장비로 촬영한 이미지(아래)에서 그동안 관측되지 않았던 왼쪽의 죽어가는 별이 오른쪽의 쌍성과 함께 뚜렷하게 관측된다.

남쪽 고리성운

태양과 비슷한 정도의 질량을 가진 별은 마지막 순간, 가지고 있던 가스를 우주 공간으로 분출하며 아름답게 마지막을 장식한 뒤 서서히 백색왜성으로 식어간다. 이렇게 태양질량과 같은 별이 최후의 순간 우주 공간으로 가스를 뿜어내며 빛나는 흔적을 천문학 용어로 행성상성운이라고 부른다. 용골자리 성운과 함께 공개되었던 JWST의 첫 번째 이미지 중 남쪽 고리성운이 바로 이 행성상성운(그림 1-5, 아래)의 모습이다.

남쪽 고리성운은 아름다운 색깔과 형태 덕분에 이미 허블우주망원경 사진으로도 유명했는데, 이번 JWST의 이미지를 통해 그 내부 구조를 조금 더 뚜렷하게 볼 수 있었다. 별이 죽어가면서 내뿜는 가스가 연속적이 아닌 불연속적으로 시간 간격을 두고 방출이 일어난다는 것을 확인했다. 홀로 있는 우리 태양과는 달리 대부분 별은 쌍성계를 이루며 서로 공전하는 구조다. 이러한 쌍성계로 이루어진 별의 죽음을 좀 더 자세히 들여다보았으며, 이전 허블우주망원경 관측과는 달리 내부의 죽어가는 별과 함께 쌍성의 모습을 확인할 수 있었다는 것도 큰 성과다.

앞으로 JWST는 먼 우리은하 내부, 다른 은하의 모습과 함께 우리 태양계 행성도 관측할 예정이다. 목성과 화성 그리고 그동안 알고 있었던 푸른 해왕성과는 다른, 투명한 유리구슬 같

그림 1-6

JWST가 촬영한 해왕성. 적외선으로 촬영하여 그동안 알고 있었던 푸른색이 아니라 투명하게 보인다. 고리의 모습이 명확하게 확인되며 두꺼운 메테인으로 된 구름도 밝게 나타나 있다.

은 해왕성의 모습도 공개되었다. 앞으로 토성을 비롯해 많은 태양계 천체 관측도 이루어질 것이다. JWST의 임무는 막 시작되었다. 지난 30년간 허블우주망원경이 새로 쓴 천문학의 역사를 JWST는 앞으로 20여 년간 이제 새로운 시선으로 한층 더 발전시켜 나갈 것이다. JWST와 함께할 우주의 모습을 기대하셔도 좋다. 내년에는 JWST가 들려줄 더 새로운 이야기와 함께하도록 할 테니!

심우주 탐사를 위한 전초기지, 아르테미스 프로그램

우주과학

강성주

"우리는 달에 가기로 했습니다. 앞으로 10년 안에 달에 가서 많은 일을 할 것입니다. 달에 가는 게 쉬워서가 아니라 매우 어려운 일이기 때문에, 그 목표가 우리의 역량과 기술을 가장 잘 활용하며 한계를 시험해볼 수 있기 때문에, 다른 도전과 마찬가지로 눈앞에 던져진 도전을 미루지 않고 기꺼이 받아들여 이겨야 하기 때문에, 우리는 달에 가기로 했습니다."

미국 35대 대통령 케네디(John F. Kennedy)가 60년 전인 1962년 9월 12일, 텍사스주 휴스턴의 라이스대학에서 한 유명한 연설이다. 그로부터 7년 후인 1969년 7월 20일, 닐 암스트롱(Neil Armstrong)이 인류를 대신해 달에 첫발을 내딛게 되었다. 인간이 지구가 아닌 다른 세계에 처음으로 다다른 역사적인 순간이자 45억 년간 침묵하고 지구를 바라보던 달이 외부의 존재와 처음으로 마주하는 순간이었다.

제2차 세계 대전이 끝난 직후, 국제 정세는 미국과 소련을 비롯한 양측의 동맹국으로 빠르게 재편되었다. 그 뒤 소련이 붕괴하는 1991년까지 미국, 소련 간 갈등과 긴장 그리고 경쟁 상태가 이어진 대립 시기를 우리는 냉전의 시대라고 부른다. 냉전

기간에 미국과 소련의 우주 및 군비 경쟁이 절정에 달했고, 그 덕분에 인류의 과학기술, 특히 우주탐사와 로켓 분야에서 엄청난 발전이 있었다. 당시 미국은 세계 최강의 자리에 들어선 반면 소련은 독일과의 전쟁으로 국토 대부분이 황폐해졌으며 사회의 기반 산업도 주로 농업이었다. 냉전으로 인해 자유주의 진영을 대표하는 미국과 사회주의 진영을 대표하는 소련이 라이벌이 되기는 했지만, 사실 미국은 소련을 군사적으로 강한 능력을 갖췄을 뿐, 이외의 모든 면에서는 자신들보다 한 수 아래인 나라로 여겼다.

이런 사회적 배경에서 1957년 10월 4일, 소련이 세계 최초의 인공위성인 스푸트니크(Sputnik) 1호 발사에 성공한다. 당시 군사 부문 이외 모든 면, 특히 과학기술에서는 아래라고 생각했던 소련이 인공위성을 쏘아 올리자 미국이 받은 영향은 매우 컸다. 표면적으로는 미국이 이루지 못한 인공위성 발사를 소련이 성공했고, 소련의 과학기술이 생각보다 앞서 있었다는 점이 가장 큰 충격처럼 보였다. 그러나 냉전 시대 힘의 균형을 유지해주던 핵무기 운용에서도 일방적으로 밀리는 상황이 되는 것이 실질적 타격이었다.

당시의 핵무기는 오롯이 대형 폭격기를 이용한 직접 투하가 유일한 방식이었다. 따라서 압도적인 공군력을 보유한 미국이 당연히 핵전력에서도 소련을 비롯한 동유럽 그 어느 나라보다 우위에 있는 상황이었다. 하지만 스푸트니크 1호의 성공으로 이제는 소련이 로켓에 위성 대신 핵폭탄을 넣어 발사한다면, 언제든지 핵무기를 미국 전 지역에 떨어뜨릴 수 있게 된 것이다. 또한 폭격기가 아닌 로켓을 이용한 미사일 형태로 날아오기 때문에 당시의 기술로는 요격이 불가능했다. 따라서 소련의 스푸트니크 1호 발사 성공은 미국에 실질적 위협이자 치욕이라고 불릴 수 있을 만큼 자존심에 상처를 입는 사건이었다.

그리고 소련은 한 달 뒤인 11월 3일, 살아 있는 생명체인 라이카라는 개를 스푸트니크 2호에 태워 쏘아 올리는 데 성공하면서 미국에 보란 듯이 기술력을 과시했다. 마음이 급해진 미국은 그동안 기술적인 문제로 계속 지연되던 뱅가드(Vanguard) 로켓과 위성을 같은 해 12월에 발사했지만, 발사대도 떠나지 못한 상태로 폭발하며 실패로 돌아갔다. 심지어 이 장면이 TV를 통해 생중계되면서 미국은 자존심의 상처가 더 벌어져버렸다. 다행히도 미국 최초의 인공위성인 익스플로러(Explorer) 1호가 1958년 1월, 발사에 성공하면서 간신히 소련과 함께 우주 경쟁에 합류하게 되었다.

이후 미국과 소련의 냉전을 대표하는 우주 경쟁이 본격적으로 펼쳐진다. 하지만 소련은 미국을 압도하기 시작했다. 1961년 4월 12일, 소련의 유리 가가린(Yuri Gagarin)은 보스토크(Vostok) 1호를 타고 지구궤도를 성공적으로 돈 뒤 귀환하면서 인류 최초의 우주인이 되었다. 몇 주 후 미국의 앨런 셰퍼드(Alan Shepard)도 프리덤(Freedom) 7호를 타고 우주에 다녀오기는 했으나, 유리 가가린은 지구궤도를 돌고 귀환한 궤도 비행이었던 것과 달리, 앨런 셰퍼드는 현재의 블루오리진과 같은 민간 우주여행에서 사용하는 탄도비행이었기 때문에 기술 면에서는 여전히 미국이 소련에 뒤진 상황이었다.

미국은 1년여가 지나서야 존 글렌(John Glenn)이 궤도 비행에 성공했지만 소련은 그사이 최초라는 모든 기록을 하나씩 쌓아가고 있었다. 최초의 2인 이상 다인 비행에 성공했고, 발렌티나 테레시코바(Valentina Tereshkova)는 최초의 여성 우주 비행사가 되었으며, 최초의 우주유영도 모두 소련의 차지였다.

우주 경쟁에서 미국이 매우 뒤처지기 시작하면서 상황을 역전할 전환점이 필요했다. 그것이 바로 '달'이었다. 1962년 케네디 대통령이 야심 찬 선언을 한 후, 달 탐사를 위한 아폴로프로그램이 시작되었다. 당시 250억 달러의 투자금은 현재 환율로 환산했을 때, 한화 250조 원이 넘는 예산이다. NASA의 2022년 예산이 약 240억 달러, 한화 약 33조 원이라는 것을 감안하면, 미국이 이 프로그램에 얼마나 큰 노력을 들였는지 알 수 있다.

큰 투자는 그만큼의 보상으로 돌아왔다. 인류의 역사상 가장 단시간에 과학과 기술이 급격한 성장을 이루었으며, 국가가 주도하는 우주탐사를 통해 여러 가지 부수적 과학기술도 개발되었다. 무엇보다 전 세계가 닐 암스트롱이 아폴로 11호를 타고 달에 첫발을 내딛는 위대한 순간을 지켜봄으로써, 우주 경쟁의 승리자는 미국임을 확인했다. 1969년 아폴로 11호를 시작으로 아폴로 13호를 제외한 1972년 아폴로 17호까지, 12명의 우주인이 달에 가서 월석 채취 등 기본적인 탐사를 했다. 그러나 인류는 사실 순수한 과학 목적이 아닌 냉전 시대 정치적인 배경을 바탕으로 한 아폴로프로그램을 통해 처음 달에 다녀온 것이다.

1972년 아폴로 17호를 마지막으로 인류는 50여 년간 달에 사람을 보내지 않았다. 비용 대비 얻을 수 있는 것이 거의 없었기 때문이다. 대기도 없고 척박하기만 한 대륙을 차지하기 위해 돈을 써가며 점유 활동을 펼칠 이유가 없었다. 게다가 1991년 소련의 붕괴로 냉전이 종료되면서 우주 경쟁은 무의미해졌고, 전 세계는 순수하게 과학 목적의 우주탐사를 진행하기 시작했다. 달 탐사 또한 과학적으로 중요한 의미를 지니기는 하지만, 관측 장비의 발달로 굳이 인간을 보내지 않아도 많은 정보를 획득할 수 있었다.

그런데 50여 년이 지난 지금, 인류는 다시 달에 사람을 보내려 한다. 2017년부터 인간을 달에 보내려는 프로젝트가 재가동되었고 아르테미스프로그램(Artemis Program)이라 명명했다. 그리스신화에서 아르테미스는 제우스의 딸로, 태양의 신 아폴로와 쌍둥이 남매이며 달의 신이라고 불린다. 1970년대 달에 간 프로그램명이 아폴로였으니, 이번 프로젝트의 이름으로는 더할 나위 없이 잘 어울린다. 그렇다면 아르테미스프로그램은 정확히 아폴로프로그램과 무엇이 다른 것일까?

아르테미스프로그램은 크게 세 단계를 거쳐 계획을 진행

한다. 먼저 2022년, 비행체의 성능을 확인하고 시험하는 1단계 무인 미션을 한다. 이번에 사용될 임무선인 오리온 우주선을 SLS(Space Launch System) 로켓에 실어 발사해 달 궤도를 돈 뒤, 무사히 지구로 귀환시키는 것이 1단계 프로그램이다. 예정대로라면 9월에 발사되어야 했지만, SLS의 연료로 사용되는 액체수소 누출로 인한 기체 결함으로 세 번 이상 지연이 되었다. 하지만 2022년 내 발사가 이루어져 성공적으로 임무를 수행할 것이라고 기대한다.

2024년으로 예정된 2단계 프로그램에서는 유인 우주선이 달 궤도를 돌고 오면서 통신과 운항 시스템을 시험하게 된다. 우주인이 오리온호에 탑승은 하지만 달에 착륙은 하지 않고 오리온 우주왕복선(Orion Spacecraft)의 수동 조종 성능과 하드웨어 및 소프트웨어 기능을 평가할 계획이다. 마지막으로 2025년 진행될 3단계 프로그램에서는 우주인이 직접 달에 갈 예정으로, 4명의 우주 비행사를 달 궤도에 진입시킨 후 2명이 착륙하는 것이 목표다. 두 우주인은 인간착륙시스템(Human Landing System)이라 명명된 달 착륙선으로 표면에 도달하고 다시 우주선으로 복귀하며, 임무 수행 기간 동안 달 표면의 표본 채취와 여러 가지 과학 실험 등을 시행하게 된다.

아르테미스프로그램은 달뿐만 아니라 많은 면에서 심우주 탐사를 준비하는 인류의 진정한 첫 번째 모험이라고 할 수 있다. 일부 사람들이 말하는 아폴로프로그램의 음모론을 제기하는 것이 아니다. 아폴로프로그램을 통해 인류는 분명히 달에 발을 디뎠지만, 앞서 말했듯 과학적 목적이 배제된 정치적인 이유로 이루어졌기에 단지 달에 사람이 착륙한 후 무사히 돌아오는 것이 유일한 목표였다. 하지만 아르테미스프로그램은 처음부터 끝까지 모두 과학 임무를 지닌다. NASA에서 공식 발표한 아르테미스프로그램이 추구하는 바는 크게 세 가지로 나눌 수 있다.

먼저 가장 중요한 목표라고 할 수 있는 '지속 가능성'이다. 지속적인 달 방문을 통해 추후 수행될 탐사 임무의 빈도와 성공률을 향상하겠다는 것이다. 이를 위해 필요한 일은 달 탐사 통합 플랫폼이자 전초기지 역할을 할, 달 궤도를 도는 우주정거장 루나게이트웨이 건설이다. 더불어 달 표면 기지를 지음으로써 통신과 발전, 자원 개발 등 달에 인간을 상주시키기 위한 기반 시설을 마련한다. 이를 바탕으로 향후 수십 년간의 달 탐사 및 거주 구역 확장 등 지속 가능한 임무를 수행할 예정이다.

현재 만들어진 국제우주정거장은 2001년 처음으로 유인 임무를 시작한 이래로 지금까지 단 한 번도 중단된 적이 없다. 따라서 루나게이트웨이 및 달 기지를 건설하면 국제우주정거장처럼 달에 인류가 상주하는 지속 가능성의 목표를 달성할 수 있을 것이다.

다음으로는 달에 착륙하는 우주인의 다양성을 보장하는 것이다. 아폴로프로그램에서는 총 12명의 우주인이 달에 착륙했지만 모두 백인 남성이었다. 여성과 유색인종은 단 한 명도 없었다. 아르테미스프로그램의 첫 번째 유인 달 착륙 임무가 될 아르테미스 3호는 4명의 우주 비행사를 달까지 보내며, 이 중 남성과 여성 우주인 각 1명씩 달 표면에 내릴 예정이다. 다양한 인류가 공존하는 미국 사회의 개방성을 보여줌과 동시에 미국을 중심으로 현재 21개 국가가 참여하는 아르테미스프로그램의 다양성을 보장하고자 하는, 미국의 우주탐사 리더십을 재확인시키기 위한 목적이라고 할 수 있다.

2020년 8월 8일 NASA는 18명의 아르테미스 우주인 최종 후보를 발표했다. 절반인 9명이 여성이며, 다양한 인종도 함께 포함되어 있다. 이 중 한국계 미국인인 조니 김(Jonny Kim)도 최종 우주인 후보로 선발되었다. 조니 김은 미국 네이비실 출신으로 전역 후 하버드 의대로 진학해 의사가 되었다. 이후 새로운 도전을 통해 다시 한번 자신의 한계를 시험하고자 NASA 우주인에 지원했고, 후보로 선발되었다. 이처럼 아르테미스프로그램은 성별과 다양성을 고려한 달 탐사 임무를 진행할 예정이다.

마지막으로, 아르테미스프로그램에는 달을 심우주 탐사의 전초기지로 활용하기 위한 목적이 있다. 달은 지구와 거리가 가장 가까운 천체다. 현재 인류의 기술로 지구를 떠나 고작 며칠 내로 도달할 수 있는 유일한 천체인 동시에 심우주 탐사에 활용될 기술을 테스트할 최적의 환경을 갖춘 훌륭한 시험 장소. 달은 지구 중력의 6분의 1밖에 되지 않으므로 훨씬 높은 효율로 심우주 탐사가 가능하며 루나게이트웨이를 활용하면, 화성 탐사 또는 기지 건설과 같은 데 필요한 많은 화물을 한꺼번에 운반할 수 있다. 따라서 달은 인류가 가진 원대한 목표인 심우주 탐사를 위해서 반드시 필요한 전초기지라고 할 수 있다.

하지만 NASA의 아르테미스프로그램은 앞서 말한 목표 그 이상의 야심이 있다. 그만큼 달을 바라보는 우리의 시선이 달라졌기 때문이다. 달에서 물이 발견되면서 인류의 거주 가능성을 위한 최소한의 기반이 마련되었고, 무엇보다 달의 자원이 재평가되었다. 달은 50년 전이나 지금이나 달라진 게 없지만, 같은 기간 동안 우리의 과학기술이 발전하면서 꼭 필요한 자원의 종류가 달라진 것이다. 그중 가장 주목받는 것이 바로 헬륨-3와 희토류다.

헬륨-3는 현재 활발히 연구되고 있으며, 우리나라가 선도하는 핵융합 발전에 꼭 필요한 자원이다. 또한 희토류는 현대 기술 문명의 주요 재료가 되었다. 그뿐만 아니라 철이나 알루미늄, 티타늄과 같은 일반 광물의 이용도가 매우 높아지면서 달에 풍부하게 매장된 금속 자원의 가치 또한 커졌다. 이렇게 달을 활용할 이유와 당위성이 뚜렷해졌고, 다시 인류가 도전해야 하는 목적이 생긴 것이다.

그동안 우주탐사는 정부 주도로 이루어졌다. 막대한 예산과 시간이 필요한 일이기 때문이었다. 하지만 이제는 민간 기업도 우주개발 및 탐사에 참여하는 일명 '뉴스페이스(New Space) 시대'로 접어들고 있다. 이로 인해 우주개발 비용도 점점 저렴해지고, 무엇보다 기술의 발전 속도가 빨라졌으며, 내용적인 면에서도 큰 성장이 있었다. 달은 인류가 현재의 기술을 이용해 닿을 수 있는 유일한 천체이기 때문에, 앞으로 계획하는 심우주 탐사를 위해서 달 탐사는 반드시 거쳐야 하는 과정이다. 이를 위해 전 세계 21개국이 참여하는 아르테미스협정을 통해 국가 간 협력이 도모되고, 우리나라도 우주 경쟁에서 뒤처지지 않는 기반을 마련하게 되었다.

우리나라는 NASA와 협력하여 실질적으로 아르테미스프로그램과 관련한 임무를 수행하고 있다. 이미 2022년 8월에 발사한 다누리호에 실린 6개의 탑재체 중 하나인 영구음영지역 카메라(Shadow Cam)를 이용해, 2025년 아르테미스 3단계 프로그램에서 이루어질 달 착륙 후보지를 찾는 일을 수행할 예정이다. NASA는 달의 극지방인 남극과 북극 지역에 얼음으로 된 물이 존재한다는 것을 확인했으며, 아르테미스프로그램의 착륙지 또한 남극 지역 중 한 곳으로 정해질 예정이다.

달의 극지방에 존재하는 분화구(크레이터)는 크기에 따라 몇 킬로미터 이상 되는 깊이를 가지기도 한다. 그리고 어떤 분화구 안쪽은 태양 빛이 들지 않는 영구 음영 지역으로 남게 된다. 달이 형성된 이후 공전궤도가 극적으로 변하지 않았다면, 이 분화구 안쪽은 수십억 년간 태양 빛을 보지 못했을 것이고, 이때 분화구 안에 형성된 얼음으로 남아 있는 물은 수십억 년 전의 물질을 포함했을 확률이 매우 높다.

그림 1-7

다누리호에 설치된 영구음영지역 카메라.

영구음영지역 카메라는 이 어두운 안쪽의 물과 분화구 속을 관측하는 게 주요 임무다. 분화구 안쪽은 앞서 언급했듯 빛이 들지 않아 매우 어둡다. 이러한 지역을 촬영하기 위해 영구음영지역 카메라는 다른 카메라와는 달리 빛에 대한 감도를 매우 높이고 노출 시간도 증가시켜 어두운 분화구 안쪽의 모습도 세세하게 관측할 수 있도록 설계되었다.

다누리호의 임무가 성공적으로 이루어진다면, 극지방에 존재하는 분화구의 고해상도 촬영이 처음으로 수행되는 것이다. 이를 바탕으로 정확한 물의 분포와 분화구의 깊이 및 구조가 파악된다면, 촬영 결과를 기반으로 2025년 아르테미스 3단계 프로그램의 착륙지 선정은 물론이고 달에 존재하는 물의 첫 채취도 이루어질 것으로 기대한다.

인류의 미래를 위해 달 탐사는 이제 선택이 아닌 필수가 되었다. 우리나라 또한 늦었지만 다누리호를 통해 달 탐사의 첫발을 내디뎠다는 것 자체가 중요하다. 2030년대에는 누리호 이후 개발될 차세대 우주 발사체를 이용해 독자적으로 달 착륙선을 보낼 야심 찬 계획도 현재 진행 중이다. 앞으로 우주탐사의 무한 경쟁에서 뒤처지지 않을 최소한의 기반을 마련한 것은 물론이고 영구음영지역 카메라와 같이, 그동안 이루어지지 않았던 독자적인 달 탐사 능력도 보여줄 수 있으리라 생각한다.

아르테미스프로젝트를 통해 조만간 다시 이루어질 인류의 달 탐사가 가져다줄 우리 미래의 모습을 기대해본다. 그동안 SF 소설이나 영화에서만 보던 달 기지 건설과 화성 탐사도 달 탐사가 기반이 되어야 하므로, 이에 발맞추어 나가는 우리나라 달 탐사의 미래도 같이 꿈꾸어본다. 그리고 이 글과 함께하는 여러분 중 한 명이 국내 최초로 달에 발을 딛는 우주인이 되길 소망한다.

인류 첫 지구 방어 실험 DART의 성공

우주과학

안인선

1994년 7월, 혜성의 조각난 핵들이 목성에 연속으로 충돌하는 사건이 일어났다. 당시 목성의 궤도를 돌고 있던 갈릴레오 탐사선이 현장 촬영을 했고, 그 자료를 지구로 전송했다. 소행성대를 지나면서 2개의 소행성을 근접비행(flyby) 하는 임무를 띠고 1989년 목성을 향해 발사된 갈릴레오 탐사선은 1991년 소행성 가스프라(951 Gaspra)를 1,600킬로미터 거리에서 근접 촬영하여 최초의 소행성 탐사를 성공적으로 수행하고, 2년 뒤 또 하나의 소행성(243 Ida)을 촬영했는데, 소행성의 위성이 함께 찍혀 최초의 소행성 위성을 발견한 기록을 가지고 있다. 최초의 소행성 탐사라는 성과를 낸 갈릴레오 탐사선이 이때도 중대한 역할을 한 것이다. 지구에서는 허블우주망원경과 지상의 대형 망원경들이 거대 행성의 두꺼운 대기 표면에 수백 미터에서 2킬로미터에 이르는 혜성의 핵 조각들이 충돌할 때 어떤 일이 일어나는지를 숨죽이고 지켜보았다.

인류가 문명을 이루고 난 후 태양계 천체끼리 충돌하는 모습을 처음으로 관찰한 사건이었다. 충돌 1년 4개월 전에 천문학자 슈메이커 부부와 데이비드 레비에 의해 발견된 슈메이커-레비 9(Shoemaker-Levy 9) 혜성은 발견 당시 이미 목성의 기조력 때문에 여러 조각으로 분리된 채 목성 충돌 궤도에 진입한 상태였다. 21개의 혜성 조각이 약 일주일 동안 초속 60킬로미터로 차례차례 목성의 남반구에 충돌했다. 첫 번째 혜성 조각의 충돌은 목성의 가장자리에서 화구(fireball)로 관측되었는데, 그 화염 기둥이 3,000킬로미터 높이에 도달하는 장관을 연출했다. 그로부터 이틀이 지나고 일어난 여섯 번째 충돌은 가장 큰 규모로 일어났으며, 지구 지름에 맞먹는 시커먼 고리 모양의 충돌구가 만들어졌다.

대적반보다 눈에 띄게 잘 보이는 거대한 충돌 흔적들은 목성의 대기 순환에 의해 희석되어 사라지는 데 수개월이 걸렸다. 그로부터 15년이 지난 2009년 7월, 아마추어 천체관측가에 의해 목성에서 발견된 지구 크기의 암흑점을 허블우주망원경이 후속 관측한 결과, 0.5~1킬로미터 크기의 혜성이나 200~500미터 크기의 소행성이 충돌한 흔적임이 밝혀졌다. 천문학자들은 태양계 천체 간 충돌 사건이 과거 공룡이 살던 시대에 국한된 것이 아니라 현재에도 적용되는 현실임을, 눈으로 보고 깨닫게 되었다.

행성 간 공간을 누비는 태양계 소천체들

원시태양계 시절부터 지금까지, 거대 행성 목성은 멀리 오르트 구름(Oort Cloud)이나 카이퍼벨트(Kuiper Belt)에서 태양계 안쪽으로 총알보다 빠르게 날아 들어오는 소천체들을 막강한 중력으로 자기에게 끌어들이거나 궤도를 변경시켜 튕겨 내고 있다. 태양계 안쪽에서 공전하는 자그마한 내행성은 어느 정도 바깥쪽 거대 행성의 보호를 받는다고 할 수 있다. 하지만 태양계에는 생각보다 많은 다양한 크기의 소천체가 산재한다.

지구가 공전하는 길목에도 크고 작은 유성체(meteoroid, 크기 100마이크로미터~10미터의 천체)가 있는데, 매일 100톤 이상의 먼지와 암석덩어리가 지구 대기에 진입한다. 대부분 지표에 도달하기 전에 대기와의 마찰열로 분해되고 불타버리지만, 가끔 전소되지 않는 경우 운석(meteorite)으로 낙하한다. 이보다 큰 규모로, 지구에 충돌한다면 핵폭탄의 수백 배에서 수백만 배의 폭발 에너지를 발생시킬 수 있는 100만 개가 넘는 소행성이 화성과 목성 사이의 소행성대(asteroid belt)에서 태양 주위를 공전한다.

소행성대에서 공전하면서 수천만 년에 걸쳐 목성과 궤도 공명(궤도 주기가 정수 배가 되는 천체 사이에 작용하는 규칙적이고 반복적인 중력의 결과)을 겪는 소행성들은 태양계 안쪽으로 궤도가 변경되기도 한다. 그 결과, 소행성대에는 목성과의 궤도 공명 위치에 해당하는 커크우드 간격(Kirkwood gaps)으로 알려진 틈들이 관측된다. 이 간격에 놓여 있던 소행성의 궤도가 변경되는 과정에서 이웃 소행성과 충돌이 일어나 주변 소행성들의 궤도가 교란되기도 한다. 지난 35억 년 동안 이 같은 방식으로 소행성대 총 질량의 약 6퍼센트가 태양계 안쪽으로 이동했다고 한다. 그렇다고 이들이 지속적으로 태양계 안쪽에 남아 있는 것은 아니다. 수백만 년

아모르군(Amors)

화성과 지구의 공전궤도 사이에서 공전하면서 지구에 근접하는 소행성군(1221 Amor 소행성 발견 이후 이름 지어짐).

a 〉 1.0AU
1.017AU 〈 q 〈 1.3AU

아폴로군(Apollos)

지구 공전궤도 장반경보다 큰 장반경을 가지고 지구궤도를 교차하는 공전궤도로 움직이는 소행성군(1862 Apollo 소행성 발견 이후 이름 지어짐).

a 〉 1.0AU
q 〈 1.017AU

아텐군(Atens)

지구 공전궤도 장반경보다 작은 장반경을 가지고 지구궤도를 교차하는 공전궤도로 움직이는 소행성군(2062 Aten 소행성 발견 이후 이름 지어짐).

a 〈 1.0AU
Q 〉 0.983AU

아티라군(Atiras)

지구 공전궤도 안쪽에서 공전하는 소행성군(163693 Atira 소행성 발견 이후 이름 지어짐).

a 〈 1.0AU
Q 〉 0.983AU

---

a: 궤도 장반경(semi-major axis) **q:** 근일점 거리(perihelion distance)
Q: 원일점 거리(aphelion distance)

그림 1-8

지구근접천체(Near-Earth Objet, NEO)의 대부분을 차지하는 지구근접소행성(Near-Earth Asteroid, NEA)의 궤도 특성에 따른 분류. NEOs에는 지구근접혜성(Near-Earth Comet, NEC)이라고 불리는 지구 공전궤도 가까이 지나가는 단주기 혜성들도 있는데, 현재까지 발견된 3만 개가 넘는 NEOs 중에서 NECs는 120개가 안 된다.

안에 내행성들의 중력 작용에 의해 태양계 바깥쪽으로 튕겨 나가거나 태양이나 행성, 기타 천체와의 충돌로 수명을 다하기도 한다.

　현재 태양계 안쪽을 운행하는 소행성과 혜성 중, 궤도상에서 태양에 가장 가까운 지점이 태양으로부터 1.3천문단위(AU, 태양과 지구 간 평균 거리)보다 가까운 소천체를 지구근접천체(Near-Earth Objects, NEO)라고 한다. 혜성이 지구근접천체로 분류되려면 공전주기가 200년 미만이라는 단서가 붙고 전체 NEO의 1퍼센트가 안 된다. NEAs의 대부분을 차지하는 소행성들은 그 공전궤도가 지구궤도 바깥쪽에 있는지, 근일점 근처에서 지구궤도 안으로 들어오는지, 대부분은 지구궤도 안쪽에서 공전하고 원일점 거리가 1천문단위보다 큰지, 공전하는 내내 지구궤도 안쪽에서 움직이는지에 따라 아모르, 아폴로, 아텐, 아티라, 4개의 군(群)으로 나뉜다. 지구와 공전궤도가 교차하는 아폴로군과 아텐군에 속한 소행성들은 지구와의 충돌 가능성을 계산해봐야 하는 요주의 천체다.

지구 위험 감시 활동

소행성 과학자들은 지구와 근접할 가능성과 충돌 위험성이 큰 소행성을 잠재적위협소행성(potentially hazardous asteroids, PHAs)으로 분류하고, 중점적으로 감시한다. PHAs로 분류되는 소행성은 지구와의 최소궤도교차거리(Earth minimum orbit intersection distance, MOID)가 750만 킬로미터(지구 달 간 평균 거리의 19.5배) 이내에 들어오고, 절대등급 22등급보다 밝게 관측(대략적으로 지름이 140미터 이상으로 추정)되는 것들이다. 분류 기준의 하나인 MOID

는 두 천체의 공전궤도상에서 서로 가장 가까운 지점의 거리로 정의된다. 이때 두 공전궤도는 다른 천체들의 중력에 의한 교란을 고려하지 않고 단순하게 현재의 궤도 요소로부터 계산한 것이다. 충돌 가능성을 가늠하기 위한 편의상의 일차적인 측정값이다. 지름 30~50미터인 천체의 충돌은 경기도 규모의 직접적인 피해를 줄 수 있고, 충돌 천체의 크기가 140미터 이상이면 대륙 규모에서 인류 역사상 유례없는 파괴적 재앙이 예상되기 때문에 PHAs의 분류 기준이 되었다.

최근 소행성 충돌 가능성에 대한 인식 확산과 함께 관측 기기가 발달하면서 3만 개 이상의 NEOs를 발견했는데, 2만여 개는 불과 지난 10년 안에 발견된 것이다. NASA 지구근접천체연구센터(Center for Near Earth Objects Studies, CNEOS)의 통계에 따르면 현재까지 발견된 NEOs 중에 지름 140미터가 넘는 크기의 소행성이 1만 개 이상이고, 충돌 피해가 전 지구적 규모로 예상되는 지름 1킬로미터보다 큰 소행성도 850개 정도 포함되어 있다. 소행성의 크기가 클수록 발견하기 쉽기 때문에 지름 1킬로미터보다 큰 NEOs는 90퍼센트 이상 탐지되었지만, 140미터보다 큰 NEOs는 예상되는 개수의 3분의 1만 발견한 상황이다. NASA의 현재 목표는 지름 140미터보다 큰 NEOs의 90퍼센트를 찾아내 100년 이내의 충돌 가능성을 확인하는 것이다.

NASA의 지원을 받는 지구근접소행성 탐사 프로젝트들이 진행되고 있는데, 특히 카탈리나 전천 탐사(Catalina Sky Survey)

와 팬스타스(Pan-STARRS, panoramic survey telescope and rapid response system) 프로젝트는 확인된 전체 NEOs의 약 90퍼센트를 발견할 정도로 뛰어난 성과를 내고 있다. 이들은 밝은 달이 밤새 영향을 미치는 음력 보름 전후 기간을 제외하고 거의 매일 밤 소행성 탐사 전용 광시야 망원경과 CCD 카메라를 활용하여 하늘의 넓은 영역에서 배경 별들에 대해 겉보기 이동을 보이는 천체를 찾아내는 방식으로 소행성과 혜성을 탐사한다. 또한 이미 발견한 NEOs에 대한 추적 관측을 진행하여 궤도요소의 정확도를 높일 자료를 확보한다.

한국천문연구원의 소행성 연구팀은 칠레, 호주, 남아프리카공화국에 설치된 지름 1.6미터급 망원경 3개로 이루어진 외계행성탐색시스템(Korea Microlensing Telescope Network, KMTNet)을 사용하여 2018년에 2개의 NEOs를 발견하는 성과를 냈다. 하나는 지구와 비슷한 원궤도를 보이는 지름 20~40미터 크기의 지구근접소행성이었고, 다른 하나는 지구와의 최소궤도교차거리가 약 426만 킬로미터이며 크기가 160미터 정도 되었기 때문에 잠재적위협소행성으로 분류되었다.

전 세계 다양한 탐사를 통해 발견된 소행성이나 혜성의 위치 측정값은 국제천문연맹이 주관하는 소행성센터(minor planet center, MPC)로 모이게 된다. 이곳에서는 기존 자료와 비교하여 새로운 소천체인지 식별한 다음 임시 지정 번호를 부여하고, 후속 관측으로 충분한 자료가 확보되어 궤도가 확정되면 영구적인 고유 번호를 부여한다. 또한 지구근접천체들의 관측 및 궤도 자료를 유지 관리하고, 전자 회보와 웹사이트를 통해 발견 사항을 전 세계에 알리는 역할을 담당한다.

지구와의 충돌 가능성을 예측하려면 해당 천체의 궤도를 계산하고, 그 궤도와 지구의 근접성을 살펴봐야 하지만, 관측된 소행성의 위치 데이터로부터 얻을 수 있는 것은 정확한 궤도가 아니라 예상 궤도 범위다. NASA의 CNEOS는 MPC로부터 매일 지구근접천체 관측 자료를 수신하여 개체별 예상 궤도 범위를 분석하고 향후 100년 동안 일어날 수 있는 지구 근접 사건들에 대한 충돌 확률을 계산하는 센트리(Sentry) 시스템을 운영한다.

간단히 말하자면, 지구 충돌 위험 모니터링 시스템이 가동 중이고, 그 결과가 충돌 위험 목록으로 매일 업데이트되고 있는 것이다. 소행성이 향후 100년간 지구와 충돌할 확률이 100억 분의 1보다 낮으면 충돌 가능성이 없다고 간주하고 즉시 충돌 위험 목록에서 제거한다. 센트리 충돌 위험 목록 최상단에는 소행성 베누(101955 Bennu)가 자리한다. 크기가 지름 500미터급으로 소행성 탐사선 오시리스-렉스(OSIRIS-REx)의 정밀 탐사 자료를 통해 지구와의 충돌 확률이 1,750분의 1로 상향 조정된 PHA다. 확률적으로는 향후 100년간 지구와 충돌할 지름 140미터가 넘는 크기의 소행성은 발견되지 않았다는 것이 NEOs 연구자들의 결론이다.

오시리스-렉스 탐사선은 2018년 12월, 소행성 베누에 도

그림 1-9

오시리스-렉스 탐사선(위)과 24킬로미터 거리에서 촬영한 소행성 베누의 모자이크 이미지(아래).

착하여 베누 주변을 공전하면서 표면을 스캔 촬영하고 궤도 요소를 정밀 조사했고, 2020년 10월에는 표면에 다가가 로봇 팔로 토양과 암석 샘플을 채취하는 데 성공했다. 이 샘플을 지구로 가져오기 위해 2021년 5월 베누를 떠나 귀환 중인 오시리스-렉스는 2023년 9월 베누의 샘플을 담은 캡슐을 지구로 진입시키는 것을 끝으로 임무를 마무리하고, 또 다른 지구근접소행성 아포피스(99942 Apophis)를 탐사하기 위한 여정에 돌입한다. 제2의 임무를 수행하는 탐사선은 오시리스 아펙스(OSIRIS-APEX)라고 불릴 예정이다.

지구는 충돌로부터 정말 안전한가?

2013년 2월 15일, 러시아 첼랴빈스크 상공에 진입한 유성체가 공중 폭발을 일으켜 일대 6개 도시를 강타했다. 1,000여 명의 부상자가 발생하고 건물 7,000여 채가 피해를 입었다. 이후 과학자들은 지름 17~20미터 크기를 가진 소행성이 낙하하다가 폭발한 것임을 확인했는데, 이 소행성의 접근이 어느 감시망에도 포착되지 않았다는 점에서 작은 소행성의 위협과 그에 대한 대비의 중요성을 인식하게 되었다. 우리나라는 2013년 러시아 첼랴빈스크 유성체 폭발과 2014년 진주 운석 낙하 사건 등을 계기로 소행성, 혜성 등의 자연우주물체 충돌에 따른 피해를 자연

그림 1-10

퉁구스카 폭발 사건으로 초토화된 침엽수림. 1908년 6월 30일 러시아 시베리아 퉁구스카 지역에 지름 50미터 크기로 추정되는 소행성이 공중에서 폭발했다. 히로시마에 떨어졌던 원자폭탄의 1,000배 이상의 폭발 에너지로 서울시 면적의 3배가 넘는 2,000제곱킬로미터를 초토화시켰다. 이 지역의 나무 약 8,000만 그루가 폭발의 중심으로부터 방사형으로 쓰러졌다.

재해로 규정하는 재난 및 안전관리 기본법을 개정하고 이에 대한 체계적인 대비 계획을 수립했다. 이처럼 소행성 등의 충돌을 태풍, 홍수 같은 자연재해의 범주로 규정한 법을 가진 나라는 많지 않다.

소행성이나 혜성 등 자연우주물체의 충돌에 의한 재난 위험성을 널리 알리고 이에 대한 국제 공동의 노력을 촉구하는 움직임이 민간 중심으로 일어나 2015년 6월 30일에 소행성의 날이 선포되었다. 최초 선포 당시에는 스티븐 호킹(Stephen William Hawking), 퀸의 기타리스트 브라이언 메이(Brian Harold May), 아폴로 9호 우주 비행사인 러셀 슈바이카르트(Russell L. Schweickart)를 비롯한 과학자, 예술인 및 유명 인사 들이 소행성의 날 선포문에 대거 참여하여 국제적인 공감대를 이끌어냈다. 2016년 12월 유엔총회에서 매년 6월 30일을 세계 소행성의 날로 선언했고, 이에 힘입어 전 세계 많은 과학관과 자연사박물관이 중심이 되어 세계 소행성의 날을 기념하는 행사를 개최하며 다양한 온라인 콘텐츠를 생산하는 등 대중에 공유하고 있다.

소행성의 날은 1908년 시베리아 퉁구스카 지역에서 일어난 소행성 또는 혜성이 공중 폭발한 사건이 일어났던 6월 30일로 선언되었다. 이는 전 지구적 재앙을 일으킬 만한 킬로미터급 소행성의 충돌이 아니어도 도시나 지역적으로 큰 피해를 일으킬 수 있는 지름 수십 미터에서 100미터 크기의 중소형 소행성 발견의 중요성을 강조하려는 의도다. 중소형 소행성은 예상되는 전체 개수에 비해 수 퍼센트도 발견되지 않은 상황이다.

소행성의 날 선포문에는 같은 이유에서 지구에 위협이 될 만한 NEAs를 발견하고 추적하는 노력을 지금의 100배 수준으로 늘리자는 내용이 포함되었다. 이후 국제 협력 기구로 소행성을 조기에 발견하고 정밀 추적을 하기 위한 국제소행성경보네트워크와 지구 충돌 소행성 발견 시 각국 우주청의 협조 아래 소행성의 궤도 변경 임무를 기획하는 우주임무계획자문그룹이 조직

되었고, 한국천문연구원도 2016년부터 두 국제 조직에 참여하고 있다.

한편, 한국천문연구원 내에 인공 및 자연우주물체로 인해 발생할 수 있는 우주 위험에 대한 감시 체계를 운영하는 우주위험감시센터를 두고 있는데, '우주환경감시기관'으로 지정되어 국가의 우주 위험에 대비한 감시와 경보를 담당하고 있다.

행성 방어 시스템 가동

앞서 언급했듯이 크기가 지름 1킬로미터보다 작지만 140미터 이상인 NEAs는 인류가 아직 3분의 1에 미치지 못하는 정도로 발견하고 궤도를 확인한 상황이다. 이로부터 예상되는 잠재적 위협에 대한 보다 적극적인 대책이 필요하지 않을까? 실제로 과학자들은 2009년부터 격년 단위로 행성방위학회(Planetary Defense Conference)를 개최하여 주로 NEOs의 지구 위협에 대해 과학기술, 인문, 사회, 정치, 경제에 걸쳐 다각적인 대응을 논의한다. 동시에 학회 기간 동안 가상의 소행성 지구 충돌을 실제 상황으로 가정하고 단계별 대응 방법을 토의를 통해 찾아가는 시나리오 훈련을 실시한다.

또한 NASA는 NEOs의 충돌 위협 문제를 해결하기 위한 '응용행성과학'을 집중적으로 담당하는 행성과학부 산하 행성방

위조정국(Planetary Defense Coordination Office, PDCO)을 2016년 1월에 설치했다. PDCO는 NEOs 관측 프로그램을 지원 관리하여 소행성과 혜성을 포함하는 잠재적위험천체(PHOs)를 조기 탐지하고, 충돌 위험성을 분석해 경고한다. 또한 PHO의 충돌 위험을 완화하기 위한 전략과 기술을 연구하고, 실제 충돌에 대응하기 위해 미국 정부 계획 조정에 주도적 역할을 하면서 국제소행성경보네트워크와 우주임무계획자문그룹의 회원으로서 다른 국가 우주 기관과의 조율을 담당한다.

PDCO는 소행성 충돌 위험을 완화하기 위한 전략으로 지구와 충돌 가능한 소행성을 편향시키는 기술을 개발하여 실제 우주에서 테스트하고, 효과를 평가하려 한다. 그 첫 번째 시도가 바로 이중소행성 방향 전환 시험(Double Asteroid Redirection Test)이라는 이름의 DART 임무다. 2021년 11월 24일 NASA는 NEO이지만 지구 충돌 가능성이 없는 지름 780미터 크기의 소행성 디디모스(Didymos)와 디디문이라 불리던 위성 디모르포스(Dimorphos)를 향해 충돌 우주선 DART을 발사했다. 디모르포스의 뜻은 '두 가지 형태'로, 인류 최초로 천체의 궤도와 형태를 변경하는 대상에 붙여진 의미심장한 공식 명칭이라고 할 수 있다.

DART는 10개월을 비행하여 지구로부터 1,000만 킬로미터 넘게 떨어진 디디모스 이중소행성계에 도달했고, 2022년 9월 27일 시속 약 2만 4,000킬로미터로 목표물 디모르포스에 충돌했다. 충돌을 4시간가량 앞두고 9만 킬로미터 거리에서부터는 전파로 원격 제어할 수 없는 긴박한 상황이었기 때문에 계획대로 스마트 항법 비행 체제로 전환되었다. 우주선 스스로 카메라의 정보에 의존해 자율 비행하면서 음속의 18배나 빠른 초속 6.1킬로미터로 날아가 지름 160미터 크기의 소행성을 맞히는 고난도 항법 기술이었지만, 목표했던 소행성의 중심에서 단 17미터 비켜난 지점에 정확히 명중했다.

DART가 전송한 영상을 보면 충돌 10분 전이 되어서야, 구분되지 않던 디디모스와 디모르포스가 둘로 보이기 시작했고, 디모르포스에 다가가면서 달걀 모양의 형체와 자갈이 흩뿌려진 잔해 더미 같은 표면 모습을 볼 수 있었다. 표면이 점점 확대되다가 갑자기 신호가 끊어지는 순간, NASA의 연구진과 전 세계에서 실시간 우주 실험을 지켜보던 모두가 완벽한 성공을 깨닫고 환호했다.

우주와 지상에서 주요 망원경들도 DART의 임무를 지켜보고 있었다. 이들의 관측 결과에 따르면, DART 우주선이 디모르포스에 충돌한 방향으로 섬광과 함께 대량의 먼지가 분출되어 부채꼴로 퍼져 나왔고, 8시간이나 밝기가 3배로 유지되었다. 10일 정도 지난 후 이미지에서는 디디모스 소행성계를 감싸던 디모르포스의 충돌 분출물이 혜성의 꼬리와 같이 태양의 복사압에 의해 태양 반대편으로 1만 킬로미터 가까이 길게 늘어선, 활동성 소행성의 모습을 볼 수 있었다.

1,000만 킬로미터 떨어진 곳에서 관측하는 대형 지상망원

경이나 허블, 제임스웹 우주망원경으로는 디디모스와 디모르포스가 하나의 밝은 점광원으로 보이지만, DART에 실려 있다가 충돌 2주 전에 분리된 14킬로그램 무게의 이탈리아 큐브위성(LICIACube)이 보는 모습은 달랐다. 그림 1-11은 이 위성이 충돌 3분 후에 55킬로미터 떨어진 거리를 지나며 디디모스 곁에서 분출물에 휩싸인 디모르포스의 생생한 모습을 촬영해 전송한 것이다. 이와 같은 분출물의 특성을 관찰하면 소행성의 물성과 충돌 효과에 대해 알아낼 수 있다.

DART 임무에서 꼭 확인되어야 하는 것은 소행성의 궤도를 편향할 수 있는 기술력 여부다. 충돌 전 디모르포스는 디디모스로부터 평균 1.2킬로미터 거리에서 약 11시간 55분에 한 번씩 공전하고 있었고, DART 임무를 설계한 과학자들은 충돌 결과 디모르포스의 공전주기가 수 분가량 줄어들 것으로 예측했다. DART팀의 과학자들은 충돌 직후부터 다양한 우주망원경과 지상의 여러 대형 망원경을 이용하여 디모르포스의 궤도 변화를 측정하기 시작했다. 또한 현장에 있는 큐브위성이 계속해서 수집한 데이터를 바탕으로 2주간의 변화를 추적한 끝에 결론에 도달했다.

충돌 후 디모르포스의 공전주기가 11시간 23분으로 줄어들어 총 32분의 공전주기 변화가 확인되었으며 이는 디모르포스가 디디모스에 수십 미터 다가갔음을 의미한다. 공전궤도의 변화가 예상보다 컸지만, 이러한 기술이 미래에 있을지도 모를

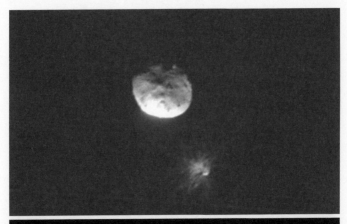

Dimorphos
HST WFC3/UVIS

F350LP

N
E

그림 1-11

충돌 3분 후 리시아큐브가 촬영한 디디모스와 그로부터 5시 방향에 충돌 분출물을 내뿜고 있는 디모르포스(위). 그리고 충돌 11일 후 허블우주망원경이 관측한 디디모스 이중소행성계의 모습(아래).

충돌 위협에 대한 행성 방어 전략으로 사용될 수 있음이 증명된 것이다.

유럽우주국(ESA)은 디모르포스가 속한 이중소행성계의 충돌 이후 상태를 탐사하기 위하여 총 3대의 우주선을 2024년에 발사하는 헤라(HERA) 임무를 준비하고 있다. 인류의 첫 천체 운동 변경 실험이 놀라운 정확도로 성공하고, 편향 효과도 예상보다 크게 나타났지만, 디모르포스라는 소행성에 대한 단 한 번의 실험이 모든 소행성에 유사하게 적용될 것이라고 낙관할 수는 없다. 형태나 표면의 특성, 내부 구성 물질이 서로 다른 소행성이 다양한 궤도로 공전하고 있기 때문이고, 우리는 또 그런 다양성 속에서 새로운 국면을 맞이할 것이기 때문이다.

따라서 놀라웠던 DART 임무는 보다 다양한 상황에서 다양한 종류의 충격이 소행성의 궤도를 어떻게 변하게 하는지 알아내기 위한 모의수치실험에 기준을 제공하는 의미가 있다고 평가해야 한다. 앞으로 여러 모의수치실험 결과를 토대로 후속 연구를 진행하고, 더욱 진화한 기술이 개발되어야 할 것이다. 그리고 무엇보다 아직 관측되지 않은 미지의 NEOs를 탐지하기 위한 노력을 확대하여 우주로부터 다가오는 위험을 부지불식간에 맞이하는 일이 없도록 해야 한다.

우주망원경으로
보는 빛

우주과학

한명희

"4, 3, 2, 1. 발사."

"네, 드디어 발사되었습니다. 약 100억 달러를 투자한 인류 최고의 망원경이 우주로 발사됩니다."

2021년 12월 24일, 남아메리카 프랑스령 기아나에 위치한 쿠루 발사 기지에서 제임스웹우주망원경(JWST)이 우주로 발사되었다. 이 망원경은 적외선 관측을 통해 우주에서 처음으로 생성된 별들을 찾고, 초기 은하와 별의 진화 과정을 연구하며, 외계 행성과 생명체의 기원을 탐색하기 위해 만들어졌다. 과학자들은 JWST가 허블우주망원경보다 더 멀리, 더 자세히 관측할 수 있다고 예상했고 처음으로 발표된 결과는 전 세계를 감탄하게 만들었다.

그런데 여기서 궁금증이 생긴다. 허블우주망원경은 가시광선을 관측하고, JWST는 적외선을 관측하는 망원경이다. 분명 다른 빛으로 천체를 보는데 왜 더 멀리 관측한다고 할까? 그리고 그냥 가시광선으로 관측하면 안 되는 건가? 이러한 호기심을 해결하기 위해서는 빛에 대한 이야기부터 해야 한다.

'빛'이라고 하면 우리 머릿속에는 흰색의 빛, 환한 햇빛, 형광등 불빛 등이 떠오른다. 이렇게 눈으로 볼 수 있는 빛을 가시

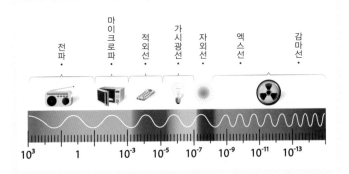

그림 1-12

전자기파의 분류. 파장의 길이에 따라 가장 긴 전파, 마이크로파, 적외선, 가시광선, 자외선, 엑스선, 가장 짧은 감마선으로 분류한다. 우리가 눈으로 볼 수 있는 가시광선의 경우 붉은색이 파장이 길며, 보라색이 파장이 짧다.

광선이라 부른다. 만약 과학자들에게 빛에 대해 물어본다면 빛은 전자기파이며 가시광선뿐만 아니라 전파, 적외선, 자외선, 엑스선, 감마선 등 여러 종류가 있다고 답할 것이다. 그럼 빛은 어떻게 나눌까?

빛에 대한 연구는 아이작 뉴턴이 살던 시대로 거슬러 올라간다. 1600년대 중반까지 사람들은 빛이 단순히 흰색이라고 생각했다. 하지만 뉴턴이 프리즘을 이용하여 '흰색의 빛이 빨주노초파남보 무지개 색으로 각각 나뉘며(스펙트럼) 서로 독립적이다'라는 사실을 알아낸 후 연구가 활발해졌다. 1800년 윌리엄 허셜(Frederick William Herschel)이 스펙트럼 연구를 하다가 우연히 적외선을, 1801년에는 요한 리터(Johann Wilhelm Ritter)가

자외선을 발견했다. 1814년 요제프 폰 프라운호퍼(Joseph von Fraunhofer)는 태양스펙트럼에서 576개의 흡수선을 발견하여 태양의 대기에 여러 원소가 분포한다는 사실을 알아냈다.

1864년, 제임스 맥스웰(James Clerk Maxwell)이 전기와 자기를 수학적으로 통합하면서(전자기학의 탄생) 빛이 전자기파의 일종임을 예측했고 1887년에 하인리히 헤르츠(Heinrich Rudolf Hertz)가 이를 증명하면서 우리는 빛이 전자기파라는 사실을 알게 되었다. 이때부터 빛을 '전기장과 자기장이 서로 관계하며 공간에서 나아가는 파동'으로 설명하기 시작했다. 그 후로 1895년 빌헬름 뢴트겐(Wilhelm Conrad Röntgen)이 엑스선을, 1900년 폴 빌리어드(Paul Villiard)가 감마선을 찾아내 현재 우리가 알고 있는 빛을 모두 발견했다. 그리고 파동의 관점에 따라 빛의 길이를 파장이라 부르고, 그 길이와 성질에 따라 파장이 긴 전파로 시작해 점점 짧아지는 순서로 마이크로파, 적외선, 가시광선, 자외선, 엑스선, 감마선으로 분류하게 되었다.

천문학자들은 다양한 빛을 이용하여 천체를 관측하기 위해 많은 노력을 들였다. 천체들은 실험하기에는 너무나 거대하며 근처에서 자세히 관찰할 수 없을 정도로 멀리 떨어져 있었기 때문이었다. 그래서 천체로부터 오는 빛만 가지고 연구를 진행할 수밖에 없었고, 빛의 양을 측정하는 측광과 어떤 특성을 가진 빛인지 나누어 보는 분광이라는 방법을 발달시켰다. 천체들은 각각의 특성에 따라 방출하는 빛의 양과 종류가 달라지며, 이 빛이 지구까지 오는 동안에도 여러 원인으로 인해 그 특성이 계속 변하게 된다.

여기에 우리가 앞서 했던 질문 '가시광선으로만 관측하면 안 되는 건가?'의 답이 숨어 있다. 예를 들어 차가운 가스 같은, 온도가 낮은 천체들은 적외선을 방출한다. 이와 달리 중성자별이나 블랙홀 같은 경우 엑스선과 감마선을 내뿜는데 이 천체들은 가시광선으로 볼 방법이 없다. 즉, 우리가 눈으로 보는 망원경으로는 관측할 수 없다는 뜻이고, 수많은 다양한 빛을 내는 천체의 존재를 모르고 지나칠 수 있다는 것이다.

또한 천체에서 방출된 빛들이 우주 공간을 지나면서 변하기도 한다. 대표적으로 도플러효과에 의한 변화가 있다. 도플러효과는 파동을 발생하는 물체가 관측자로부터 멀어지거나 가까워지면 파동 간격이 변하여 관측자에게는 실제로 발생된 파동과 다르게 측정되는 현상이다. 멀어지면 파동 간격이 늘어나며 긴 파장으로, 가까워지면 파동 간격이 줄어들며 짧은 파장으로 관측이 된다. 우리는 일상생활에서 옆으로 지나가는 구급차의 사이렌 소리가 변하는 것으로 이를 체험할 수 있다. 빛도 파동의 성질을 가지고 있어 도플러효과가 나타나는데 가시광선 관측에서 천체가 멀어지면 붉게, 가까워지면 푸르게 보인다. 천문학에서는 이를 각각 적색이동, 청색이동이라고 부른다.

도플러효과로 밝혀낸 대표적인 천문학적 사실은 에드윈 허블(Edwin Powell Hubble)이 외부은하 관측을 통해 알아낸, 우주가

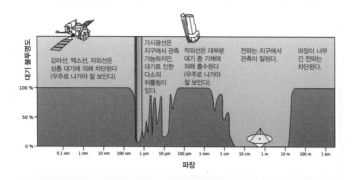

감마선, 엑스선, 자외선은 상층 대기에 의해 차단된다 (우주로 나가야 잘 보인다).

가시광선은 지구에서 관측 가능하지만, 대기로 인한 다소의 뒤틀림이 있다.

적외선은 대부분 대기 중 기체에 의해 흡수된다 (우주로 나가야 잘 보인다).

전파는 지구에서 관측이 잘된다.

파장이 너무 긴 전파는 차단된다.

대기투명도

100 %

50 %

0 %

0.1 nm   1 nm   10 nm   100 nm   1 μm   10 μm   100 μm   1 mm   1 cm   10 cm   1 m   10 m   100 m   1 km

파장

그림 1-13

대기의 창. 가시광선과 일부 적외선, 전파만이 지상에 도달하고 나머지는 대기에 의해 가로막힌다.

팽창한다는 것이다. 허블은 우리로부터 멀리 떨어진 은하들의 스펙트럼을 관측했는데 먼 은하일수록 적색이동이 더 강하게 나타남을 발견했다. 이는 우리로부터 멀리 떨어진 은하일수록 더 빨리 멀어진다는 것을 말하고 결과적으로 우주는 팽창하고 있다는 사실을 의미한다.

우주 팽창에 의한 적색이동을 '우주론적 적색이동'이라 하는데, 아주 멀리 있는 은하 또는 천체는 이 현상이 강하게 나타나서 가시광선으로 방출된 빛이 파장이 늘어나 지구에서는 적외선으로 관측된다. 즉, 우주가 생성되고 얼마 지나지 않은 아주 멀리 떨어진 초기 우주에서 오는 별빛은 적외선으로 보인다는 것이다. 이는 우리가 처음에 했던 질문 '가시광선보다 적외선으로

그림 1-14
플랑크망원경이 관측한 우주배경복사. 우주 나이 38만 년 때의 빛이다.

관측하는 게 왜 더 먼 과거를 보는 것인가'에 대한 답이 된다.

이처럼 천문학자들은 가시광선만이 아니라 다른 빛들로 천체를 관측하기 위해 노력했다. 문제는 20세기 초까지 대부분 가시광선으로만 천체를 관측할 수밖에 없었다는 것이다. 다른 빛들을 보기 위해서는 다양한 관측 기기의 개발과 발전이 뒷받침되어야 한다. 하지만 무엇보다 가장 큰 난관의 원인은 지구가 대기를 가지고 있다는 점이다. 지구의 대기는 천체로부터 오는 대부분의 빛을 흡수하거나 반사, 산란시켜 지상까지 도달할 수 없게끔 막아낸다(그림 1-13).

그나마 가시광선과 적외선, 전파의 일부만이 대기를 뚫고 지상에 도달하지만 대기에 의한 왜곡이 발생하여 보정해야 한다. 이를 해결하기 위해 천문학자들이 찾아낸 방법은 대기의 영향이 없는 우주에 망원경을 발사하는 것이었다. 기술의 발달로 수많은 망원경이 우주로 올라갔는데, 대표적인 기기를 알아보자.

마이크로파를 관측하는 망원경은 태초의 빛이라 불리는 우주배경복사를 관측하기 위해 우주로 발사되었다. 빅뱅 직후의 우주는 아주 뜨거운 상태로 빛과 물질이 분리되지 못하고 안개처럼 불투명하게 섞여 있는 상태였다. 우주가 팽창하면서 온도가 점점 낮아져 3,000켈빈(절대영도인 영하 273도를 0켈빈으로 정해 사용하며 물이 어는 섭씨 0도는 273켈빈이다)이 되었을 때 빛과 물질이 서로 분리되어 우주가 맑아졌다. 이때부터 빛이 자유롭게 우주 공간을 나아갈 수 있게 된 것인데 이 시기의 빛을 '우주배경복사'라고 하며 현재 우리가 관측할 수 있는 최초의 빛이자 가장 멀리 떨어진 곳의 빛이다. 우주배경복사는 우주 팽창으로 인한 도플러효과로 인해 마이크로파로 관측되는데 이를 위해 COBE, WMAP, 플랑크(Planck)망원경이 우주로 발사되었다.

우리가 일반적으로 열을 측정하는 데 사용하는 적외선은 파장이 길기 때문에 암흑성운 같은 가시광선으로는 관측할 수 없는 가스나 먼지덩어리의 안쪽과 그 너머를 보는 데 이용된다. 그리고 온도가 낮아 파장이 긴 빛을 주로 방출하는 천체나 멀리 떨어진 초기 우주의 은하를 관측할 수 있다. 이에 따라 2003년에 발사된 스피처(Spitzer)우주망원경은 성운 속에서 새로 태어나는 아기 별이나 온도가 낮은 갈색왜성, 멀리 떨어진 다른 별에 있는 외계 행성, 초기 우주의 천체들을 연구했다. 또한 성간물질이 많은 우리은하 중심부를 관측했는데 이곳의 천체들이 막대 모양으로 모여 있다는 것을 확인하면서 우리은하가 단순한 나선은하가 아닌 막대나선은하라는 사실을 알아냈다.

이제 누구나 한 번쯤 들어보았을 허블우주망원경을 살펴보자. 이 망원경은 1990년 우주로 발사되었는데 가시광선과 근적외선, 근자외선 영역을 관측하며, 천문학자 에드윈 허블의 이름을 따왔다. 현재 30년이 넘도록 여러 천체의 모습을 관측하여 우주의 탄생과 진화 과정을 연구하는 데 많은 역할을 해왔다.

대표적으로는 허블상수를 정밀하게 측정하여 우주의 나이를 알아낸 것이 있다. 허블상수는 멀리 떨어진 외부은하가 우리

가시광선

엑스선

적외선

다파장

전파

그림 1-15
다파장의 빛으로 본 켄타우루스 A 은하.

로부터 얼마만큼 빠르게 멀어지는지를 나타내는 값으로 이를 통해 우주의 나이를 추정할 수 있다. 허블우주망원경이 관측하기 전까지 천문학자들은 우주의 나이를 100억 년에서 200억 년 사이로 예측했다. 여기서 허블우주망원경이 허블상수를 정밀하게 측정하여 '현재 우주의 나이는 138억 년이다'라고 이야기할 수 있게 되었다. 또한 허블우주망원경이 촬영한 울트라 딥필드(Ultra Deep Field)는 아무것도 없다고 생각한 우주 공간이 실제로는 수 없이 많은 은하로 빼곡히 차 있다는 것을 보여줌으로써 우주의 거대함과 경이로움을 잘 나타내주었다.

우주에는 우리가 상상하는 것보다 강력한 에너지를 내뿜는 천체들이 존재한다. 이를 연구하기 위해 찬드라, XMM 뉴턴 같은 엑스선망원경과 콤프턴, 페르미 같은 감마선망원경이 우주로 발사되었다. 이 망원경들은 초신성이 폭발한 후 중심에 남은 중성자별이나 블랙홀이 제트라는 현상으로 엑스선과 감마선 등을 방출하는 것을 관측한다. 또한 각각의 은하 중심부와 활동성은하핵이라 불리는 천체에 위치한 태양질량의 수백만에서 수억 배나 무거운 거대한 블랙홀을 들여다보기도 한다. 블랙홀에 물질들이 빨려들어 가며 다양한 빛을 방출하는데 이때 방출된 엑스선과 감마선을 관측하여 블랙홀 연구에 도움을 주고 있다.

이렇게 다양한 망원경이 우주로 발사되어 천문학자들은 보다 많은 천체를 연구할 수 있게 되었고 우주를 더욱 폭넓게 이해하는 기반을 마련했다. 단순히 하나의 빛이 아닌 여러 가지 빛으로 보는 우주는 보다 경이롭고 아름다운 모습이었고 우리에게 많은 것을 알려주었다.

앞으로도 많은 망원경이 우주로 올라갈 예정이다. 적외선 관측으로 암흑에너지와 우주 구조를 연구하기 위한 유클리드(EUCLID)우주망원경과 하늘 전체를 다파장 적외선으로 보려는 스피어엑스(SPHEREx)우주망원경이 대기 중이다. 우주 엑스선의 편광 현상을 관측하기 위한 엑스포셋(XPoSat)망원경과 중력파를 관측하기 위한 리사(LISA)도 준비하고 있다. JWST뿐만 아니라 이 차세대 우주망원경들을 이용해 우주의 근원을 밝히고 현재의 모습을 연구하여 앞으로 어떤 미래가 펼쳐질지 알아내기를 기대해본다.

초신성 폭발을
직접 관측하다

우주과학

박대영

흔히 별의 폭발로 알려진 초신성(supernova)은 천문학적 관점에서 본다면 진화의 마지막 단계에 접어든 무거운 별이 격렬한 폭발을 일으키면서 일시적으로 밝아졌다 사라지는 과도천문현상(transient astronomical event)이다. 천문학자들은 별의 탄생과 성장, 죽음의 전 과정을 이해하기 위해 다양한 수학적 모델과 관측 방법을 사용한다. 별의 진화는 짧게는 수백만 년에서 길게는 수백억 년이라는 긴 시간 동안 천천히 진행되므로 천문학자들은 각각의 진화 단계에 해당하는 별을 가능한 한 많이 찾아내고 관측함으로써 그 퍼즐을 맞춰나간다. 특히 초신성 폭발은 짧은 기간의 관측만으로도 질량이 무거운 별의 진화 마지막 단계를 이해할 매우 중요한 정보를 제공할 뿐만 아니라 별의 폭발로부터 야기된 주변 환경의 변화를 직간접적으로 살펴보는 데 매우 흥미로운 소재다.

초신성은 '강력하다'는 뜻인 '슈퍼(super)'와 '새롭다'는 뜻인 '노바(nova)'의 합성어다. 1572년에 초신성을 관측한 튀코 브라헤(Tycho Brahe)는 신성(nova)이라는 단어를 썼는데 당시 이는 새로운 별의 탄생을 의미했다. 초신성이라는 용어는 1930년대 중성자별의 존재를 예측했던 독일의 천문학자 월터 바데(Walter Baade)와 스위스의 천문학자 프리츠 츠비키(Fritz Zwicky)가 신성

보다 더 강력하다는 뜻으로 처음 사용한 말이다. 한편 우리나라를 비롯한 동아시아 사람들은 신성에 대해 조금 더 구체적으로 생각해 단순히 새로운 별이 나타나는 것이 아닌, 잠깐 나타났다 사라지는 객성(客星, 손님 별)으로 표현했다. 객성은 현대 천문학에서 말하는 과도천문현상과 더 잘 어울린다.

역사 속 초신성

인류의 초신성 관측 역사는 무척 길다. 초신성을 관측한 것으로 추정되는 가장 오래된 기록은 초신성 잔해 HB9에 대해서다. 인도의 과학자들은 약 5,000년 전 카슈미르 계곡의 부르자홈 유적지에서 발견된 돌에 새겨진 그림이 HB9과 관련 있다는 연구 결과를 2013년에 발표했다. 그리고 서기 185년에 발생한 SN 185는 문서로 남아 있는 가장 오래된 초신성 관측 기록으로, 중국 《후한서》〈천문지〉에 실렸다. 1006년에 관측되었던 SN 1006은 현재까지 우리은하에서 발생한 초신성 중 가장 강력했던 것으로 추정되며 중국, 이집트, 스위스, 이란 등 여러 지역에서 관찰한 바가 문헌으로 남아 있다. 게성운으로 널리 알려진 SN 1054 역시 중국, 일본, 중동, 유럽 등 광범위한 지역에서 기록되었다.

1572년 11월 2일에 폭발한 SN 1572는 튀코 브라헤가 자신의 관측을 포함해 여러 지역의 광범위한 자료를 토대로 1572년에 출판한《누군가의 생이나 기억에서 처음 보는 새로운 별에 관하여(De nova et nullius aevi memoria prius visa stella)》로 인해 '튀코의 초신성'으로 널리 알려졌다. SN 1572의 관측과 이에 대한 자세한 분석은 별들의 영역은 변하지 않는다는 아리스토텔레스의 천체 모형을 수정하는 결정적인 계기가 되었다. SN 1572 이후 32년 만에 발생한 SN 1604는 '케플러의 초신성'으로 알려져 있으며 우리나라를 비롯한 중국, 유럽, 중동 등지의 관측 기록이 남아 있다.

특히《조선왕조실록》〈선조실록〉178편, 선조 37년 9월 21일 (1604년 10월 13일)에는 "미수로부터 10도, 북극으로부터 110도의 위치에 객성이 나타났다. 밝기는 목성보다 어둡고, 황적색이며 반짝였다(夜有一更, 客星在尾宿十度, 去極一百一十度, 形體小於歲星, 色黃赤, 動搖)"는 SN 1604에 대한 정보가 나온다. 처음 나타나서 사라질 때까지 모두 130회의 언급과 112회의 관측 기록이 실려 있다. 천문학자들은 실록에 적힌 SN 1604의 밝기 변화와 유럽의 관측 기록을 토대로 SN 1604가 전형적인 Ia형 초신성임을 밝혀냈다.

SN 1604 이후 우리은하 안에서 맨눈으로 관측된 초신성은 아직 없다. 그러나 외부은하에서 100년에 3번꼴로 폭발이 발견된다는 점에 비추어보면 우리은하도 비슷한 빈도로 초신성이 폭발할 가능성이 높다. 실제로 맨눈 관측은 되지 않았지만 VLA의 전파 관측과 NASA의 찬드라엑스선우주망원경 관측 결과, 초신성 잔해 G1.9+0.3는 1890년에서 1908년 사이에 폭발한 Ia형 초신성으로 밝혀졌다. 이 초신성이 관측되지 않은 이유는 우리 은하 중심의 짙은 가스와 먼지로 인한 소광 때문이었다.

초신성의 분류

초신성은 수소 흡수선이 관측되지 않는 I형과 수소 흡수선이 관측되는 II형으로 분류한다. Ia형은 쌍성계를 이루고 있던 백색왜성이 동반성으로부터 물질을 흡수하면서, 중단되었던 핵융합반응을 다시 폭발적으로 일으키면서 초신성이 되는 유형이다. Ia형의 근원별(progenitor)은 동반성의 물질을 흡수하면서 찬드라세카르한계(Chandrasekhar limit)*를 넘어 초신성으로 폭발하는 것이므로 폭발 시점의 질량이 동일하고 최대 광도(절대등급)가 일정한 특성을 보인다.

절대등급은 모든 천체를 32.6광년의 거리에서 측정한 값이므로 절대등급과 겉보기등급을 알면 천체까지의 거리를 구할 수 있다. Ia형 초신성의 경우 절대등급을 알고 있으므로 겉보기등급만 측정하면 거리를 알 수 있다. Ia형 초신성의 절대등급은 태양

----

* 백색왜성이 전자 축퇴압으로 지탱할 수 있는 질량의 최대 한계는 태양질량의 약 1.44배이며 인도의 천체물리학자 찬드라세카르(Subrahmanyan Chandrasekhar)가 처음으로 계산했다.

의 50억 배에 해당하는 -19등급 수준으로 알려져 있고 이를 토대로 먼 은하의 거리를 측정하는 표준촛불로 사용된다. 수소 흡수선을 보이지 않은 I형 초신성 중에는 질량이 커 자체 중력붕괴에 의해 초신성으로 폭발하는 Ib와 Ic형이 있다. 이들 유형에서 II형 초신성과 같은 수소선이 보이지 않는 것은 강한 항성풍이 최외각의 수소 껍질을 날려버리기 때문인 것으로 추측한다.

태양질량의 8배 이상 되는 별 중에서 중심 핵이 찬드라세카르의 질량 한계를 넘을 만큼 충분히 무거울 경우 자체 중력붕괴로 인한 충격파로 폭발하게 되는데, 이들 중 수소 흡수선이 관측되는 초신성을 II형으로 분류한다. 무거운 별은 진화의 마지막 단계에 접어들면서 양파와 같은 다층 구조의 내부를 형성하는데 II형 초신성에서 수소 흡수선이 관측되는 것은 최외각에 핵융합이 일어나지 않는 수소층이 남아 있기 때문이다. II형 초신성은 폭발 이후 최대 광도를 지난 후 지속적으로 밝기가 떨어지는 II-L형과 일정 기간 밝기를 유지하다 떨어지는 II-P형으로 다시 나뉜다.

초신성의 폭발 과정

진화의 마지막 단계에 접어든 별은 내부의 핵융합반응이 중지된다. 질량이 작은 별은 수소, 헬륨, 탄소 등의 원소를 만든 후 핵융합이 정지되어 백색왜성이 된다. 이와 달리 태양질량의 최소 8배

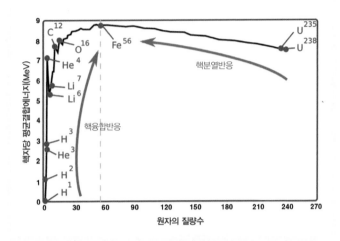

그림 1-16
핵자당 평균결합에너지의 세기. 철을 기준으로 핵융합반응과 핵분열반응이 일어나
는 것을 알 수 있다.

(이론이나 시뮬레이션 결과에 따라 무거운 별의 최소 기준은 8~10배다) 이
상 되는 무거운 별은 중심 핵의 온도가 탄소 핵융합반응을 일으
킬 수 있을 만큼 충분히 뜨거워 네온, 산소, 규소 등의 원소를 순
차적으로 합성한다. 규소는 헬륨 핵과 결합하여 황, 아르곤, 칼
슘, 티타늄, 크로뮴, 철, 니켈을 만드는데 니켈은 곧바로 양성자
26개와 중성자 30개로 이루어진 철($^{56}_{26}Fe$)로 붕괴된다.

철은 핵자당 결합에너지가 가장 높은 원소이기 때문에 핵융
합을 통해 더 무거운 원소를 생성하더라도 곧바로 방사선 붕괴
가 되어 다시 철로 변한다. 따라서 별 중심부의 핵융합은 더 이

상 진행되지 않고 백색왜성과 마찬가지로 전자 축퇴압(electron degeneracy)으로 중력을 지탱한다. 항성 내부와 같은 초고밀도 환경에서는 원자핵 주변을 둘러싸고 있는 전자조차 자유롭게 움직이지 못할 만큼 빽빽하게 압축되어 전자와 전자가 서로 밀어내는 힘[*]이 발생하는데 이를 전자 축퇴압이라고 부른다.

이제 별 내부는 철 핵을 중심에 두고 규소, 산소, 네온, 탄소, 헬륨, 수소층이 양파 껍질처럼 외곽을 둘러싸는 형태를 갖추는데 각각의 껍질은 핵융합이 가능할 정도로 가열돼 계속해서 무거운 원소를 만들어낸다. 철을 만들어냄으로써 최종적으로 외곽층의 핵융합이 끝나면 철 핵으로 질량이 계속 쌓여 더 이상 전자 축퇴압으로는 중력을 이겨낼 수 없는 한계 질량에 도달한다.

이때 철 원자핵 내의 전자 일부가 양성자와 결합해 중성자를 만들어내면서 광속의 25퍼센트 수준인 매우 빠른 속도로 중심을 향해 붕괴한다. 붕괴된 별 중심부는 초고온, 초밀도 상태이므로 철 원자핵은 양성자와 전자로 광분해되고 양성자는 즉시 전자를 포획해 중성자와 중성미자(neutrino)를 방출한다. 중성자는 원자핵의 밀도를 초과하는 수준에 이르러서야 수축을 멈추고 10~20킬로미터 크기의 중성자 핵을 만든다. 이 정도 크기의 핵은 태양에 맞먹는 질량이며 물의 4,000억 배에 달하는 밀도에 해당한다.

● '2개 이상의 전자는 동시에 같은 위치를 차지할 수 없다'는 볼프강 파울리(Wolfgang Pauli)의 배타원리에 의해 발생하는 힘.

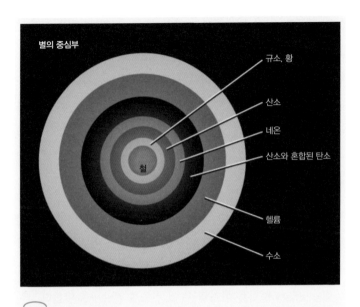

별의 중심부

규소, 황
산소
네온
산소와 혼합된 탄소
철
헬륨
수소

그림 1-17
무거운 별의 내부 구조. 실제 별의 중심부는 매우 작은 영역이며 무거운 원소부터 중앙에 쌓이고 그 밖으로 가벼운 원소의 핵융합층을 양파 껍질처럼 형성한다.

별의 폭발은 빠르게 수축하는 내부의 물질이 중성자 핵에 부딪혀 튕겨 나가면서 발생된 충격파로부터 시작된다. 갑자기 만들어진 충격파는 주변의 고밀도 핵입자에 에너지를 전달하여 원자를 양성자와 중성자로 분해하고 양성자는 다시 전자를 포획하여 중성자가 된다. 그 과정에서 다량의 중성미자가 방출되는데, 이는 대략 10^{46}와트의 에너지에 해당하며 수십억 개의 은하 속에 있는 모든 별의 에너지를 합친 것보다 더 크다고 할 수 있다. 중성미자는 물질과 거의 반응하지 않지만 별 중심의 밀도가 매우 높아 일부가 반응하여 엄청난 에너지를 내고 그 에너지가 별을 폭발시킨다.

갑자기 어두워진 베텔게우스, 폭발의 전조인가?

오리온자리의 알파(a)별 베텔게우스(Betelgeuse)는 태양보다 1,000배 가까이 큰 적색 초거성이다. 천문학자들은 이 별이 진화의 마지막 단계를 지나고 있으며 머지않은 장래에 폭발하여 초신성이 될 것으로 생각한다. 앞서 언급했듯 우리은하 안에서 인류가 맨눈으로 관측한 마지막 초신성 폭발은 1604년이었다. 만일 베텔게우스가 폭발한다면 400여 년 만에 다시 초신성 폭발을 관측하게 되는 것이며 베텔게우스처럼 가까운 곳에서 발생하는 초신성 폭발은 무거운 별의 진화 마지막 단계를 이해하는 데 많은 정보를 제공할 것이다.

그런데 마침 2019년 말부터 2020년 초까지 베텔게우스의 밝기가 급격히 떨어지면서 전 세계의 천문학자들은 폭발이 임박한 것이 아니냐는 추측을 했다. 베텔게우스가 불규칙한 주기로 밝기가 변하는 맥동변광성이기는 해도 갑자기 보통 밝기의 2.5배까지 떨어지는 일은 이례적이었기 때문이었다.

천문학자들은 갑작스러운 베텔게우스의 밝기 감소는 거대한 흑점 출현이 이유일 수 있다는 주장 등 여러 이론을 제시

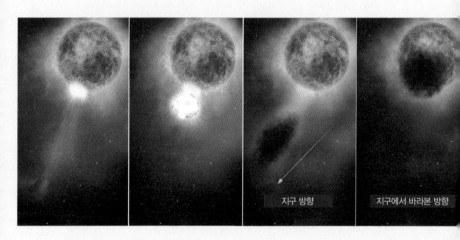

지구 방향

지구에서 바라본 방향

그림 1-18

허블우주망원경이 촬영한 베텔게우스 표면의 물질 분출 모식도. 항성 내부에서 분출된 물질이 식으면서 베텔게우스 앞을 가려 밝기가 어두워졌음을 알 수 있다.

했으나 정확한 원인을 밝혀낸 것은 허블우주망원경의 관측 덕분이었다. 매사추세츠 케임브리지대학 천체물리센터(Center for Astrophysics, CfA) 소속의 안드레아 듀프리(Andrea Dupree) 부소장이 이끄는 관측팀은 허블우주망원경을 사용해 베텔게우스의 대기로 분출된 짙고 어두운 물질을 관측했다. 이 물질은 베텔게우스에서 알 수 없는 이유로 분출된 다량의 뜨거운 물질이 별로부터 멀어지며 식어서 만들어진 것이라고 밝혔다. 또한 베텔게우스의 급격한 밝기 감소는 진화의 마지막 과정에서 수축과 팽창을 반복하면서 생기는 현상으로 이해해야 하며 직접적인 초신성 폭발의 전 단계로 보기에는 근거가 부족하다고 말했다.

하지만 제이콥슨 갈란(Wynn Jacobson-Galán) 등이 2022년 1월에 미국천문학회의 《천체물리저널(Astrophysics Journal)》에 발표한 논문에서 II형 초신성 2020tlf는 폭발 직후에 밝고 강렬한 방사선이 관측되었고 이는 별 내부 구조의 격렬한 반응에 따른 대량의 질량 방출 증거라고 주장했다. 따라서 베텔게우스의 급격한 밝기 감소가 초신성 폭발의 전조 현상일 가능성임을 완전히 배제할 수는 없다.

별의 죽음을 목도하다

천체망원경을 사용하기 시작하면서 더 멀고 더 어두운 초신성 관측이 가능해졌다. 그러나 한 은하 내에서도 초신성 폭발은 매우 드문 현상이기 때문에 실시간으로 관측하는 것은 행운이 따르지 않는 한 거의 불가능한 일이다. 이런 이유로 대부분의 초신성은 폭발 이후에 관측되어 정밀한 광도 곡선을 구하기에는 한계가 있었다.

초신성의 관측은 광범위한 하늘을 대상으로 진행되는데 과거에는 취미로 천문 관측 활동을 하는 아마추어 천문가들의 도움을 많이 받았다. 1604년의 육안 관측 초신성 이래 400여 년 만에 대마젤란은하에서 찾은 1987A의 공동 발견자가 뉴질랜드의 아마추어 천문가 앨버트 존스(Albert Jones)였을 만큼 그들의 공은 지대했다. 특히 2016년 아르헨티나의 아마추어 천문가 빅토르 부소(Victor Buso)는 카메라를 테스트하기 위해 8,500광년 떨어진 NGC 613을 관측하던 중 우연히 초신성 폭발 장면을 촬영했는데 이는 광학망원경으로 관측된 최초의 실시간 초신성 폭발 장면이었다.

그러나 현재는 하와이 할레아칼라 천문대에 설치된 팬스타스(The Panoramic Survey Telescope and Rapid Response System, Pan-STARRS)와 같은 광시야 탐색 망원경을 사용한 YSE(Young Supernova Experiment) 등의 프로그램이 진행되면서 매년 수만 개의 초신성이 자동 탐색 시스템을 통해 발견되므로 아마추어 천문가가 찾게 될 가능성은 현저히 낮아졌다.

2020년 9월 6일에는 지구로부터 약 1억 2,000만 광년 떨어진 외부은하 NGC 5731에서 SN 2020tlf로 명명된 초신성이 발견되었다. 마침 이 초신성은 폭발 130일 전부터 팬스타스 시스템으로 관측 중이었다. 초신성 폭발 전의 장시간 관측 자료는 무거운 별의 진화 마지막 과정을 이해할 수 있는 매우 중요한 정보이기 때문에 연구자들은 팬스타스의 자료와 다른 곳에서 이전에 관측된 여러 데이터를 비교하고 분석했다.

그 결과 이 초신성은 폭발 전후의 광도 곡선을 모두 확보한 최초의 II-P/L형 초신성으로 기록되었으며 근원별의 질량이 태양의 10~12배로 밝혀졌다. 또한 폭발 직전까지는 비교적 일정한 밝기를 유지했으나 폭발 직후 좁고 대칭적인 방출선이 분광 관측을 통해 확인되었다. 이는 폭발 전 항성 내부에서 방출된 다량의 항성주변물질(circumstellar material)이 폭발의 충격파에 의해 광이온화되어 만들어졌음을 의미하는 것이다. 특히 항성주변물질의 종류와 분포, 밀도는 II형 초신성의 질량 손실 과정을 이해하는 데 중요한 단서가 된다는 점에서 SN 2020tlf의 폭발 전후 관측 기록은 큰 의의가 있다.

SN 2020tlf 외에도 초신성이 폭발하는 장면을 관측한 경우가 몇 번 더 있었으나 모두 우연이었다. NASA의 스위프트엑스선망원경(Swift X-Ray Telescope)이 2008년 1월 9일에 발견한 SN 2008D는 Ibc형 초신성으로 밝혀졌고, 2011년 NASA의 케플러우주망원경(Kepler Space Telescope)으로 외계 행성을 탐색하던 중 발견한 SN 2011d와 SN 2011a는 모두 II형 초신성이

었다. 특히 SN 2011d는 가시광선으로 폭발 충격파를 관측한 첫
번째 사례였다.

초신성 폭발은 또 다른 선물

지구상에 자연적으로 존재하는 원소는 모두 94종이다. 이중 수
소와 헬륨, 소량의 리튬만이 빅뱅에서 만들어졌고 나머지 원소
는 별의 진화와 종말 과정에서 생성되었다. 고온, 고밀도 상태인
별의 내부는 가벼운 원소를 이용해서 무거운 원소를 만들어내는
화학공장과도 같다. 별 중심부의 수소는 핵융합반응을 통해 헬
륨으로 변하게 되고, 점차 더 무거운 원소의 핵 합성을 단계적으
로 거치면서 탄소, 산소, 마그네슘, 규소, 철 등으로 변한다.

　　그러나 우주에는 구리, 아연, 금 등 철보다 무거운 60여 종
의 원소가 존재한다. 별 내부의 핵 합성 과정에서 만들어지지 않
은 이들 원소는 과연 어떻게 생성된 것일까? 해답은 초신성 폭
발에서 찾을 수 있다. 초신성 폭발 직후의 중성자 핵 주변은 고
온, 고밀도의 상태가 유지되는데 불안정한 원자핵이 중성자
를 빠르게 포획한 후 다시 전자를 방출하면서 철보다 더 무거
운 원소를 만들어낸다. 초신성 폭발의 경우 중성자 포획이 급격
히 진행되므로 R 과정(Rapid Process)이라고 부르며 중성자 밀
도가 $10^{22-24} g/cm^3$ 수준에서 이루어진다. 한편, 최근 LIGO(Laser

Interferometer Gravitational-Wave Observatory, 레이저 간섭계 중력파 천문대)와 Virgo(이탈리아에 있는 중력파 검출 대형 간섭계) 간섭계의 중력파 관측에 따르면 금이나 백금과 같은 보다 무거운 원소의 합성은 초신성보다는 중성자별 합병 과정에서 만들어지는 것으로 보고되었다.

초신성은 자신이 가진 연료를 모두 소진한 후 폭발하면서 생을 마치지만 폭발은 새로운 별의 탄생으로 이어지기도 한다. 초신성 폭발로부터 발생한 강력한 충격파는 사방으로 퍼져나가 별 주변의 물질을 바깥으로 빠르게 밀어내는데 이 충격파는 먼 곳에 있는 가스와 먼지에도 영향을 미친다. 만일 별이 탄생할 수 있을 정도로 성간가스와 먼지가 조밀하게 모인 영역에 충격파가 전달된다면 그곳의 입자는 서로 충돌하여 뭉치고 압축되어 별의 탄생을 촉발한다.

태양계는 우리은하의 중심에서 약 2.6광년 떨어진 나선 모양의 오리온 팔(Orion Arm)에 위치한다. 이곳은 성간물질 밀도가 높고 온도가 낮아 지금도 끊임없이 새로운 별이 탄생하는 영역이다. 그런데 지난 수십 년간의 관측 결과, 태양계 주변 500광년 범위는 우리은하 평균 밀도*의 10퍼센트 수준에 지나지 않는 매우 희박한 질량 밀도를 가지고 있으며, 연엑스선(Soft X-Ray)을 방출하는 고온 지역으로 별이 탄생하기 어려운 조건임이 밝혀졌

---

* 우리은하 내에 존재하는 수소 원자의 평균 밀도는 약 0.5개/cm^3이다.

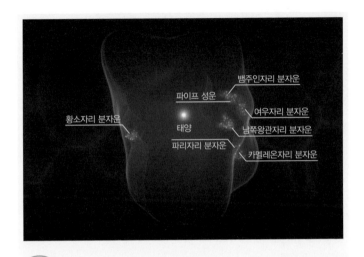

그림 1-19

태양계 주변의 로컬버블과 별 탄생 영역. 태양계가 포함된 1,000광년 범위의 로컬버블 가장자리에 7곳의 별 탄생 영역이 분포되어 있다. 이는 초신성 폭발의 충격파가 별 탄생을 촉발하는 증거다.

다. 천문학자들은 이 영역을 로컬버블(Local Bubble)이라고 부르는데 주변에 비해 밀도가 매우 낮아 마치 구멍이 뚫린 것처럼 보여서 붙여진 이름이다.

하버드 스미스소니언 천체물리센터의 캐서린 주커(Catherine Zucker)는 태양계를 둘러싸고 있는 1,000광년 크기의 로컬버블 3차원 모형(그림 1-19)을 2022년 1월 《네이처》에 발표했다. 논문에 따르면 이 로컬버블은 약 1,400만 년 전에 폭발한 초신성으로부터 만들어졌고, 그 가장자리를 따라 모두 7개의 별 탄생 영역이 분포함을 알 수 있다. 또한 논문에서는 지난 수백만 년 동안 적어도 15개의 초신성이 폭발해 거품을 밖으로 밀어낸 사실을 밝혀냈다.

로컬버블은 초신성 폭발의 충격으로 물질이 사방으로 쏠려 나가면서 만들어진 일종의 구멍이다. 그 구멍의 가장자리에 별 탄생 영역이 접해 있다는 사실은 초신성의 충격파가 밀도 높은 성간물질에 전달되어 새로운 별 탄생을 촉발했음을 시사한다. 천문학자들은 태양계가 약 50억 년 전에 폭발한 한 초신성의 충격파로부터 탄생했을 것으로 생각한다. 정확히 어떤 별이 폭발하여 태양계를 태어나게 했는지는 알 수 없지만 로컬버블의 3차원 모형은 우리 태양계도 초신성 폭발의 충격파로부터 형성되었을 가능성이 높다는 증거가 된다.

우리가 만난
두 번째 블랙홀

우주과학

강성주

블랙홀은 중력이 너무 강해서 시공간을 무한대로 휘게 하여 빛조차 빠져나올 수 없는 천체를 일컫는다. 1789년 영국의 존 미첼(John Mitchell)과 비슷한 시기 프랑스의 수학자 피에르 시몽 라플라스(Pierre-Simon marquis de Laplace)는 천체의 중력이 너무 커서, 이를 탈출할 수 있는 속도가 빛의 빠르기를 넘어 빛조차 빠져나올 수 없는 '암흑성(Dark Star)'의 존재 가능성에 대해 수학적인 해를 바탕으로 언급한 적이 있었다. 하지만 시대를 뛰어넘었던 그들의 훌륭한 통찰력은 당시에 수용할 수 있는 과학적 수준을 넘어서는 바람에 과학사 뒤편에서 아무 역할도 하지 못했다.

한참의 시간이 흐르고, 20세기에 들어서 아인슈타인에 의해, 그의 가장 유명한 이론인 상대성이론을 통해 '암흑성' 또는 '보이지 않는 천체'에 대한 재조명이 이루어진다. 지금으로부터 100여 년 전인 1915년, 아인슈타인은 상대성이론에서 매우 극단적인 중력을 가진 천체가 있다면 시공간을 왜곡해 빛조차 빠져나올 수 없는 경계와 영역이 존재하리라 예측했다. 후에 이 경계는 사건지평선(Event Horizon)으로 명명되었고 그 안쪽의 영역은 1967년 존 휠러(John A. Wheeler)에 의해 블랙홀이라는 이름으로 널리 퍼지게 되었다.

은하들의 중심에 초거대질량 블랙홀이 존재한다는 사실이

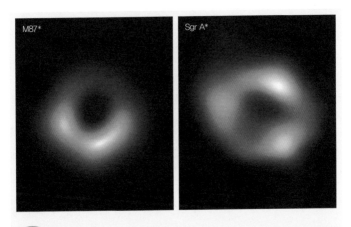

그림 1-20
외부은하 M87 중심에 위치한 M87*과 우리은하 중심의 Sgr A*.

알려지기 시작한 것은 1990년대. 은하 중심에서 움직이고 있는 별이나 가스의 속도를 측정한 결과, 보이지는 않지만 강한 중력으로 별과 가스를 빠르게 '회전'시키는 무언가가 있다는 연구 결과들이 보고되기 시작했다. 바로 블랙홀이 존재한다는 간접적이지만 뚜렷한 물리적 증거였다. 우리은하 중심에 블랙홀이 있다는 증거가 발견된 이후 관측을 이어갔고 이 블랙홀은 무려 태양의 400만 배가 넘는 질량을 가진 것으로 밝혀졌다.

우리은하뿐만이 아니었다. 우리은하 근처에 있는 국부은하군(Local Group)의 은하 중심에서도 블랙홀의 존재 증거가 발견되었다. 심지어 2011년에 발표된 연구 결과에 따르면 처녀자리 은하단에 위치한 외부은하 M87 중심부의 초거대질량 블랙홀은 무려 태양질량의 60억 배에 이른다는 관측 결과도 나왔다. 이때부터 블랙홀의 '사건지평선'을 직접 관측하겠다는 아이디어가 등장했다. 많은 천문학자의 고민과 연구 결과를 바탕으로 2009년, 사건지평선망원경프로젝트가 시작되었다.

이 프로젝트가 출발한 지 10년이 지난 2019년 4월 10일, 상상 속에서만 존재하던 천체의 이미지 한 장이 공개되었다. 처녀자리 은하단에 위치한 외부은하 M87 중심부의 초거대질량 블랙홀(이하 M87*) 그림자였다. 인류가 처음으로 블랙홀이라는 미지의 존재와 마주했던 그 순간, 전 세계는 블랙홀의 모습이 전해주는 경이로움과 이것을 가능케 한 기술에 찬사를 보냈다. 이후 만 3년이 넘은 2022년 5월 12일, 마침내 우리은하 중심에 있는 궁수자리 A*(이하 Sgr A*) 블랙홀 그림자 또한 촬영에 성공하여 그동안 감춰왔던 모습을 드러냈다. 2019년 M87* 때의 경험으로, 우리은하 중심부의 Sgr A* 촬영도 성공할 것은 충분히 예상되었다. Sgr A*는 은하수 중심에 자리 잡았기에 이곳을 가득 채운 성간 먼지와 별의 영향은 시야 확보를 매우 어렵게 했지만, 결국 기대 이상으로 선명한 이미지를 얻어냈다.

세상에서 가장 큰 망원경, EHT

미지의 존재였던 블랙홀을 관측한 바는 인류의 큰 성과가 아닐

수 없다. 이런 일이 가능했던 건 바로 전 세계에 있는 전파망원경을 연결하여 마치 하나의 거대한 전파망원경을 사용하는 것과 같은 효과를 만들어낸 덕분이다. 6개 대륙에 위치한 8개의 전파망원경을 연결하여 지구 지름만 한 크기의 망원경 효과를 가지는 네트워크를 사건지평선망원경(Event Horizon Telescope, EHT)이라고 부른다. 아무리 초거대질량 블랙홀이라고는 하지만 은하 내에 존재하는 개별 천체인 데다가 빛도 내지 않는다. 따라서 은하의 크기보다 작고 어두워 일반 망원경으로는 촬영이 거의 불가능하다. 국내 천문학자들도 참여하고 있는 이 EHT 네트워크는 한계를 극복하기 위해서 남극대륙에서 하와이를 거쳐 유럽까지 전 세계에 흩어진 전파망원경을 연결하기 시작했다.

전파망원경은 2개 이상의 망원경을 배열하고 천체에서 받는 신호를 시간 차이에 따라 서로 간섭된 신호를 증폭시켜 거대한 하나의 망원경처럼 작동하게 만들 수 있는데 이를 '간섭계'라고 부른다. 망원경이 지구 표면에 빽빽하게 가득 설치된 것은 아니기에 완벽히 선명한 해상도를 가진 이미지를 구현해낼 수는 없었지만, 각 대륙 전역에 설치된 8개의 성능이 우수한 망원경을 이은 EHT는 약 60마이크로각초(μarcsec)의 분해능을 가질 수 있게 되었다.

이 분해능은 과연 어느 정도일까? 흔히 프랑스 파리의 커피숍에 앉아 뉴욕에 있는 신문을 읽을 수 있다거나 지구에서 달 표면에 놓인 도넛을 찾아낼 능력을 갖추었다고 말한다. 그렇기 때문에 M87* 그리고 Sgr A*의 관측이 가능했다. 각 전파망원경이 관측한 데이터는 미국 MIT와 독일 막스플랑크연구소의 슈퍼컴퓨터를 이용해 영상처리 작업을 거쳤는데 데이터의 양은 약 4페타바이트로, 1테라바이트의 외장하드 4,000개 이상이 필요한 규모다. 이 데이터를 한 번에 인터넷을 통한 클라우드로 수집하는 것이 불가능하여 데이터 처리를 위해서 저장 장치를 직접 항공기로 옮겨 작업을 진행했다. 이렇게 방대한 양의 관측 데이터 수집과 처리를 거쳐 우리는 블랙홀의 이미지를 확인할 수가 있었다.

M87*과 Sgr A*의 비교

블랙홀 중심으로부터 특정 거리 이상에서는 블랙홀에 가까이 다가가더라도 물질이 다시 빠져나올 여지가 있지만, 어느 경계 면을 넘어서면 아무리 빛이라고 해도 나올 수 없게 된다. 2019년과 2022년에 관측된 M87*과 Sgr A*, 두 블랙홀은 물리적인 면에서 상당히 다른 특징을 가지고 있음에도 이미지는 매우 닮았는데, 바로 빛의 고리와 사건지평선이 뚜렷하게 나타나는 점이다. 주위를 도는 물질들이 블랙홀의 중력으로 인해 빠른 속도로 회전하면서 빛과 열이 생겨 블랙홀 중심부 둘레에 빛의 고리가 있고, 중심부에는 검게 보이는 '블랙홀의 그림자' 즉, 블랙홀의

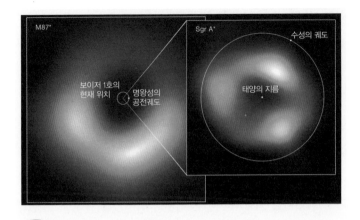

그림 1-21

M87*과 Sgr A*의 크기 비교. M87*은 우리은하 중심에 위치하는 블랙홀보다 1,500 배 이상 더 크다.

영역이 있다. 그리고 그 경계선이 바로 사건지평선이다.

　이미지를 보면 전체적인 형상이 상당히 비슷해 보이는데, 그 이유는 바로 두 블랙홀의 크기와 태양계로부터의 거리 때문이다. Sgr A*는 태양계로부터 2만 5,000광년 떨어진 우리은하 중심부에 있지만, M87*은 Sgr A*보다 2,200배 먼 약 5,500만 광년 떨어져 있으며 질량은 1,500배 더 크다. 따라서 M87*이 압도적으로 크지만 훨씬 멀리 떨어져 있기 때문에 지구에서 두 블랙홀은 거의 같은 크기로 보이게 되는 것이다. 마치 태양이 달보다 400배 더 크지만 400배 멀리 떨어져 있어서 지구에서는 크기가 같아 보이는 것과 같은 이치다. (태양과 달의 겉보기 크기가 '식'이 일어날 때 서로 같음을 확인할 수 있다.)

물론 두 이미지에서 확인할 수 있는 차이점도 있다. 둘을 비교해 보면 M87* 빛의 고리가 Sgr A*보다 더 크고 선명한 원형에 가까운 모습임을 확인할 수 있다. 또한 밝게 빛나는 영역이 M87*에서는 아랫부분에 위치하지만 Sgr A*에서는 전체적으로 고르게 나타난다. 이는 두 블랙홀의 질량 차이에 의해 나타나는 현상이다. M87*이 Sgr A*보다 1,500배 무겁기 때문에 그만큼 중력도 강해진다. 따라서 블랙홀 중심의 그림자 영역과 그 경계면인 사건지평선도 훨씬 크고, 주위를 맴도는 물질도 많아서 빛의 고리가 더 크고 선명하게 보이는 것이다. 또한 질량이 크면 그만큼 블랙홀 자체의 크기도 커지면서 주위를 도는 물질이 블랙홀을 한 바퀴 도는 데 시간도 오래 걸린다. M87* 주위의 물질이 블랙홀을 한 바퀴 도는 데 10여 일이 소요되는데 Sgr A*는 고작 몇 분밖에 걸리지 않는다. 그만큼 Sgr A* 주위에서는 분포하는 물질의 형태가 빠르게 변한다.

이렇게 주위 물질의 형태가 빨리 달라지면 관측하는 블랙홀의 정확한 모습을 분석해내기가 어렵다. 게다가 Sgr A*는 우리 은하 중심에 있어서 관측할 때 우리은하 중심 방향에 존재하는 많은 성간 먼지와 천체의 영향을 걸러내야만 했다. 따라서 상대적으로 크고, 형태의 변화가 적으며, 은하 중심 방향에서 벗어나 데이터 처리가 상대적으로 용이했던 M87*의 이미지가 2019년 4월, Sgr A*와 함께 관측되었음에도 먼저 공개된 것이다. 그만큼 Sgr A*의 자료 처리가 오래 걸렸다.

또 다른 차이점 하나는 바로 두 블랙홀 주위 빛의 고리에서 밝은 부분이 나타나는 영역 분포다. 주위 물질이 우리의 시선 쪽의 다가오는 방향으로 분포되어 있을 때 밝게 보이는 현상을 도플러빔현상(Doppler Beaming Effect)이라고 한다. EHT로 관측할 때 물질의 분포가 다른 각각의 이미지가 관측되는 빈도를 고려하여 전체적인 평균 이미지를 구한 것이 이번에 관측된 Sgr A*의 모습인데 도플러빔현상이 위, 아래 골고루 나타나는 것을 확인할 수 있다. 앞서 언급했듯이 블랙홀 주위 물질의 변화가 적은 M87*의 경우 우리에게 다가오는 방향의 물질이 일관적으로 빛의 고리 아래에 분포하지만, Sgr A*는 주위 물질의 움직임 변화가 많아 다가오는 방향의 물질 분포가 특정 영역이 아닌 전체적으로 나타나고 있기 때문이다. 이렇게 두 블랙홀의 이미지는 공통 특징을 보여주는 동시에, 서로 확연히 다른 물리량으로 발생하는 세부적인 특징 또한 잘 나타나는 것을 확인할 수 있다.

우리은하 블랙홀의 비밀

Sgr A*의 관측으로 밝혀진 새로운 사실이 하나 더 있다. 바로 회전축에 관한 이야기다. 천문학자들은 Sgr A*의 회전축이 우리은하가 회전하는 방향과 수직으로 위치하리라 추측해왔다. 2010년, 우리은하와 수직 방향 중심에서 뻗어 나오는, 일명 페르미버블

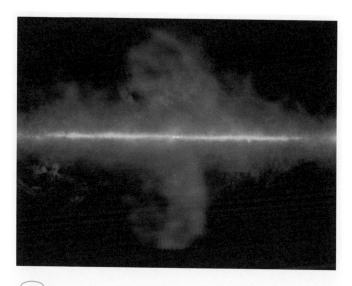

그림 1-22

페르미감마선우주망원경으로 찍은 우리은하의 모습. 파란색으로 보이는 부분이 우리은하의 나선 팔에서 나오는 감마선 영역이고 가운데 수직으로 뻗은 핑크색 부분이 무려 5만 광년 길이의 페르미버블 거대 구조다.

(Fermi Bubble)이라 불리는 거대한 구조가 페르미감마선우주망원경으로 관측이 되었기 때문이다. 하지만 이번 블랙홀 관측과 함께 나온 논문을 보면 그 축이 60도 정도 기울어져 있을 것이라고 연구자들은 말한다.

관측 이미지 결과가 명확하지 않아서 기울기가 정확하게 구해졌다고 단정 지을 수는 없지만 오차 범위를 고려하더라도 그동안 간접적으로 추측만 했던 수직 방향의 값과는 상당한 격차가 있다. 그 이유에 대해서는 좀 더 명확한 연구 결과가 있어야

겠지만, 우리은하가 과거에 주위에 있던 다른 작은 은하와 충돌해 축의 방향이 기울었다는 추측이 가능하다. 만약 안드로메다 은하처럼 우리은하와 거의 같거나 이보다 큰 은하와 충돌했다면, 현재의 나선은하 모습을 유지하기 어려워 타원은하로 변해 있어야 하기 때문이다. Sgr A*의 관측은 단순히 우리은하 중심부 블랙홀의 모습을 보여주는 것뿐 아니라, 우리은하가 어떤 성장 과정을 거쳐왔는지, 어떠한 일을 겪었는지 간접적으로 알아낼 귀중한 자료라고 할 수 있다.

다음 블랙홀은 어디?

우리은하 블랙홀도 관측했으니, 이제 다음에 볼 블랙홀은 어떤 것일지 관심이 모아지고 있다. 몇몇 기사나 블로그에서는 차기 목표가 안드로메다은하 중심에 있는 초거대질량 블랙홀이 될 것이라는 추측이 나오기도 한다. 우리에게 가장 잘 알려진 외부은하이기도 하면서 우리은하와 크기나 형태 면에서 매우 닮았기 때문이다. 하지만 현재의 EHT 관측 장비와 기술의 한계로 아직 다음 목표를 정하지는 못했다.

EHT를 사용하여 어떤 대상을 관측하려면 몇 가지 조건이 필요하다. 지구만 한 EHT가 제 성능을 발휘할 수 있도록 북반구와 남반구 전역에서 관측 가능한 천체여야 하고, 그 질량(또는 크기)이 매우 커야 한다. M87*이 이러한 조건에 들어맞는 천체였다. 비록 안드로메다은하가 우리은하보다 크고 그 중심의 블랙홀도 우리은하 중심의 블랙홀보다 20배 정도 무겁지만, 거리는 100배 더 멀기 때문에 현재의 EHT 성능으로는 연구 가치를 지닐 정도의 결과가 나오기는 어렵다.

따라서 EHT의 시설을 추가로 늘리고 성능 또한 업그레이드하는 차세대 EHT 계획이 수립되고 있다. 우주 전역에 숨은 블랙홀의 모습을 찾아 우주가 감춘 퍼즐 조각을 맞춰갈 준비를 하는 것이다. 아직 우리 우주는 보이는 모습보다 보이지 않는 흔적을 더 많이 간직했다. 하지만 우리는 초거대질량 블랙홀의 탄생 비밀에 한 발짝씩 다가가는 중이다.

PART 2

산업화 초읽기, 확장되는 과학

스핀오프 기술이 가져올 파장을 예상하다

(과학기술)

누리호가 극복한
공학의 난제들

우주과학

유만선

- 누리호 실패 '통한의 46초'
- 돌풍으로 누리호 발사 연기
- 누리호 2차 발사 또 연기… 산화제 탱크 센서 문제 발생

2022년 6월 21일, 누리호가 발사에 성공하기까지 위와 같은 기사 제목들이 신문에 오르며 한국이 자체 제작한 최초 우주로켓의 성공을 기원하던 사람들의 애를 태웠다. 이런 상황은 2009년부터 발사를 시작한 우주로켓 '나로호'도 마찬가지였다. 당시 1차 발사는 과학기술위성을 보호하는 껍질에 해당하는 페어링 분리 실패, 2차 발사는 내부 폭발에 의한 통신 두절 등이 원인이 되어 위성을 궤도에 올리는 데 실패했고, 2013년 3차 발사에 이르러서야 100킬로그램급 소형위성을 우주 궤도에 올리는 데 성공했다.

나로호 이전에도 우리는 KSR(Korea Sounding Rocket) 시리즈로 불리는 과학관측로켓을 여러 차례 발사한 바 있다. 1993년 6월에 발사된 KSR-I은 1단의 순수한 고체로켓이었고, 로켓의 자세를 측정하여 정밀하게 제어하는 유도장치도 없이 한반도 오존층 탐사 임무를 수행했다. 당시 연구자들은 마땅한 엔진 실험장도 없어 타 연구소의 장소를 빌려서 테스트를 진행했다고 한다.

한국항공우주연구소가 탄생한 이듬해 1997년 7월, KSR-Ⅱ가 발사되었다. 액체엔진보다는 만들기 쉽고, 들인 노력에 비해 상대적으로 큰 힘을 낼 수 있는 고체엔진을 그대로 썼지만 처음으로 2단형의 단분리 시스템이 적용되었고, 로켓의 유도 제어를 적용했다. KSR 시리즈의 마지막이었던 KSR-Ⅲ는 우리가 한일 월드컵으로 흥분했던 2002년에 발사되었다. 국내 최초로 추력 조절이 가능한 액체 추진 로켓엔진이 적용된 이 로켓은 13톤의 무게를 하늘로 끌어올릴 수 있었고, 액체산소와 케로신을 산화제와 연료로 사용했다.

우주로켓 개발 초기의 실패들은 비단 우리나라만의 경험이 아니었다. 근대 우주로켓의 원형이 된 독일 V2 로켓의 경우 초기 발사 때 제어 시스템 불량, 연소 불안정으로 그 자리에서 폭발하거나 근처 지역으로 방향을 급선회하여 추락하는 영상 기록을 많이 찾아볼 수 있다. 미국에서는 1957년, 우주로켓 뱅가드가 첫 발사 때 고작 1.2미터를 떠오르다가 그대로 주저앉아 폭발했다. 당시 세계 최초 인공위성 스푸트니크를 발사한 소련에서 조문을 보내 약을 올릴 정도였다니, 실패의 아픔이 얼마나 쓰게 느껴졌을까 상상이 간다.

그뿐이 아니다. 기술 강국 일본도 최초의 위성 '오스미'를 궤도에 올리기 위해 '람다'라는 로켓을 다섯 번이나 발사해야만 했다. 로켓의 자세제어, 다단 로켓의 점화 실패 등이 원인으로 분석되었다. 러시아나 중국과 같은 공산국가들은 내부 통제로 실패 사례가 공식 보고되는 일이 많지 않지만, 개발 초기에 수많은 사고가 있었던 것으로 알려졌다. 특히 중국은 1996년 쓰촨성에 있는 우주센터에서 쏘아 올린 창정 3호가 발사 실패로 민가를 덮쳐 많은 사람들의 목숨을 앗아 간 사건은 뼈아픈 일로 기록되었다.

심지어 수십 년의 경험이 축적된 최근까지도 로켓 개발은 인간에게 계속된 실패를 안겨준다. 테슬라 자동차로 유명한 일론 머스크는 스페이스X라는 회사를 통해 로켓 개발을 자신했다. 그러나 재사용 로켓 팰컨9의 발사를 성공시키기 전에 여러 차례 실패를 경험하며 회사 문을 닫을 위기에 몰린 적도 있었다. 미국의 또 다른 민간 우주개발 회사 버진갤럭틱 역시 비행기와 로켓을 결합한 신개념 우주로켓을 실험하던 도중 2014년 10월 귀환선 조작 실수로 조종사가 사망하는 사건이 발생했다.

그렇다면 수많은 실패를 딛고서 지구 탈출을 위해 우주로켓을 개발하는 과학적인 배경은 무엇일까? 그 답은 우리가 잘 아는 역사적인 과학자 아이작 뉴턴이 주었다. 그는 구형의 지구에서 지평선 또는 수평선 너머로 물체를 '충분히 센 힘'으로 던질 수만 있다면, 중력에 의해 떨어지는 물체가 영원히 땅에 닿지 않고 지구 주위를 회전할 수 있을 것이라는 가설을 세웠다. 또한 그보다 큰 힘으로 물체를 던지면 물체는 지구궤도를 벗어나게 될 것이다. 당시에 물체를 던지는 '충분히 센 힘'은 신화 속 헤라클레스나 가능한 이야기였겠으나 지금 우리 인간에게는 로켓이

그림 2-1
한국형발사체 75톤급 액체엔진 시험 모델 1호기.

있다.

이렇듯 우주개발을 위해서는 지구궤도나 지구궤도 밖으로 물체를 보내야 하고, 이를 가능케 하는 것은 현재로서 '로켓'이 유일한 수단이다. 우리나라 역시 스스로의 힘으로 우주개발을 하기 위해 우주로켓 개발을 계속해왔고, 비로소 1톤 이상의 물체를 지구궤도에 쏘아 올릴 수 있는 세계 7번째 국가가 되었다. 그렇다면 누리호를 개발하며 연구자들이 극복한 기술적 요소에는 무엇이 있을까? 누리호의 수십만 개 부품 하나하나에 이야기가 있겠지만, 그중 몇 가지를 꼽아보면 다음과 같다.

우선 로켓 무게를 줄이기 위해 가벼우면서도 튼튼한 연료 및 산화제 탱크를 만든 것이다. 탱크 내부 벽면은 삼각형 모양의 격자 구조를 만들며 깎아 냈고, 격자 구조를 제외한 벽면 두께는 2~3밀리미터를 유지했다. 탱크의 폭 방향으로는 원통형 몸체가 내부의 압력을 고르게 분포시키고 이를 감당하는 데 도움이 된다. 하지만 위아래 방향의 끝은 모서리 없이 구의 형태를 가져야 압력을 안정적으로 견딜 수 있다. 결국 연료 및 산화제 탱크는 우리가 먹는 캡슐 약과 비슷한 형태를 가졌다고 보면 된다.

원통형 몸체는 거대한 금속판을 회전시키며 롤러로 눌러 형상을 만들고 열처리를 통해 재료에 생기는 응력을 제거하는 방법을 사용했다. 여기에 3.5미터 크기의 거대한 돔(dome) 2개를 위아래에 용접하여 원하는 성능의 탱크를 만들 수 있었다.

또한 탱크에서 출발해 엔진 이곳저곳으로 연결되는 배관은 수천 개에 이른다. 배관들은 보통 금속으로 이루어져 있고 그 속을 흐르는 유체의 온도 변화가 크기 때문에 배관 부품 간의 수축 또는 팽창 차이에 의해 빈틈이 생길 수 있다. 하지만 이러한 조건 아래서도 당연히 모든 배관의 이음매에서 액체나 기체가 누출되어서는 절대 안 된다. 미국 아르테미스프로그램을 위한 SLS 로켓의 경우 2022년 9월 발사를 시도했지만 연료 누출 때문에 연속해서 일정이 연기되는 사건이 벌어졌고, 이는 로켓 시스템의 기밀성이 얼마나 중요한 일인지를 보여주었다.

한편, 우리 연구자들은 연료 및 산화제 탱크의 아래쪽에 위치한 액체로켓 엔진의 개발에도 많은 노력을 쏟았다. 엔진 속에는 터보 펌프 장치가 있는데 이것은 액체연료와 함께, 영하 183도의 액체산소 수백 킬로그램을 끌어들여 섭씨 3,000도의 불덩이가 이글거리는 연소기 속에 넣는 역할을 한다. 이러한 압력을 만들어내려면 펌프 속 터빈이 비행 중인 로켓의 진동 속에서도 분당 수만 회를 안정적으로 회전해야 한다. 터빈의 회전을 위해서 분리된 연소기가 별도로 필요했으며 연소기에서 발생한 가스를 이용하여 터빈을 회전시켰다.

액체로켓 엔진 개발에서 무엇보다 빼놓을 수 없는 문제는 '연소 불안정'이다. 고체로켓은 연료와 산화제 모두 고체 형태로 연소실 안에 존재하여 로켓의 가속이나 감속 혹은 진동과 같은 외부 조건에 영향받지 않는다. 하지만 액체 상태의 연료와 산화제가 연소실에서 만나 연소 반응을 하는 액체로켓의 경우, 연소실 내외의 압력과 온도 상태가 로켓의 비행 조건에 따라 계속 바뀌게 되고, 이러한 요인들이 연소 과정에 큰 영향을 끼친다. 이에 따라 엔진 속에서 불꽃이 꺼져버리거나 과다한 연소로 엔진이 훼손되는 치명적 결과를 낳기도 한다. 그렇지만 누리호 개발자들은 75톤급 액체로켓 엔진을 개발하면서 수많은 지상 실험을 통해 연소 불안정 문제를 말끔히 해결했다.

이 밖에 엔진을 묶어서 동시에 불을 붙여 추력을 발생시키면서도 엔진끼리 서로 간섭하지 않고 균일한 추력이 나오도록 하는 '엔진 클러스터링' 기술, 3단의 로켓이 잘 분리되고, 공기저항이 없는 우주에서 위성을 보호하던 페어링을 안정적으로 분리하는 기술 등도 이번 누리호 개발 과정에서 연구자들이 극복하고 넘어온 요소다.

이제 우리나라는 누리호에 이어 '차세대 발사체'를 새롭게 개발 중이다. 누리호는 75톤급 엔진 4기를 묶어 300톤의 추력을 내는 로켓으로, 지구궤도를 선회하는 데 적당하게 디자인되었다. 향후 두세 차례의 추가 발사도 예정되어 있다. 한편, 차세대 발사체는 100톤급 엔진 5기를 묶은 형태가 될 것으로 예상되며, 이를 통해 지구 저궤도보다 높은 고도인 정지궤도, 더 나아가 지구를 떠나 달까지 다다를 전망이다.

또한 로켓 연소 종료 후 재점화 기술 등이 함께 연구될 것으로 보이며, 스페이스X의 팰컨9 로켓과 같은 1단 로켓 회수 기술도 추후 고려될 사항으로 예상된다. 차세대 발사체의 개발은 오는 2031년을 목표로 한다. 이번 누리호는 각종 시험용 탑재체와 대학들에서 개발한 초소형위성 등을 실었지만 어디까지나 시험 발사였다. 이후 누리호의 발사 및 차세대 발사체의 개발은 우리나라의 실용위성을 궤도에 올리는 데서 출발해 다른 나라 위성체들을 우주로 보내는 서비스 제공까지 가능할 것으로 보인다.

누리호에 이어 차세대 발사체 개발까지, 이는 지구궤도를 넘어 달이나 화성에 물체를 실어 나르기 위해 극복하고 넘어야 할 새로운 산이다. 누리호를 발사한 우주 강국의 국민답게 개발 초기에 있을 여러 실패 소식에 쉽게 낙담하지 말고, 현장에 있는 과학기술자들을 꾸준히 응원하고 지켜봐야 하겠다.

물리학의 미래, 데이터사이언스

물리학

정광훈

일상의 데이터사이언스

지금 우리는 20여 년 전 과거와 비교하면 데이터 홍수 속에 살아간다. 예를 들어 원한다면 내가 이동한 위치와 시간을 인터넷 서버에 저장할 수 있다. 이 위치와 시간 데이터는 개인적으로 확인하는 데 쓰거나 정보가 필요한 회사에 활용을 허락하는 것도 가능하다. 뿐만 아니다. 날씨, 교통, 부동산, 의료, 통신, 쇼핑, 법률, 건강, 선거, 증권, 번역, 자율주행, 얼굴 인식 등 생활과 아주 밀접한 분야에서 데이터가 생성 및 이용된다. 이러한 곳에 쓰이는 기술은 다양하다. 먼저 데이터 마이닝(data mining)은 인터넷 쇼핑몰의 상품 추천에 활용되는데 우리의 소비 패턴을 분석하여 적합한 품목을 제안한다. 또한 선거 때 유권자 분류와 그에 따른 선거운동 방식을 결정하기 위해 인터넷 검색 데이터를 사용하기도 한다.

한편, 텍스트 마이닝(text mining)은 데이터를 수집해 저장한 후, 언어 처리 등을 통해 의미 있는 정보를 찾아내는 기술인데, 데이터는 주로 인터넷상의 웹 문서를 대상으로 모은다. 구글 검색과 번역기가 대표적이다. 조금 더 자세히 살펴보면 '아버지 가방에들어가신다'라는 데이터는 형태소 분리에 따라 '아버지가 방에 들어가신다'와 '아버지 가방에 들어가신다'로 구분될 수 있는데, '아버지가 방에 들어가신다'의 빈도가 더 잦다는 점을 이용하여 올바른 문장을 찾아준다.

이를 과학 분야로 확대해보자. 생명정보학에서 텍스트 마이닝은 웹상에 있는 논문이나 서적, 연구 보고서 등에서 수집, 저장한 데이터베이스를 활용하여 각 텍스트의 형태소를 분석해 키워드를 추출한다. 그리고 이 텍스트들을 클러스터링하고 관계를 분석한다. 이를 단백질이나 질병을 연구하는 생명정보학에 적용하면 특정 질환과 관계 있는 유전자나 단백질 등을 추출할 수 있다. 또한 연관 빈도를 이용하여 중요도를 예측할 수 있으며, 결국 질환을 유발하는 유전자, 단백질을 찾아내 질병을 예방하거나 치료할 수 있다. 이 방법은 생명정보학 외에도 많은 분야에 적용되며 중요도 판단, 개념 추출, 키워드 간의 상관성 분석 등에 쓰인다.

영상을 분석하여 내포된 특성을 인식하고 패턴을 추출하는 기술인 지능형 영상 분석을 살펴보자. 이를 이용해 얼굴, 색상, 숫자, 사물 등 객체를 인식하거나 상황 감지, 모션 인식, 추적 및 검색 등 다양한 기능을 수행할 수 있기 때문에 주차장 차량 출입 감시, 대중교통 이용 승객 현황 인지, 교량과 주요 시설의 이상 징후 파악, 번호판 인식, 자율주행 등 교통관제, 재난 방재, 도시 안전 분야 등에 활용된다. 컴퓨터와 인터넷 기술의 발전으로 예전에는 상상도 할 수 없던 수준의 데이터를 생성하여 저장할 수 있고, 수치화가 가능해졌다. 따라서 어렵고 복잡한 과학기술 분야 계산을 수행하는 데 도움을 줄 뿐 아니라 이제는 우리도 모르는 사이에 경제, 사회, 문화 예술 등 거의 모든 분야에서 데이터 사이언스가 활용되고 있다.

20세기의 물리학 트렌드

19세기 말부터 20세기 초는 물리학의 변혁기였다. 상대성이론과 양자역학이 태동한 시기였기 때문이다. 하지만 한편으로, 그 당시 과학자들에게 물리학은 더 이상 연구할 것이 없어 보였다. 뉴턴역학과 전자기학으로 입자의 움직임을 설명할 수 있다고 생각했고, 원자 내부 구조도 너무 작아 볼 수 없을 뿐이지 입자들로 구성되어 있기 때문에 물리학의 기본 법칙으로 충분히 해석된다고 생각했다. 그러나 더 깊이 파고들면 들수록 설명이 되지 않는 현상이 나타났고, 이를 이해하는 과정에서 상대성이론과 양자역학이 탄생했다.

이 두 이론은 그 당시 과학자들조차도 이해하기 어렵고 받아들이기 힘든 개념이었다. 우리가 절대적이라고 생각한 것들에 대한 부정이었기 때문이다. 내가 지금 보고 있는 시간이 저 멀리 뛰어가는 사람의 시간과 서로 다르다면(상대성이론), 모든 것이 확률적으로 존재한다면(양자역학) 믿을 수 있을까? 아직도 쉽게 이해되지 않지만, 지금까지 과학자들이 알아낸 바에 따르면 둘 다 사실이다. GPS는 상대성이론에 따라 시간 보정을 하지 않으면, 내비게이션에서 자동차의 위치를 정확히 표현할 수 없고, 컴퓨터에서 핵심 역할을 하는 반도체는 양자역학이 탄생하지 않았다면 나올 수 없었을 것이다.

상대성이론은 아인슈타인이 처음 제안하고 완성했지만, 만약 당시 유럽에서 서로 다른 장소의 시간을 일치시키는 방법에 대한 사회적 관심과 이와 관련된 다수의 특허 신청이 이뤄지지 않았다면 그가 특허청에 근무할 때 상대성이론에 관심을 갖지 않았을지도 모른다. 양자역학은 어떠한가? 물질은 입자로 구성된다. 입자물리학은 물리학 가운데서도 가장 근본이 되며 이를 연구하는 과정에서 양자역학이 탄생했다. 물리학은 이론을 세우는 과정을 거쳐 발전해왔고, 측정 기술의 발달은 실험을 가능케 했다. 그리고 실험으로써 증명된 뒤 이론은 탄탄해진다. 새로운 이론이 제안되고, 실험으로 확인하는 과정이 반복되면서 물리학은 앞으로 나아갈 수 있었다.

AI와 물리학

생각해보자. 컴퓨터가 없었던 20세기 초, 물리학자들은 어떻게 연구를 했을까? 어니스트 러더퍼드(Ernest Rutherford)는 실험을 통해 원자핵을 발견했고, 아인슈타인은 가정을 통해 상대성이론을 발표했다. 에르빈 슈뢰딩거(Erwin Schrödinger)와 베르너 하이젠베르크(Werner Karl Heisenberg)는 양자역학의 수학적 기초를 마련했다. 컴퓨터 없이도 물리학자들은 그동안 자연현상의 비밀을 하나씩 찾아내고 있었다. 그렇지만 양자역학의 발전으로 반도체를 만들게 된 인류는 컴퓨터를 이용해 무수히 복잡한 계산을 해냈다.

즉 컴퓨터와 인터넷의 발전은 그동안 물리학에서 다루기 힘들었던 물리 현상을 이해할 수 있도록 도왔다. 컴퓨터가 없었다면 생명현상을 원자와 분자 수준에서 이해하고, 생명체를 구성하는 단백질 구조에 영향을 주는 적합한 약을 개발할 수 있었을까? 컴퓨터가 원자나 분자 수준의 입자 간 힘과 에너지를 계산하여 무수히 많은 경우의 수를 시뮬레이션하거나, 실험실에서 나온 무수히 많은 데이터를 처리하는 일을 했기 때문에 가능했다.

2021년 프린스턴 플라스마 물리 연구소(Princeton Plasma Physics Laboratory, PPPL)는 태양계 행성의 궤도를 정확하게 예측하는 AI를 개발했다. 물리법칙에 따라 계산하지 않고, 태양계 행성 궤도 데이터로써 태양계 행성 궤도를 예측했다. 또한 복잡한 플라스마 현상도 AI로 이해하고 예측 가능하다. 앞서 언급했듯 물리학은 일반적으로 관측하고, 이론을 만든다. 그리고 그 이론을 사용한다. 하지만 AI의 등장으로 물리학의 예측은 변하고 있다.

과거, 데이터를 이용해 이론과 법칙을 세운 것보다 더 정확한 예측을 하는 인공지능이 개발된 것이다. PPPL 소속 물리학자 홍 친(Hong Qin) 박사는 수성, 금성, 지구, 화성, 목성, 왜소행성 세레스의 궤도 관측 데이터를 학습시킨 알고리즘을 만들었고 이는 뉴턴의 운동 및 중력 법칙을 이용하지 않고도 태양계의 행성 궤도를 정확하게 예측했다. 그는 "물리학은 전혀 없었다"며 이해하지 않아도 결과를 예측 가능한 인공지능의 성능을 강조했다. 인공지능은 아주 적은 수의 훈련 사례로 행성 운동 법칙을 학습했는데, 결국 '코드가 물리법칙을 학습한 것'이다.

가령 머신러닝은 구글 번역 같은 컴퓨터 프로그램을 가능하게 한다. 방대한 양의 정보를 선별하여 한 언어의 한 단어가 다른 언어의 특정 단어로 번역된 빈도를 확인하여, 실제로 두 언어를 배우지 않고도 정확하게 번역할 수 있다. 마찬가지로 자기 융합 장치에서 플라스마 역학은 복잡하고 다차원적이기 때문에 특정 물리적 과정에 대한 계산 모델이 항상 명확하지는 않다. 그래서 인공지능을 적용해 새로운 실험적 관찰을 하고 예측해낸다. 모든 과학자의 궁극적인 목표가 예측이라고 생각한다면 법칙이 꼭 필요하지 않을 수도 있는 것이다.

21세기 물리학 트렌드는?

요즘 AI 작곡가, AI 화가가 인간이 만든 것만큼 창의적인 작품을 표현해내고 있다. 또한 우리 생활, 경제, 사회 등 거의 모든 것이 데이터사이언스 기반으로 돌아가고 있다. 물리학의 양자역학에서 시작한 반도체, 트랜지스터의 발명이 컴퓨터의 탄생을 가져왔다. 컴퓨터는 우리가 알고 싶은 거의 모든 데이터를 저장하고, 이용하여 원하는 답을 알려준다. 그리고 가장 먼저 과학 분야에서 활용하던 데이터사이언스가 이제는 과학이 아닌 분야에도 적극적으로 쓰이는 시대가 되었다. 통계학, 유전공학, 바이오인포메틱스, 인공지능 등 거의 모든 과학기술 분야뿐 아니라 법률, 번역, 문화 예술 분야까지 확장되었다.

물론 물리학의 거의 모든 분야에서 실험 데이터 분석이나 물리적 현상을 모델화하여 계산하기 위해 AI를 활용한다. 하지만 그것이 물리학에 새로운 변화를 가져올 것이라고 생각하지는 않는다. 왜냐하면 근본적인 물리법칙은 우리가 이미 알고 있고, 그것을 확인하는 수단이나 대규모 실험 데이터 분석을 위해 활용되기 때문이다.

물리법칙 없이 행성의 궤도를 예측하는 AI 연구를 통해서 보았듯이, 물리학자들 사이에서는 물리법칙 자체를 데이터 기반으로 삼기 위한 시도가 진행되고 있다. 물질의 기본 입자, 힘의 통합에 대한 연구는 아직도 물리학자들 사이에 가장 '핫'하고 기본이 되는 분야지만, 여러 이론이 있을 뿐 더 큰 발전은 이뤄지지 않고 있다. 여기서 데이터사이언스가 변화를 이끌 수 있을지 기대해본다.

인공 태양을 만드는 핵융합의 최전선

원자력공학

최민수

매일 아침 떠오르는 태양은 오늘도 지구를 향해 밝은 빛과 뜨거운 열기를 내뿜고 있다. 전체 질량의 약 74퍼센트가 수소이고 약 25퍼센트의 헬륨과 그 외 철 등 기타 원소로 구성된 태양은 태양계 전체 질량의 약 99.86퍼센트를 차지해 그 자체가 태양계 거의 전부라고 할 수 있다. 46억 년 전에 탄생한 태양은 태양계 전체를 향해 끊임없는 에너지를 공급한다. 태양을 떠난 빛은 약 8분 만에 1억 5,000만 킬로미터를 이동해 우리가 사는 지구에 도착하는데 이때 태양에서 발생한 전체 에너지의 5억 분의 1만이 도달한다. 우리는 이처럼 전체 태양에너지 중 극히 일부분만을 받는데도 지구 전체의 식물이 광합성을 하고, 인간은 숨을 쉬며, 물과 대기의 순환이 이루어져 기후가 유지된다.

태양에너지의 원천 핵융합

태양에서는 지금 이 시간에도 대략 1초에 7억 톤가량의 수소를 이용해 빛과 열기를 뿜어내고 있다. 4개의 수소가 하나의 헬륨으로 변화하는 핵융합반응이 일어나는 것인데, 수소처럼 가벼운 원소가 뭉쳐 헬륨과 같은 무거운 원소가 되는 반응을 핵융합이라 한다. 일반적으로 우리가 알고 있는 핵반응은 원자력발전소에 적용된 핵분열반응인데, 이는 핵융합반응과 반대로 무거운 원소가 쪼개지며 가벼운 원소가 되는 것을 말한다. 그렇다면 핵융합반응과 핵분열반응에서 에너지가 발생하는 이유는 무엇일까? 이 해답은 알베르트 아인슈타인의 특수상대성이론에서 찾을 수 있다.

아인슈타인은 1905년 에너지와 질량의 등가 법칙인 특수상대성이론을 발표했다. 아인슈타인 하면 떠오르는 $E=mc^2$은 에너지(E)는 질량(m)에 빛의 속도(c)를 제곱한 값으로, 빛의 속도는 변하지 않으므로 질량(m)이 커질수록 에너지(E)도 커진다는 질량에너지 등가(等價)의 원리를 설명하는 공식이다. 이에 따르면 질량은 에너지로 변환될 수 있는데 1그램의 질량이 가지는 에너지(E)는 빛의 속도가 299,792,458㎧이므로, $0.001kg \times (300,000,000㎧)^2 = 9 \times 10^{13} J = 25 GWh (1 Wh = 3,600 J)$가 된다. 즉 에너지는 아주 작은 질량이라도 빛의 속도의 제곱을 곱한 만큼이 만들어진다는 의미다.

2020년도 우리나라의 연간 전력 소비량은 $509,270 GWh$로, 단순히 계산하면 약 21킬로그램의 물질을 에너지로 변환하면 우리나라의 연간 전력 수요를 충당할 수 있다는 뜻이다. 핵융합이나 핵분열 후 물질의 질량은 반응 전 질량보다 감소하는데 이때 줄어든 질량이 바로 에너지로 변환되는 것이다.

태양은 쉴 새 없이 일어나는 핵융합반응에서 줄어든 질량만큼의 에너지를 태양계 곳곳으로 보내고 우리는 핵분열반응에서 줄어든 질량만큼의 에너지를 이용하고 있는 것이다. 하지만 우리가 사용하는 핵분열반응은 핵분열 시 발생하는 고준위의 핵폐기물 발생이 필연적이고, 발전소에 문제가 생기면 큰 사고로 이어질 수 있기 때문에 무작정 발전소를 늘려갈 수 없는 상황이다. 핵융합반응에서도 핵폐기물이 나오기는 하지만 핵분열 대비 저준위의 방사성물질이 생성되며 반응 중 문제 발생 시에도 핵융합 발생 조건이 깨지는 순간 자연적으로 중단되기 때문에 상대적으로 안전하다. 그렇다면 태양처럼 핵융합을 하기 위한 조건은 무엇일까?

핵융합의 조건

플라스마

물질은 고체, 액체, 기체, 플라스마(plasma)의 네 가지 상태로 구분된다. 플라스마는 기체가 초고온 상태로 가열되어 전자와 양전하를 가진 이온으로 분리된 상태를 말한다. 핵융합반응이 일어나기 위해서는 원자핵이 서로 부딪힐 수 있어야 하는데 일반적인 물질의 상태에서는 원자끼리 가까워질 경우, 자석의 같은 극이 밀어내는 현상처럼 원자의 전기적인 성격으로 인해 서로 밀어내려는 힘이 작용해 충돌이 일어나기 어렵다. 따라서 플라스마 상태처럼 원자핵과 전자가 분리되어 자유롭게 돌아다닐 수 있어야만 충돌이 일어날 기본 조건이 되는 것이다.

섭씨 1억 도

표면 온도 섭씨 5,500도(절대온도 5,778켈빈)의 태양에서는 플라스마 상태가 유지되며 지속적인 핵융합반응이 일어난다. 하지만 지구에서는 섭씨 5,500도에서 핵융합반응이 쉽게 일어나지 않는다. 이유는 무엇일까? 여기 재미있는 당구장이 있다. 이곳에는 당구대가 2대 있는데 하나는 축구장 크기의 넓은 당구대이고 다른 하나는 신문지 크기의 좁은 당구대다. 각 당구대에는 같은 크기의 당구공이 같은 속도로, 서로 다른 방향을 향해 굴러다니고 있다. 어느 쪽 당구대의 공이 서로 부딪힐 확률이 높을까? 좁은 당구대의 공이 더 빠른 시간 내에, 더 자주 부딪힐 것이다.

지구와 태양은 엄청난 질량의 차이에 따른 서로 다른 중력을 가지고 있는데 태양은 무려 지구의 33배에 달하는 큰 중력을 가졌다. 이 무거운 중력이 플라스마를 압력으로 누르며 붙잡아 핵융합이 일어나기 쉬운 조건을 만들어주기 때문에 지구에서보다 핵융합이 쉽게 일어나는 것이다.

다시 재미있는 당구장으로 돌아가서, 이번엔 축구장 크기의 넓은 당구대가 2대 있다. 한쪽 당구대 위에는 천천히 움직이는 공 한 쌍이 있고 다른 한쪽에는 아주 빠르게 움직이는 공 한 쌍이 있다. 어느 쪽 당구대의 공이 서로 부딪히기가 쉬울까? 천천히 움직이는 쪽보다 빠르게 움직이는 쪽이 더 쉽게 부딪힐 것이다. 즉 큰 압력을 확보하기 어렵다면 온도를 높여 이온이 더 빠르게 움직일 수 있도록 해야 하는 것이다. 이때 필요한 것이 바로 섭씨 1억 도 이상의 초고온 플라스마다.

토카막

우리가 사용하는 에너지는 끊기지 않아야 하고 지속적으로 이용할 수 있어야 한다. 핵융합 에너지를 에너지원으로 사용하려면 핵융합반응이 계속 이어지도록 해야 하는데 그러기 위해서는 플라스마를 가둬두고 섭씨 1억 도 이상의 초고온으로 가열시킬 수 있는 그릇이 필요하다.

초기 핵융합 연구에서부터 플라스마를 유지하기 위해 다양한 방법이 시도되었다. 전기적 성질을 가진 플라스마를 자기장으로 둘러싸고 양쪽 끝을 강력한 자기장으로 막으면 (빨대 속 빈 공간에 플라스마가 있고 빨대 표면이 자기장 벽, 그리고 빨대의 양쪽 끝을 강력한 힘으로 꾹 누른다고 상상해보자) 마치 거울에서 빛이 그러하듯이 반사되어 되돌아가는 원리의 자기거울 방식, 서로 나란한 두 도선에 같은 방향의 전류가 흐를 때 발생하는 자기장으로 서로 강하게 잡아당기는 인력을 이용해 플라스마를 가두는 플라스마 핀치 방식 등이 있다. 그러나 모두 무한정 늘릴 수 없는 자기장의 한계로 인해 플라스마를 제어하는 데 한계가 있었다.

기다란 빨대를 동그랗게 휘어 양 끝을 붙이면 내부에 있는 물은 빠져나갈 곳이 없어 안에 머무르게 되는 것처럼, 플라스마도 이런 물리적인 틀 안에 가두어 보려는 노력이 1956년 소련의 과학자들에 의해 연구되었다. 소련의 쿠르차토프 연구소에서는 첫 번째 토카막 T-1을 제작하여 연구를 시작했다. 토카막(tokamak)은 자기장 코일로 만든 도넛 모양 공간이란 뜻의 러시아어다. 도넛 모양의 공간을 플라스마가 계속 회전할 수 있게 하는 것으로, 코일에서 만들어진 자기장이 플라스마를 가둬두고 가속시키는 역할을 한다.

토카막에서 전기적 성질을 띤 플라스마 특성을 이용해 플라스마에 전기장을 가해주면 내부의 입자가 점점 가속되며 온도가 올라간다. 하지만 이것만으로는 섭씨 1억 도에 다다르기 어렵기 때문에 토카막 외부에서 플라스마 내부에 중성자 빔을 입사하여 중성자와 플라스마 입자가 충돌하는 방식으로 에너지를 주입한다. 여기에 덧붙여 전자레인지의 원리와 동일하게 플라스마에 전자기파(물론 전자레인지보다 아주 높은 메가와트급 고출력)를 쏘여 수소이온과 전자를 진동시켜 플라스마의 온도를 섭씨 1억 도 이상으로 가열하게 되는 것이다.

그런데 지구상에서 녹는점이 가장 높은 금속인 텅스텐은 섭씨 3,415도에서 녹아버리고, 가장 높은 온도까지 버틸 수 있다는 물질인 흑연도 섭씨 3,665도를 넘으면 녹아내린다. 그렇다면 토카막은 어떻게 섭씨 1억 도의 플라스마를 담아둘 수 있을까? 일단 우리는 열과 온도의 차이를 알아야 한다. 온도는 물질의 뜨겁고 찬 정도를 나타내는 물리량으로, 물질을 구성하는 입자가 가지는 평균 운동에너지를 말한다. 열은 물질 내 입자가 가지는 총 운동에너지의 합을 나타내는데 이 둘의 명확한 차이는 사우나에서 찾을 수 있다. 섭씨 70도의 뜨거운 물에 들어가면 화상을 입지만 섭씨 70도의 사우나에서는 화상을 입지 않는 이유가 그것이다.

물은 기체보다 입자의 개수가 많기 때문에 같은 온도에서도 열에너지를 많이 가져 뜨거운 물에는 화상을 입을 수 있지만 같은 부피의 기체는 입자의 개수가 물보다 적어 온도만 높고 열에너지를 많이 가지고 있지 않기 때문에 사우나에서는 화상을 입지 않는 것이다. 만약 플라스마의 밀도가 대기의 밀도와 같은 수준이라면 엄청난 열에너지를 가졌다고 할 수 있겠지만 현재 실험 중인 플라스마에는 대기 중의 동일 부피에 존재하는 입자의 300만 분의 1에 불과한 양을 이용하기 때문에 우리가 사우나에서 버틸 수 있는 것처럼 섭씨 1억 도의 플라스마를 가둬둘 수 있는 것이다.

대한민국이 만든 별, KSTAR

우리나라에서는 1960년대 서울대학교 교양 강좌로 개설된 유체역학 강의에서 핵융합에 대해 처음으로 소개된 이래로,

1979년 서울대에서 제작한 SNUT-79(Seoul National University Tokamak-79, 진공 용기 주 반경 65센티미터, 부반경 15센티미터 크기로 국내 최초 플라스마 발생 토카막 장치)라는 국내 최초의 소형 토카막 장치를 비롯해 1981년 한국원자력연구소(KAERI)의 KT-1(KAERI Tokamak-1, 주 반경 27센티미터, 부반경 5센티미터의 아주 작은 크기로 테이블에 올려놓을 수 있을 만큼 작아서 토이막이라고 불림), 1988년 KAIST-Tokamak 등을 통해 플라스마 이론과 핵융합 연구가 본격적으로 시작되었다.

이후 1991년 기초과학연구지원센터 산하 대형공동연구기기부(1990년 신설)에서 미국 MIT 핵융합센터가 예산 문제로 포기한 플라스마 발생 장치인 'TARA(자기거울 방식 플라스마 발생 장치)'의 도입을 추진하고 이를 개조, 개선하여 마침내 1995년 국내 핵융합 연구의 토대를 마련한 플라스마 공동 연구 시설 '한빛'을 준공했다. 한빛은 플라스마 진단 및 제어 기술 연구, 대용량 연구 데이터 수집 및 처리 기술, 진공 장치 등 다양한 플라스마 실험과 연구에 활용되고 이용자 육성 프로그램을 통해 플라스마 분야를 확대해나가는 데 큰 역할을 담당했다.

1995년 김영삼 대통령이 미국 방문 중에 발표한 '핵융합 기술 개발 착수' 선언으로 1995년부터 2001년까지 정부 예산 1,200억 원과 민간 300억 원을 투자해 세계적 수준의 '차세대 초전도 핵융합 연구 장치(KSTAR)' 건설 프로젝트가 시작되었다. 1995년부터 2년간 장치 개념 설계 및 기반 기술을 연구 개발하고 2001년까지 장치 건설을 완료한 후 2002년부터 KSTAR를 운영하며 기술을 세계 수준으로 높인다는 목표로 추진된 KSTAR프로젝트는 막대한 연구 비용과 과제 재평가 요구 등의 우여곡절을 겪으며 당초 계획보다는 늦은 2007년, 착수한 지 12년 만에 완성되었다. 드디어 지름 9.4미터, 높이 9.6미터, 무게 1,000톤 규모의 우리 독자 기술로 만든 한국형 최첨단 초전도 토카막 연구 장치 KSTAR(Korea Superconducting Tokamak Advanced Research), '한국이 만든 별'을 가지게 된 것이다.

KSTAR에는 세계 최초로 시도된 초전도자석이 장착되어 있다. 도체에 전류를 흘려 만드는 전자석은 전류의 저항으로 인해 온도가 상승하고 소비 전력이 커지는 문제 때문에 강력한 자기장을 만들어내기가 어렵다. 초전도는 도체의 온도가 매우 낮아질 때 내부에 흐르는 전류의 저항이 사라지는 현상이며 초전도자석은 전류 저항 없이 강한 자기장을 만들 수 있다.

일반적으로 초전도체는 나이오븀(Nb)이라는 물질을 사용하는데 단일 원소 중에 초전도체가 되기 위한 온도(임계온도)가 가장 높은 물질로, 아주 무른 금속이다. 나이오븀에 불순물을 섞으면 아주 단단해지는 성질이 있는데 나이오븀-주석 합금이 가장 좋은 초전도체이지만 쉽게 부스러져 제작이 어렵다는 단점이 있었다. 따라서 성능이 떨어지더라도 제작이 쉬운 나이오븀-티타늄 합금을 많이 사용하고 있는데 KSTAR는 나이오븀-주석 합금(Nb_3Sn) 제작 공정을 개발하여 세계 최초로 적용한 사례가 되었다. 이는 나아가 국제열핵융합실험로(International Thermonuclear Experimental Reactor, ITER)의 초전도자석 제작에 우리가 개발한 공정 기술이 채택되는 성과를 만들었다.

　　KSTAR 실험동은 국민 주택 1,000세대를 지을 수 있는 양의 콘크리트가 사용되었고, 주 장치실의 벽면 두께는 무려 1.5미터, 만들어낼 수 있는 자기장은 지구자기장의 약 14만 배인 7.2T(자기장 단위 테슬라, 1T=10,000G)다. 이 자기장을 만들어내기 위한 전자석을 제작하는 데 사용된 초전도 선재의 총 길이는 지구 지름(1만 2,756킬로미터)과 비슷한 1만 2,022킬로미터다. 이처럼 거대한 프로젝트였던 KSTAR의 건설 과정은 우리의 핵융합 연구 기술 능력을 세계적으로 알리는 계기가 되어 2003년 ITER건설 프로젝트에 회원국으로 가입하는 기회를 만들었다.

국제열핵융합실험로

2006년 11월 21일, 프랑스 파리의 엘리제궁에서 미국, 유럽연합, 러시아, 일본, 한국, 중국, 인도 등 7명의 회원국 장관이 ITER 협정을 공식 체결했다. 1985년 11월, 미국 레이건 대통령과 소련 고르바초프 서기장이 평화적 목적의 핵융합 에너지 개발 국제협력을 제안하며 시작된 ITER는 1988년 미국, 소련, 유럽연합, 일본이 공동 출범시키고, 이후 2003년 한국과 중국이, 2005년

인도가 프로젝트에 참여하며 회원국이 되었다. 그리고 2010년부터 프랑스 남부 생폴레뒤랑스의 카다라슈에 본격적으로 건설되기 시작했다. 유럽은 건설 비용의 절반가량(45.6퍼센트)을 담당하고 나머지는 미국, 러시아, 일본, 한국, 중국, 인도가 동일한 비율(약 9.1퍼센트)로 분담한다.

참여국들은 프로젝트에 기여함으로써 향후 ITER에서 연구된 과학적 결과와 원천 기술에 대한 지적 재산을 100퍼센트 활용할 수 있는 혜택을 받는다. 우리나라는 이 프로젝트에 금전적 예산 투입이 아닌 초전도도체 등 핵심 부품, 시스템 등을 현물로 제공한다. ITER 프로젝트는 2025년 12월 첫 번째 플라스마 발생을 목표로 진행 중이며 2022년 7월 현재 77.1퍼센트의 실행률을 보이고 있다.

섭씨 1억 도 초고온 플라스마 30초 유지

2021년 11월 한국핵융합에너지연구원은 KSTAR를 이용해 세계 최초로 섭씨 1억 도의 플라스마를 30초간 유지하는 데 성공했다고 발표했다. KSTAR는 ITER와 기본 개념 설계가 동일하고 25분의 1 정도의 크기다. 2008년 플라스마를 처음 발생시킨 이후 2010년 H-모드(초고온 고성능 플라스마) 세계 최초 달성, 2011년 섭씨 5,000만 도 H-모드 플라스마(600킬로암페어) 5.2초

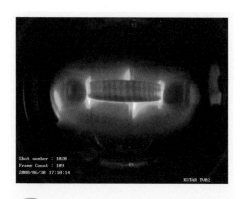

그림 2-2
KSTAR 최초의 플라스마.

유지, 2017년 섭씨 7,000만 도 H-모드 플라스마 72초간 유지, 2019년 섭씨 1억 도 H-모드 플라스마 1.5초 유지 등 매년 목표를 조금씩 올려가며 장치 가동 13년 만인 2021년, 세계 기록을 달성하게 된 것이다. KSTAR는 국가별 실험로 중 가장 먼저 섭씨 1억 도 30초 유지라는 대기록을 만들어냈고 현존하는 실험로 중 최고의 성능을 가진 초전도 핵융합로로 평가받는다.

우리 KSTAR는 이제 섭씨 1억 도 이상 초고온 플라스마의 300초 운전을 목표로 한다. 균일하지 못한 전류 밀도와 고에너지로 인해 불안정한 특성을 가진 플라스마가 비교적 안정된 상태를 유지한다고 볼 수 있는 첫 지표가 바로 300초다. 이 시간을 버텨내면 비로소 영구적으로 핵융합 조건을 유지한 에너지원으로의 가능성을 확보하게 되는 것이다.

청정하고 지속 가능한 미래 에너지 확보를 위해서 우리가 직접 연구 개발하는 KSTAR는 단 한 번도 성공해보지 못한 그야말로 기술의 '최첨단'을 향해 계속 나아가고 있다. KSTAR가 보여줄 앞으로의 성과가 어느 수준까지 진보할 것인지 더욱 기대된다.

최첨단 가스터빈의
핵심 기술

기계공학

유만선

몇 년 전, 어느 발전 회사에서 폐기되는 설비를 기증하겠다는 의사를 밝혀 국립과천과학관에 전시할 목적으로 사업을 진행했다. 받기로 한 물품은 가스터빈(gas turbine)인데, 현대 항공기나 전기를 만드는 발전기에 큰 영향을 준 기계장치다.

가스터빈은 높은 압력과 온도를 갖는 가스의 흐름을 통해 터빈날개를 회전시킴으로써 가스의 열에너지를 터빈의 (회전)운동 에너지로 전환시키는 작동 원리를 갖는다. 이때 화석연료의 연소를 통해 생겨난 연소 가스의 압력은 대기압의 15배에서 30배, 온도는 섭씨 2,000도에 이르는데, 가스터빈은 이렇게 높은 압력과 온도를 견뎌야 한다. 또한 분당 3,000번이 넘는 속도로 회전하는 물체임에도 회전하는 날개와 날개를 둘러싼 덮개 사이의 간격은 1~2밀리미터 수준으로 유지되어야 하므로 각 부품이 매우 정밀하게 설계되어야 하는 장치다. '기계공학의 꽃'이라 불리기도 하는 가스터빈은 기술적 난도로 인해 미국과 영국, 일본 등 선진국이 설계, 제작 및 운영과 관련된 핵심 기술을 독점적으로 보유하며, 이는 해당 국가들에 커다란 이익을 안겨주고 있다.

가스터빈의 원리는 50년대 그리스 과학자 헤론이 만든 에어리파일(aeolipile)에 처음 적용되었다. 이 장치는 구형의 용기에 물을 넣어두고, 불로 가열하며 끓여 용기 속에 뜨거운 증기가 가

득 차게 만든 후, 용기의 한쪽 방향으로 길을 내어 증기가 배출
되게 하고 그 반작용으로 용기가 회전하는 구조다.

〈모나리자〉로 유명한 1500년대의 예술가이자 발명가 레오
나르도 다빈치도 가스터빈에 대한 생각을 가지고 있었다. 그가
디자인한 '스모크잭(Smoke Jack)'은 불을 때면 생기는 연기를 배
출할 굴뚝 중간에 회전날개를 설치하여 연기의 힘으로부터 회전
력을 얻어내는 아이디어다.

그리고 1600년대 이탈리아의 공학자 조반니 브랑카(Giovanni
Branca)가 제안한 스탬프밀(Stamp mill)은 여러 기계장치를 추가
한 경우다. 우선 물을 끓여 생겨난 증기를 좁은 구멍으로 통과시
켜 빠른 흐름을 갖게 하고, 이를 회전날개인 터빈에 충돌시킴으
로써 회전운동을 만들어낸다. 이러한 방식은 '에어리파일'이나
'스모크잭'과 유사하다. 하지만 브랑카는 회전하는 터빈 날개가
다른 원판과 맞물려 돌아가도록 하여 회전 방향을 바꾸고, 또 캠
(cam)이라 불리는 원이 아닌 회전판을 회전축에 물림으로써 공
이가 달린 막대가 주기적으로 올라갔다 떨어지기를 반복하게 했
다. 도장을 쾅쾅 찍듯이 뜨거운 증기의 힘을 이용해 방아 찧기가
가능한 것이다.

현대에 이르러 제작되는 가스터빈은 그 구성이 압축기, 연
소기, 터빈으로 크게 구분된다. 압축기는 외부에서 공기를 빨
아들여 높은 비율로 압축하는데 발전용은 약 18배, 항공기용
은 30배까지 압축한다. 이때 자동차에 쓰이는 왕복동식 엔진

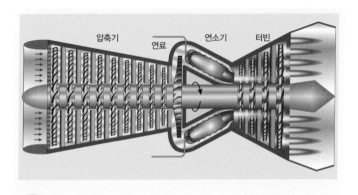

(reciprocating engine)이 흡입-압축-연소-배기와 같이 흡입한 공기를 불연속적으로 압축하는 것과 달리 가스터빈에서는 흡입된 공기가 회전하는 여러 단의 날개 사이를 통과하며 연속적으로 압축되는 차이가 있다. 이렇게 밀도가 높아진 공기덩어리는 연소기에 들어가 액적(droplet)이나 가스 형태의 연료와 만나 연소됨으로써 열에너지를 크게 발생시킨다. 밀도 있는 공기(산소) 속에서도 연료를 골고루 분포시키고 점화시켜야 연소되지 않고 버려지는 분량이 없기 때문에 연소기 설계는 공학에서 중요한 요소다.

마지막으로 뜨겁게 가열된 연소 가스가 일을 하기 위해 향할 곳은 터빈이다. 터빈 또한 압축기와 마찬가지로 축에 여러 단의 날개가 붙어 있는 구조인데 압축기와 하는 역할은 정반대다.

압축기를 구성하는 날개들은 '회전하는 일'을 함으로써 날개 사이를 통과하는 공기가 압축되도록 하는데 터빈을 구성하는 날개들은 '연소 가스의 일'에 의해 강제로 회전된다. 전자는 가스터빈 장치가 공기라는 유체에 에너지를 가하는 과정이고, 후자는 연소를 통해 생성된 뜨거운 가스로부터 가스터빈이 에너지를 받는 과정이다. 결국, 터빈이 갖게 되는 회전운동에너지가 압축기를 회전시키는 데 필요한 에너지보다 훨씬 크기 때문에 가스터빈은 '에너지 기계'로서 의미가 있다.

연소 가스의 열에너지를 가스터빈이 회전운동에너지의 형태로 전달받은 뒤, 이를 다시 연결된 발전기에 전달하면 우리에게 편리한 고급 에너지인 전기가 발생한다. 또한 가스터빈의 앞쪽, 즉 압축기 앞에 압축기 날개보다 커다란 또 다른 날개를 달아 회전시키면 날개가 주변 공기를 제치고 앞으로 나아가는 힘인 추력을 만들어내며, 이렇게 만들어진 장치를 터보프롭(turboprop)엔진이라고 부른다. 터보프롭엔진은 항공기에 자주 쓰인다. 이렇듯 가스터빈은 발전소나 항공기에서 좋은 동력 발생 장치로 최근까지 잘 활용되고 있다.

가스터빈의 개발을 위해서는 수 톤의 무게를 갖는 날개를 분당 수천 번 회전시키면서도 진동이 거의 발생하지 않도록 해야 한다. 터빈은 인간이 설계하고 만든 것이기에 완벽하게 축 대칭을 이루지 못하며, 미세하게 불균형인 채로 회전하게 되는데 이로 인해 진동이 발생한다. 한편, 모든 물체나 시스템은 '고유진동수(natural frequency)'라는 것을 갖고 있는데 외부에서 가해지는 진동의 주파수와 이 고유진동수가 일치하면 공진(resonance)이 일어나며 때로는 전체 시스템이 파괴될 정도의 큰 충격이 발생한다. 따라서 공학자들은 가스터빈을 설계할 때 압축기나 터빈의 회전에 의해 발생하는 진동수와 가스터빈 자체의 공진주파수가 일치하지 않도록 터빈의 특정 부위에 무게를 더하거나 고무 등과 같이 진동을 감쇠시키는 재료를 사용하기도 한다.

가스터빈은 진동뿐만 아니라 뜨거운 열도 견뎌야 한다. 연소기에서는 압축된 공기와 연료가 만나 연소함으로써 뜨거운 가스를 발생시키는데 이때의 온도가 높을수록 많은 열에너지를 운동에너지로 전환할 수 있게 된다. 일반적으로 가스터빈의 연소기 온도는 섭씨 1,500도에서 1,900도에 이른다. 하지만 우리가 아는 쇠(steel)는 보통 섭씨 1,300도와 1,500도 사이에서 녹으며 그 이하의 온도에서도 산화되거나 변형이 발생한다. 이 때문에 터빈에서는, 연소 가스에 부딪혀 회전하기 위한 날개 형상을 잘 설계하는 것 외에도 뜨거운 열로부터 터빈 몸체 자체를 보호하는 열차폐(thermal protection) 기술 또한 중요하다.

터빈 날개를 보호하는 방법으로 날개의 안쪽에 이리저리 길을 만들고 압축기에서 연소기를 거치지 않고 직접 끌어온 차가운 공기를 지나게 함으로써 터빈 내부를 차갑게 유지하는 방법이 있는데 이를 재생냉각(regenerative cooling)이라 부른다. 이때 터빈날개 내부의 길 벽면에는 공기와 뜨거운 벽면 간의 상호작용을 크게 하기 위해 립(rib)이라 불리는 요철들을 심어두기도 한다.

터빈을 보호하는 또 하나의 방법으로 날개 표면에 구멍을 뚫어 내부를 지나고 난 공기들이 날개 밖으로 나와 날개 면을 따라 흐르도록 하는 방법도 있는데 이를 막냉각(film cooling)이라고 한다. 막냉각을 사용하면 터빈날개를 감싼 차가운 공기가 뜨거운 연소 가스로부터 날개를 보호한다.

마지막으로 환경에 피해를 주는 질산화물질(NOx)을 최대한 적게 배출하는 연소기가 설계되어야 한다. 앞서 언급한 바와 같이 열에너지를 되도록 크게 하기 위해 공학자들은 연소기 속 연소 가스의 온도를 높이고 싶어 한다. 하지만 지나치게 높은 온도에서 벌어지는 연소 과정에는 연료와 산소가 만나 연소하여 이산화탄소와 물을 생성하는 것뿐 아니라 공기 중 질소가 고정되어 산화물이 되는 현상도 발생한다.

질산화물질은 대기 중에 스모그를 만들어내거나 산성비를 내리게 하는 등 환경에 좋지 않은 역할을 한다. 이를 막기 위해 연소 가스의 온도를 무작정 올리기보다 연소기 내 온도 분포를 균일하게 하는 노력이 연소기 설계에 반영되어야 한다. 이처럼 가스터빈을 개발하는 데는 장치 자체의 작동을 위한 복잡한 기계 설계와 더불어 진동이나 열, 환경에 대한 고려가 함께 이뤄져야 한다.

이 같은 어려움에도, 2019년 9월 우리나라 또한 가스터빈을 제조하는 국가가 되었다. 발전용으로는 미국, 일본, 독일, 이탈리아 다음으로 다섯 번째라 하는데 국내 회사인 두산 에너빌러티의 성과다. 가스터빈을 자체 개발하면서 섭씨 1,500도 이상의 온도에서 견디는 금속 소재를 만들고, 복잡한 형상을 정밀하게 주조해내는 기술도 확보했다. 또한 배출 가스를 최소화하는 연소기를 설계하고, 압축기와 연소기 터빈 등의 핵심 구성품을 조립하는 능력을 갖추었다. 성능시험이 끝난 가스터빈은 김포열병합발전소에 설치되어 이후 2025년까지 실증 운전을 거칠 예정이며, 수소를 연료로 하는 수소 터빈으로의 추가 개발도 진행 중이다.

학생 시절 한 전문가로부터 "미국 회사에서 만든 가스터빈이 고장 났는데, 수리를 위해 방문한 회사 측 기술자들이 한국에 머무는 동안 최고급 대우로 모셔야 했고, 수리 중에는 고장 난 가스터빈 부품을 만지는 것은 물론, 관련 현장에 한국인 기술자의 진입은 철저히 금지되었다"는 이야기를 들은 적이 있다. 이토록 빈틈없이 선을 긋는 첨단 기술을 우리나라도 확보하게 되었다는 데 어깨에 힘이 들어가는 사람이 나뿐이랴.

디지털 신호로
읽는 메타버스

컴퓨터공학

유만선

내가 초등학교, 아니 국민학교를 다녔던 1980년대 어린이들에게 인기 있었던 곳은 '지능계발', '인공지능' 등의 문구가 붙은 동네 오락실이었다. 당시 오락실에는 픽셀이 훤히 보이는 수준의 비행기를 조종해서 외계에서 온 악당을 물리치거나 막대기를 좌우로 움직여가며 공을 받아내 벽돌을 깨는 등 단순하기 짝이 없는 수준의 게임들이 어린이의 코 묻은 돈을 기다리고 있었다. 하지만 일상에서 빠져나와 그곳에 머무는 동안은 현실과 동떨어진 또 다른 세상을 즐기는 재미가 쏠쏠했다. 심지어 가끔 무서운 형들을 만나 돈을 빼앗기는 위험이 있었음에도 말이다. 그렇게 나는 어릴 때부터 작은 가상 세계에서 놀곤 했다.

성인이 되어 대학 생활을 즐기던 1990년대 후반, 하이텔이나 나우누리와 같은 PC통신 서비스를 이용해 비록 글자를 통해서지만 '네트'로 연결된 훨씬 더 넓어진 세계를 맛보았다. 그곳에 가면 좁은 학교 동아리에서는 가능하지 않은 전국 단위의 영화나 연극 모임에서 활동할 수 있었고, 가상 세계에서의 뜻 맞음이 오프라인 등으로 연결되었다. 서로 평생 알고 지낼 일 없었던 사람들이 먼 거리에서도 생각을 공유하는 경험을 하곤 했다. PC통신 속 채팅방에서 이루어진 두근거리는 대화들도 빼놓을 수 없는 '가상 세계'에서의 즐거움이었다.

예전에 가능했던 가상 세계라면, 할머니나 어머니께서 들려 주시던 이야기나 동화책 같은 것이었다. 어릴 적 듣거나 읽었던 도깨비를 만난 '혹부리 영감'이나 나무 인형에서 인간 소년이 된 '피노키오'가 바로 옛날 가상 세계 속에 존재하던 인물이었다. 하지만 앞서 이야기한 오락실 속 가상 세계는 혹부리 영감이나 피노키오 같은 단순한 가상의 존재 그 이상이다. 바로 0과 1로 표현되는 이진화된 논리적 신호체계, '디지털'로 이루어진 것에 차이가 있다. '공주를 구하기 위해 길을 떠난 배관공(슈퍼 마리오)'이나 '외계인의 침략에 맞서 싸우는 전투기(갤러그)' 또한 가상 세계 속 주인공이기는 하지만 동화와는 달리 실제 세계에서도 0과 1의 전기신호로 존재한다.

현대의 컴퓨터는 디지털신호 체계를 통해 정보를 저장하거나 저장된 정보를 바탕으로 계산을 수행한다. 이러한 디지털신호의 저장과 계산은 디지털로 이뤄진 가상 세계의 모든 것을 정의한다. 예를 들어 게임 속 캐릭터를 구성하는 점, 선, 면이 원점으로부터 가로, 세로, 높이 방향으로 얼마나 떨어진 '위치'에 있는지, 각 점의 '색'은 색 팔레트에서 몇 번째 위치하는지는 어딘가에 저장된 숫자로 표현할 수 있다.

그뿐이 아니다. 캐릭터의 움직임은 속도나 가속도 등의 변수들로 표현된 '힘과 운동의 방정식'으로 정의가 가능하며, 캐릭터에 영향을 미치는 중력이나 전자기력 등과 같은 외부의 힘 또한 과학자들이 밝혀온 각종 방정식으로 구현된다. 이러한 방정식은 저장된 신호를 이용한 계산을 통해 그 해를 구할 수 있다. 어릴 적 내가 화면을 보며 정신없이 조이스틱과 버튼을 움직일 때 게임기 속 전자회로는 신호의 저장과 계산을 빠르게 반복하고 있었을 것이다.

앞서 이야기한 것처럼 가상 세계임에도 디지털신호는 전기신호로 실재하기 때문에 저장을 위해서는 물리적인 장치가 필요하다. 디지털 정보 저장 매체로는 HDD(Hard Disk Drive)와 SSD(Soild State Drive)가 일반적이다. HDD는 회전하는 LP판을 따라 탐침으로 소리를 읽어 들였던 방식과 유사하게 '플래터'라 불리는 회전하는 금속판을 따라 헤더가 디지털 정보를 읽거나 쓰는 방식이다. 이때 플래터 위에는 자기를 띠는 자성체가 있어 그 배열에 따라 0과 1의 신호가 규정된다. 이와 달리 SSD는 '플로팅 게이트(Floating Gate)'라 불리는 아주 얇은 절연 산화막으로 코팅된 금속의 공간에 전자를 채우거나 빼내는 방식으로 디지털 신호를 규정한다. 플로팅 게이트에 전자를 채우면 1, 빼내면 0으로 보는 것같이 말이다.

'계산기'를 의미하는 '컴퓨터(computer)'라는 용어에서 알 수 있듯, 컴퓨터는 공급된 정보를 바탕으로 한 전자적 계산이 가능하다. 디지털정보의 저장만이 가능하다면 우리가 만들어낸 가상 세계가 다분히 정적일 테지만 컴퓨터의 계산 기능이 있기에 비로소 가상 세계 속에 움직임이 가능하다고 할 수 있겠다. 인간이 논리적인 계산을 하는 데에 '뇌'를 쓰듯, 컴퓨터에는 중앙처리

장치(Central Processing Unit, CPU)가 필요하며, 특히 CPU 속 산술논리장치(Arithmetic Logic Unit, ALU)가 컴퓨터의 계산 기능을 담당한다. 산술논리장치에서는 덧셈이나 뺄셈 등이 가능한데 트랜지스터를 포함한 전기회로가 이를 가능케 한다.

즉, 저장 장치로부터 읽어 들인 디지털 정보들이 전기신호의 형태로 산술논리장치에 입력되면 필요한 계산대로 회로를 따라 전기가 흐르고, 계산 결과에 맞는 전기신호가 출력되는 원리다. 트랜지스터는 조건에 따라 전기가 흐르거나 흐르지 않게 하는 일종의 스위치 역할을 하기 때문에 이를 잘 이용하면 이진수의 기본 계산이 가능한 전기적 논리회로(logic circuit)를 만들 수 있다.

지금 우리가 즐기는 가상 세계 구현을 위한 복잡한 계산이 어떻게 단순한 덧셈과 뺄셈만으로 가능한지 의문이 들 수도 있을 것이다. 하지만 초등학교 저학년에 우리가 배우는 수학의 기초가 덧셈과 뺄셈에서 시작하고, 여기에 곱셈과 나눗셈이 연결되며, 또 이를 기반으로 더 복잡한 미분이나 적분이 가능해지는 것을 생각해보면 이해가 쉬울 듯하다. 복잡한 계산을 많은 수의 단순 계산(덧셈 혹은 뺄셈)으로 대체함으로써 가상 세계가 구성된다. 이처럼 컴퓨터는 전기나 자기를 이용하여 정보를 이진화시켜 저장하고, 저장된 신호는 논리적으로 구성된 전기회로를 거치며 계산되는 것이다.

한편 전기신호로만 존재하던 디지털 가상 세계는 디스플레이를 통해 비로소 우리 눈에 보이게 된다. 초기의 디스플레이는 진공상태의 유리관 한끝에서 튀어나와 흐르는 전자선(음극선)이 다른 한끝에 위치한 형광판에 부딪히는 위치를 전자석을 이용해 빠르게 제어함으로써 형광 면을 바라보는 인간의 눈에 착시를 주는 방식을 이용했다.

이 장치는 음극선관(Cathod Ray Tube, CRT) 혹은 이러한 방식을 처음 적용한 독일의 과학자 칼 페르디난드 브라운의 이름을 따 브라운관이라 부른다. 음극선관은 제2차 세계 대전 시기, 적의 위치를 추적하는 군용 레이더 시스템에 많이 사용되었고, 이후 텔레비전의 발달과 함께 민간에도 널리 퍼졌다. 한때 음극선관은 컴퓨터와 연결되어 가상 세계를 들여다보는 창으로 훌륭하게 쓰였다. 하지만 현재는 대부분 빛을 내는 트랜지스터인 LED(Light Emitted Diode)를 이용한 디스플레이로 바뀌었다. LED는 전기가 흐를 때 생기는 저항이 빛 에너지의 형태로 외부에 표출되는 특성을 지니는데, 빨간색 및 녹색과는 달리 파란색 빛을 내는 LED를 값싸게 생산할 소재 조합을 찾는 데 어려움이 있었다. 결국 일본 나카무라 슈지 박사 등의 노력으로 이를 해결했고, 삼원색을 바탕으로 한 컬러 LED 디스플레이가 현재 대세를 이룬다.

최근 들어 정치, 경제, 사회, 문화 전반에 걸쳐 퍼진 실감 나는 가상 세계로서 메타버스라는 개념이 인기다. 메타버스는 크게 네 종류로 구분하는데 가상의 물체가 현실에 덧씌워져 표현되는 증강 현실과 실제 내 삶의 조각을 영상이나 사진, 음성, 글로 인터넷에 올리고 타인과 공유하는 라이프로깅, '맛집 지도 서비스'나 '택시 서비스'와 같이 현실에 기반하여 내가 스스로 알기 어려운 정보를 더해 제공하는 미러월드, 마지막으로 초등학교 때 내가 즐겼던 게임처럼 세상과 완전히 분리된 새로운 세상인 가상 세계가 있다.

새롭게 창조된 가상 세계 또한 현실 세계의 영향을 받는데, 얼마 전에 수억 명의 가입자를 보유한 메타버스 서비스 회사의 직원과 나눈 대화 내용이 이를 뒷받침한다. 그 회사는 이용자 간 소통 공간으로 가상 세계 서비스를 제공하는데 다양한 나라에서 아바타를 통해 접속한 이용자들이다 보니 가상 세계임에도 실제 세상 속 각 나라의 사회 문화적 배경을 고려하지 않을 수 없다는 점을 이야기했다. 사례로 아랍권에서 접속한 여성들은 히잡 아이템을 자주 구매한다거나 이란과 파키스탄 국적의 이용자나 한국, 중국, 일본 국적의 이용자들은 현실 세계에서의 국가 간 갈등 때문인지 다툼이 잦다는 것 등을 말해주었다.

또 다른 예로 일본의 게임 회사 닌텐도에서 개발한 '모여봐요 동물의 숲'에서 있었던 일도 가상 세계에 자리 잡은 현실 이야기의 좋은 예다. 조 바이든 대통령이 그 주인공인데, 2020년 46대 미국 대통령 선거운동 당시 그의 선거 캠프는 닌텐도사가 만들어낸 이 가상 세계에 주목했다. 그리고 잠재적 유권자들에게 한 표를 호소하기 위해 '모여봐요 동물의 숲' 속에 가상 선거 캠프를 차려 선거운동을 했고, 화제를 불러일으켰다. 다양한 이웃 캐릭터와 가상 세계에서 소통하며 현실 세계의 투표 행위를 유도한 데서 현실과 가상의 경계에 대해 생각해볼 점을 준다.

한편, 가상 세계에서 벌어지는 현실 세계의 이야기와는 반대로 현실 세계에서 벌어지는 가상 세계의 예도 있다. 이와 관련한 게임이 바로 '포켓몬고(Pokemon GO)'다. 한때 수많은 '덕후'를 양산한 포켓몬고는 스마트폰의 GPS 센서를 이용해 사용자의 현재 위치를 확인하고, 그곳에 특수한 가상 몬스터를 등장시켜 게이머들에게 즐거움을 선사한다. 게이머는 가상 몬스터를 잡기 위해 현실 세계를 이리저리 뛰어다니게 된다.

이처럼 메타버스는 가상과 현실 간 경계를 무너뜨리고, 두 세계의 거리를 좁힌다. 장자가 이야기한 호접몽같이 나비의 꿈을 꾸는 사람과 사람의 꿈을 꾸는 나비의 구분조차 의미가 사라지고 있다. 시간이 흐를수록 가상 세계의 경험이 커져가는 상황은 우리나라를 포함하여 세계적인 현상이다. 실제 가상 세계에서의 경제, 문화 활동은 큰 증가 추세에 있다. 컴퓨터와 인터넷의 발달, 그리고 그 속에서 생겨나는 인간의 새로운 욕구가 가상 세계의 규모를 키웠다. 이 욕구는 '인간 세상으로부터의 도피'일 수도, '인간관계의 확장'과 관련된 것일 수도 있겠다.

가상 세계에 생성된 정보의 총량은 2020년 기준 약 64.2제타바이트(1제타바이트는 10억 테라바이트)에 달한다는데 이는 미국 의회도서관에 소장된 자료의 9,000배가 넘는 양이라고 하니 규모를 가늠키 어려울 정도다. 또한 이곳에서의 경제활동 규모도 커지는 중인데 국제무역협회의 자료에 따르면 2019년 전자상거래 시장 규모는 2조 달러로, 글로벌 소매 유통 시장의 13퍼센트를 넘게 차지하고 있다.

스스로 만든 가상 세계 속 커져가는 인간의 활동과 그로 인한 경제적 효과를 바탕으로 다시 더욱 커지는 가상 세계의 순환 구조 속에서, 자칫 머나먼 우주나 깊은 바닷속과 같은 우리가 아직 모르는 실제 세상에 대해 이해하려는 노력과 투자가 낮아질까 염려되기도 한다. 외계 지적 생명체가 지구에 나타나지 않는 이유가 외계인들이 스스로 만든 가상 세계 속에 안주하다 보니 우주탐사를 중단해서일 것이라는 한 지인의 재미난 해석이 그럴듯하게 들리는 요즘이다. '멀티버스'와 '유니버스' 사이에 적절한 균형이 필요한 때다.

딥페이크
제대로 이해하기

인공지능

박미애

딥페이크(deepfake)는 인공지능을 사용하여 사실적인 동영상과 사진을 생성해내는 것이다. 딥러닝(Deep Learning)과 페이크(fake)를 합성한 딥페이크라는 용어는 2016년에 처음 등장했다. 이 기술은 컴퓨터에 사람 얼굴 이미지 또는 비디오를 제공한 다음 딥러닝 모델 중 하나인 생성적적대신경망(Generative Adversarial Network, GAN)을 사용하여 만들어낸다. 이렇게 간단하게 요약되는 이 인공지능 기술의 시작으로 지금 사회는 많은 분야에서 변화를 맞이했고, 상상하던 많은 것이 가능해지고 있다.

딥페이크의 시작과 진화

기원전 1세기 초에 만들어진 것으로 추정되는 최초의 아날로그 컴퓨터 안티키티라(Antikythera), 제2차 세계 대전 당시인 1943년 암호 해독기로 개발되어 프로그래밍이 가능한 최초의 전자 디지털 컴퓨터로 여겨지는 콜로서스 마크1(Colossus Mark 1) 그리고 1946년 발표된, 진공관을 사용한 최초의 범용 디지털 전자 컴퓨터인 에니악(ENIAC) 등이 컴퓨터의 시작이라고 정리된다. 놀랍지만 익숙한 장치 컴퓨터는 이렇게 현대 생활에 없어서는 안 되는, 누구나 사용하는 일상의 도구가 되었다. 현재 일반적으로 사용하는 컴퓨터가 데이터를 처리하는 장치로서 계산을 수행하고, 데이터를 저장 및 검색하고, 다른 컴퓨터와 통신하고, 여러 장치의 동작을 제어하는 등 하드웨어 중심으로 크게 발전하는 동안 다른 방식의 연구 분야도 계속 발전하고 있었다. 바로 인공지능으로 컴퓨터 프로그램이 인간처럼 추론하고 학습하는 능력을 갖도록 구현하려는 것이다.

인공적인 지능을 만들고자 하는 연구는 이전부터 있었지만 1950년대에 들어서 '인공지능'이라는 용어가 정립된 뒤 컴퓨터는 감정이 없기 때문에 인간을 모방할 수 없을 것이라는 사람들과, 결국 인간과 구별할 수 없는 인공지능을 만들 수 있을 것이라는 의견들로 논란이 이어지면서 발전해오고 있다. 그 가운데 인지심리학자이자 컴퓨터공학자인 존 매카시(John McCarthy) 박사는 1956년 다트머스 콘퍼런스에서 ① 자동 컴퓨터, ② 컴퓨터가 언어를 사용하도록 프로그래밍하는 방법, ③ 신경망, ④ 계산 규모의 이론, ⑤ 자기 개선, ⑥ 추상화, ⑦ 무작위성과 창의성 측면에 대한 문제라면서 인공지능(Arttificial Intelligence)이라는 말을 처음으로 제안했다. 용어 확립은 이때가 처음이었으나 인공적인 지능을 구현하려는 시도는 이전부터 계속되고 있었고 다트머스 콘퍼런스 이후 인공지능은 하나의 학문 분야로서 여러 연구가 통합적으로 발전하게 된다.

인공지능은 데이터(문제)와 규칙을 입력하여 주어진 규칙대로 처리한 결과(답)를 출력하는 컴퓨터 처리 방식을, 데이터(문제)와 레이블(답)을 입력으로 하여 학습(train)을 통해 러닝 함수(규칙)를 찾아내는 방법으로 구현하고자 한다. 이것이 머신러닝이며 1940년대부터 제안되었으나 여러 가지 한계로 인해 답보하던 인공신경망 모델을 발전시켜 심층신경망인 딥러닝으로 발전하게 되었다. 인공신경망은 인간 지능이 신경세포인 뉴런의 비선형 병렬 네트워크 연결 강도를 조정하여 학습한다는 관찰로부터 구조와 동작 방식을 모방하여 정보를 처리하려는 알고리즘이다. 딥러닝은 기존의 문제에 대하여 더욱 정교하고 놀라운 결과를 보이면서 발전했다. 현재 여러 분야에 적용되어 성과를 내는 대부분이 딥러닝 모델이기 때문에 지금은 인공지능을 딥러닝으로 표현하기도 한다.

딥러닝 모델은 2006년 제프리 힌턴(Geoffrey Everest Hinton) 교수의 DBN(Deep Belief Network)이라는 알고리즘이 초기 신경망인 퍼셉트론(perceptron)의 한계를 해결하면서 활발히 연구되기 시작했다. 이 시기에 딥러닝에서 필요한 매우 복잡한 합성곱 연산 등에 적합한 고속 계산용 그래픽처리장치인 GPU의 발전, 인터넷의 사용으로 축적된 신경망 학습에 필요한 막대한 빅데이터, 효율적인 딥러닝 등이 복합되면서 딥러닝은 빠르게 발달했다. 분류와 예측뿐만 아니라 생성모델을 개발하여 전에 볼 수 없었던 품질의 영상까지 생성하고 있다. 생성모델은 2014년 이안 굿펠로(Ian Goodfellow)가 발표한 GAN이 시작이라고 할 수 있다.

GAN은 데이터를 만드는 신경망과 생성된 데이터를 판별하는 신경망이 서로 경쟁적으로 동작하면서 학습하는 방법이다.

몇 년 후인 2017년 미국의 한 커뮤니티에 'Deepfakes'라는 계정의 사용자가 GAN을 이용하여 한 유명 배우의 얼굴을 영상 속의 다른 사람 얼굴에 정교하게 교체한 결과물을 업로드해 많은 관심을 받았고, 이것이 딥페이크의 출발이 되었다. 기존에도 이미지를 합성하거나 변형하는 방법은 있었으나 GAN은 결과물의 품질이 현저하게 높고 이미지 생성 방법이 그래픽 합성 프로그램을 이용하는 것이 아니라 알고리즘으로 자동 생성하는 딥러닝이라는 점에서 놀라운 것이었다. 이후 사람들은 이 모델을 이용하여 우리에게 많이 알려진 '가짜' 오바마 영상, 정치인을 포함한 유명인들의 페이크 영상을 만들었다.

위조 영상은 점점 어색함이 줄어들어 원본에 가까울 정도가 되었고, 사람들이 실제라고 믿을 가능성도 생겼다. 'Faceswap', 'FaceApp', 'DeepFaceLab' 등 컴퓨터나 스마트폰에서 사용할 수 있는 오픈소스 기반 제작 소프트웨어가 배포되어 이를 이용하면 전문가가 아닌 일반 사용자가 손쉽게 영상을 생성할 수도 있다. GAN은 2014년 NIPS(Neural Information Processing Systems) 학회에서 발표된 이후, 많은 변형 모델과 향상된 버전의 개발로 더 사실적인 이미지나 영상뿐 아니라 다양한 분야에서 목적에 맞는 데이터를 생성하는 인공지능이 되고 있다.

정확히 딥페이크란 무엇인가

인공신경망의 발전 모델 딥러닝은 CNN(Convolution Neural Network, 합성곱신경망), RNN(Recurrent Neural Network, 순환신경망), 오토인코더(Autoencoder), GAN과 같은 여러 가지의 분류모델과 생성모델로 발전했다. 주로 연구되던 모델은 분류나 예측이었는데 2014년 이안 굿펠로의 GAN은 기존의 분류모델과는 다른 방법으로 데이터를 생성하는 효율적인 생성 알고리즘으로 주목받았다.

GAN은 사실적인 이미지, 텍스트 및 기타 미디어를 자동으로 생성하는 데 사용되는 비지도 학습 딥러닝 모델이다. 이는 대량의 데이터 세트로 훈련한 다음, 데이터 세트에 존재하지 않는 새 데이터를 생성해내도록 한다. 이 알고리즘은 생성자(Generator)와 판별자(Discriminator)라는 2개의 신경망으로 구성되어 두 신경망이 서로 경쟁하도록 훈련시킨다. 여기서 생성자는 실제 존재하지 않지만 사실적으로 보이는 새로운 데이터를 생성할 수 있는 모델이다. 판별자는 생성자에 의해 생성된 데이터와 원본 데이터를 구별한다. 이 과정에서 생성자와 판별자 두 신경망 모두 학습이 이루어진다. 생성자는 판별자가 원본이라고 판단하도록 데이터를 생성하고 판별자는 데이터를 구별하기 위한 시도를 한다. 두 신경망이 서로 계속 학습하면서 데이터를 만

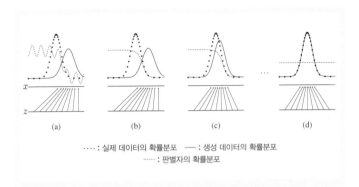

····· : 실제 데이터의 확률분포   —— : 생성 데이터의 확률분포
········ : 판별자의 확률분포

그림 2-4
GAN 학습 과정. (d) 단계에 이르면 판별자가 판별한 값이 실제 데이터일 확률과 GAN이 생성한 데이터일 확률이 0.5로 반반이 되므로 확률적으로 같은 데이터가 되었다고 볼 수 있게 된 것이다.

들어내는 능력과 구별하는 능력이 향상되고 이 프로세스는 판별자가 데이터를 구별할 수 없을 때까지 반복된다.

　인간의 창의성에 견줄 만한 인공지능의 기술로 사람을 속이거나 범죄에 악용하기 위하여 제작된 고품질 불법 위조 영상물은, 상상 이상의 피해와 위험을 가져올 수 있다는 점에서 사회를 불안하게 한다. 영국 랭커스터대학과 미국 버클리캘리포니아대학 연구진이 진짜 사람의 사진과 AI가 생성한 이미지들을 두고 실제 얼굴 사진 가려내기와 더 신뢰성이 느껴지는 사진을 선택하는 실험을 한 결과, AI가 생성한 얼굴을 실제와 구분하기 힘들었으며 더욱 신뢰감을 주는 것으로 나타났다. 그것은 AI가 생성한 얼굴이 평균에 더 가깝기 때문인 것으로 추정할 수 있다.

- 증오: 혐오스러운 상징, 부정적인 고정관념, 특정 그룹을 동물, 물건과 비교하거나 정체성을 기반으로 증오를 표현하거나 조장하는 것.
- 괴롭힘: 개인을 조롱하거나 위협하거나 괴롭히는 것.
- 폭력: 폭력적인 행위와 타인의 고통이나 굴욕.
- 자해: 자살, 절단, 섭식 장애 및 기타 자해 시도.
- 성적: 과도한 노출, 성행위, 성 서비스 또는 성적 흥분을 유발하기 위한 콘텐츠.
- 충격: 체액, 외설적인 몸짓 또는 충격을 주거나 혐오감을 줄 수 있는 기타 모욕적인 주제.
- 불법 활동: 마약 사용, 절도, 기물 파손 및 기타 불법 활동.
- 속임수: 진행 중인 주요 지정학적 사건과 관련된 주요 음모 또는 사건.
- 정치: 정치인, 투표함, 시위 또는 정치 과정에 영향을 미치거나 캠페인에 사용될 수 있는 기타 콘텐츠.
- 공중 및 개인 건강: 질병의 치료, 예방, 진단이나 전염 또는 건강 문제를 겪고 있는 사람.
- 스팸: 원치 않는 대량 콘텐츠.

AI를 이용하여 만들었다는 것을 알려야 합니다.
작품을 공유할 때 작업에 AI가 참여했음을 적극적으로 공개하는 것이 좋습니다.

원하는 경우 DALL-E의 서명을 제거할 수 있지만 작업의 성격에 대해 다른 사람을 속일 수 없습니다. 예를 들어, 작품이 완전히 사람이 만든 작품이라고 하거나 실제 사건의 사진이라고 사람들에게 말하지 않는 것을 권합니다.

다른 사람의 권리를 존중하십시오.

동의 없이 실제 사람의 이미지를 업로드하지 마십시오.

적절한 사용 권한이 없는 이미지를 업로드하지 마십시오.

공인의 이미지를 만들지 마십시오.

오픈AI(OpenAI)에서 개발한 DALL-E2는 문장으로 묘사한 것을 이미지로 그려주는 인공지능이다. DALL-E2는 오픈AI에서 개발한 현재 최대 자연어 처리 인공지능 모델인 GPT-3를 적용하여 사용자가 요구한 문장을 이해하고 GAN으로 그에 맞는 이미지를 생성한다. 즉, 두 종류 이상의 입력을 사용하는 멀티모달(Multi-Modal) 모델이다. 위의 내용은 DALL-E2의 콘텐트 정책이다. 이에 위배되는 내용으로 이미지를 만들려고 하면 결과물을 생성하지 않고 정책을 확인할 수 있도록 안내한다(예를 들어 '눈물을 흘리는 일론 머스크 그림'). 이렇게 GAN과 같은 생성모델을 적용한 인공지능의 경우, 서비스 제공 단계에서 섬세한 AI 윤리 정책을 반영한다면 사용자 차원의 부작용을 어느 정도는 방지할 수 있다.

또 한 가지, 딥페이크로 제작된 이미지나 영상 인지를 기술적으로 구분해내는 '딥페이크 탐지'에 대한 연구도 된다. 이 기술들은 현재의 딥페이크로 생성한 결과물에 대하여 연구한 기법이기 때문에 새로운 모델이나 데이터 세트에서는 취약할 수 있다. 실제로 개발하여 발표 당시 99퍼센트 이상의 탐지 능력을 보였으나 시간이 지나면서 새로운 모델로 생성된 고화질 이미지에서 탐지율이 현저하게 떨어졌다. 하지만 이러한 탐지 기술에 대한 연구는 새로운 GAN 모델의 개발과 함께 악의적으로 사용되어 법률적인 판단이 중요한 역할을 해야 하는 상황 등에서 꼭 필요하므로 연구는 계속되어야 한다.

현재까지의 딥페이크 탐지 기술은 몇 가지로 나누어 볼 수 있다. 생리적 특징 기반 탐지(Physiological Features Detection)는 대상의 혈색, 눈동자의 동작 등을 분석하여 진위를 가리는 방법이다. 그리고 이미지 기반 탐지(Image Based Detection)는 이미지의 특이 사항을 픽셀 단위로 분석한다. 이미지를 푸리에 변환을 이용하여 주파수 영역으로 바꾸어서 스펙트럼의 변화 부분을 찾아내는 주파수 기반 탐지(Frequency Based Detection)도 하나의 방식이다. 또한 데이터 기반의 탐지 알고리즘으로는 도메인 적응 방법의 포렌식 트렌스퍼(Forensic Transfer), 전이 학습을 활용한 GAN 기반의 T-GD, 변형 오토인코더를 기반으로 한 OC-FakeDect 등이 개발되었다.

국내의 딥페이크 탐지 기술로는 상용 서비스를 실시하고 있는 KAIST 이흥규 교수팀의 '카이캐치(KaiCatch) 2.1'이 있고, 2021년 캘리포니아대학 리버사이드 캠퍼스의 컴퓨터과학자팀은 99퍼센트의 정확도로 조작된 얼굴 표정을 감지하는 EMD(Expression Manipulation Detection, 얼굴 표정 조작 감지)를 발표했다. 이는 변경된 이미지 내의 특정 영역을 감지하고 지역화(localization)하는 방법을 사용한다.

가짜라는 표현은 그만, GAN에 주목할 것

딥페이크를 만든 GAN은 단순히 재미 목적으로 사람의 얼굴을 교체한 영상물을 만들어서 악용하던 '흥미로운' 기술이 아니라 현재 '핫'한 이슈인 디지털 휴먼(가상 인간) 구현의 핵심 기술로 주목되는 주제다. 기술 발전으로 제작 비용이 크게 낮아져서 대중화가 머지않았다는 디지털 휴먼은 엔터테인먼트, 유통, 금융, 방송, 교육, 헬스케어 등 활용 분야가 지속적으로 확대되고 있다. 이러한 디지털 휴먼 제작에 GAN을 발전시켜 더욱더 고도화된 생성 모델로 만든 휴먼의 이미지를 영상에 입혀서 행위자처럼 보이게 만드는 기술을 이용한다. 이로써 좀 더 정교하면서도 빠른 작업이 가능해진다. 그리고 특별한 목적에 적용하거나 성능을 높이기 위하여 GAN의 변형 모델들과 향상된 버전이 계속 개발되고 있다.

발전하는 GAN의 변형 모델

- DCGAN(Deep Convolution GAN): CNN을 적용하여 생성자와 판별자의 불안전성 해결.

- WGAN, BEGAN(Boundary Equilibrium GAN): 이미지의 퀄리티와 다양성 제어.

- CGAN(Conditional GAN): 조건을 적용한 새로운 이미지로 변경.

- CycleGAN, pix2pix: 이미지의 스타일을 변환.

- DiscoGAN(Discover Cross-Domain Relations with GAN): 유사한 느낌의 이미지 생성.

- StarGAN, StarGAN v2: 원하는 부분에 대해서만 이미지 변환.

- StyleGAN, StyleGAN v2: 굉장히 자연스러운 고품질 이미지 생성.

- 3D-GAN, GANverse3D: 2D 이미지를 3D 이미지로 변환.

- SRGAN(Super Resolution GAN): 저해상도 이미지를 고해상도로 변환.

- SEGAN(Speech Enhancemant GAN): 음성 녹음에서 노이즈 감소.

- ProGAN(Progressive GAN): 점진적 학습법으로 안정적인 고해상도 이미지 생성.

• StackGAN: 문장과 단어를 해석하여 이미지 생성.

    개발사나 개인 개발자들은 GAN의 응용 모델을 개발하여 코드를 공개하고 또 간단히 구현하여 일반인이 사용해볼 수 있도록 서비스를 제공하기도 한다. 중국의 대표 메신저 위챗과 QQ를 서비스하는 텐센트에서 개발한 GFP-GAN(Generative Facial Prior-Generative Adversarial Network)은 이미지의 손실 부분을 GAN으로 생성하는 기술을 적용하여 오래되어서 낡았거나 손상된 사진을 복원해준다. 그리고 사이트에서 직접 써보도록 데모를 공개하고 있다.

    엔비디아(NVIDIA)에서 제공하는 GauGAN2는 간단한 단어만으로 사실적인 예술 작품을 만들어주는 AI 페인팅툴이다. 구글의 이매진(Imagen)과 오픈AI의 DALL-E2는 모두 텍스트 입력을 기반으로 이미지를 생성한다. 구글의 이매진 비디오는 텍스트 입력을 기반으로 5초 정도의 영상을 제작하며, DALL-E2의 그림을 이어 그려주는 아웃페인팅(Outpainting)은 놀라운 기능을 보여준다.

    컴퓨터가 교육과정에 도입된 초기에, 학교의 정보 과목이나 여러 정보 자격증 시험의 이론 과목에서는 컴퓨터의 특성에 해당되지 않는 항목을 고르라며 신뢰성, 정확성, 신속성, 대용량성, 창의성 등을 보기로 하는 문제를 자주 냈고 이론 없이 '창의성'이 정답이었다. 하지만 지금은 컴퓨터의 창의성 유무에 대하여 쉽게 단정하지 못하는 상황이 되었다. 훈련시킨 데이터 세트에 존재하지 않는 결과물을 만들어내는 인공지능의 생성모델은 앞으로 성능과 적용 범위가 지속적으로 발전할 것이다.

이 기술은 개인이나 사회에 피해를 주거나 악용되어 범죄에 사용될 가능성도 같이 존재한다. 이를 예방하는 것은 조금 특별한 윤리인 AI 윤리, 위조 탐지 기술의 개발, 법적인 장치, AI 서비스 제공 시의 제한과 같은 방법으로 부작용을 해결해가려는 연구가 병행되어야 할 것이다.

인공지능이 만드는 인공지능

컴퓨터공학

이양복

딥러닝(Deep Learning, 심층 학습)을 기점으로 인공지능(Artificial Intelligence, AI)은 새로운 시대로 진입했고 딥러닝이 모든 문제를 해결할 수 있을 것처럼 보였다. 그러나 이것은 이미지나 음성인식 등 일부 분야에서 실용성을 확인했을 뿐 인간의 능력을 뛰어넘는 슈퍼인공지능은 아직 현실로 다가오지 않고 있다.

2016년 인간의 바둑 실력을 넘어선 구글 딥마인드(DeepMind)의 알파고(AlphaGo)나 2020년 GPT-3라는 1,750억 개의 파라미터를 사용하여 인간과 구별하기 어려울 정도로 대화할 수 있는 인공지능 언어 모델처럼, 강력한 성능을 보인 인공지능이 상용화로 바로 이어지지 않는 이유는 무엇일까? 인공지능 모델을 만들기 위해 가장 중요한 것으로 데이터와 알고리즘을 말할 수 있는데, 이 두 요소와 딥러닝 상용화 관련 문제가 무엇이고 이를 해결할 방법이 있는지 알아보자.

인공지능 상용화의 문제점

먼저 인공지능을 학습시킬 고품질 학습 데이터(High Quality Training Data)를 준비하는 것이 가장 중요하다. 사람이 사물을 구분하는 법을 배울 때, 처음에 그림 카드로 학습 지도를 하는 것처럼 인공지능도 사물을 구분하기 위해서는 각 사물이 어느 분류에 해당하는지 알아야 한다. 이렇게 인위적으로 정답이 지정된 레이블(label)을 이용한 지도 학습으로 강력한 성능의 사물 분류가 가능했다.

그러나 학습 데이터를 준비하는 것은 많은 시간과 비용이 요구되며, 인공지능으로 해결하려는 문제 중에는 레이블을 만들기 어려운 데이터들도 있다. 이러한 레이블링 문제는 인공지능에 필수적인 고품질 학습 데이터를 만드는 데 걸림돌이 된다. 또한 인공지능 학습에 사용되는 데이터는 수학적으로 명확히 설명할 수 있는 안정된 정적 상태를 가정하여, 정제된 데이터를 기준으로 설계한다. 하지만 현실에서는 여러 가지 환경적인 노이즈(변동 요인)로 인하여 사물 인식에 오류가 발생하고 성능이 저하되거나 전혀 다른 결과를 나타내기도 한다.

딥러닝에서 사물 인식 정확도를 높이려면 빅데이터 수준의 많은 자료를 이용한 학습이 필요하다. 그러나 빅데이터를 사용하면 자금과 시간 등 투자 비용이 상승하여 효과적이지 않아 소량의 학습 데이터로 큰 효율을 내려고 한다. 이를 위해서 전문가가 데이터에 대한 전문 분야(Domain) 지식을 활용하여 직접 특징(Feature)을 생성하거나 선택하는 작업인 특징공학(Feature Engineering)을 수행하기도 한다. 이는 모델 성능에 미치는 영향이 크기 때문에 분석 성능 확보를 위해서 많은 시간과 시행착오가 요구되며, 학습 데이터가 소량일수록 전체 데이터를 반영하지 못한 편향된 학습 결과로 인해 오류가 발생할 수 있다.

그리고 데이터와 함께 중요한 것이 학습 알고리즘의 최적화다. 데이터 분석 문제는 대부분 상용 소프트웨어나 오픈소스로 제공되는 머신러닝 알고리즘을 이용하여 접근할 수 있으나, 일반화된 정적인 수학, 통계적 가정은 동적으로 변화하는 고유의 전문 분야 요인과 다른 경우가 많다. 그래서 분석 전문가들도 먼저 데이터 탐색(Exploratory Data Analysis, EDA)을 통해 데이터의 특성과 분포를 파악한 후, 필드 지식을 활용하여 적합한 기법을 선정하고 파라미터를 최적화(Tuning)하여 알고리즘을 만든다.

따라서 분석 전문가들은 머신러닝 알고리즘의 내부 동작뿐 아니라 전문 분야에 대한 깊은 이해가 있어야 한다. 또한 새로운 문제를 맞닥뜨릴 때마다 해당 지식을 활용하는 일이 필요하다. 그러나 이것이 가능한 수준의 인력과 예산을 확보하여 실무에 적용할 수 있는 인공지능 알고리즘은 특정 집단에 제한적으로 가능하며, 전문가 수에 비하여 인공지능 문제는 다양하고 급속하게 증가하고 있어 막대한 투자가 가능하더라도 근본적인 해결책이 될 수는 없다.

그러면 이러한 문제를 개선할 방법은 있을까? 일반적인 머신러닝 개발에서 상용화에 성공하기 위해 개발자는 여러 작업을 한다. 학습 데이터를 얼마나 수집할 것인지, 노이즈 데이터는 어떻게 제거하고, 어떤 특징(Feature)을 선택하고, 어떻게 변

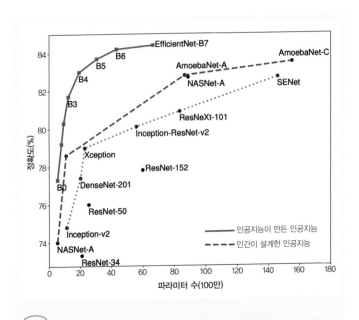

그림 2-5
EfficientNet 성능 비교 실험 결과.

환할지, 어떤 알고리즘을 사용할지, 모델 구조는 어떻게 할지 등, 이에 대한 해결은 수학, 통계적 지식과 전문 분야 지식이 필요하므로 많은 시간과 비용이 필요하다. 이러한 문제들에 대한 개발 생산성을 높이는 실용적인 방법으로 각 머신러닝 개발을 위해 '인공지능을 이용하여 인공지능을 만드는 기술'인 AutoML(Automatic Machine Learning)이 있다. 즉 머신러닝 개발 과정에 필요한 반복적이고 소모적인 작업을 자동화하는 프로세스다. 2018년 AutoML 기술이 발표되었으며, 2019년에 나온 논문의 EfficientNet(AutoML을 사용해 초매개변수를 최적화한 인공지능 신경망 구조) 성능 비교(그림 2-5)에서 알 수 있듯 인간이 설계한 것보다 인공지능이 만든 인공지능이 더 높은 성능을 보였다.

AutoML이란 무엇인가

데이터만 있으면 모든 과정을 스스로 해결하는 슈퍼인공지능은 아직 존재하지 않기 때문에 머신러닝 기반의 모델을 개발하고 실제 운영하기까지는 많은 과정을 거치게 된다. 머신러닝 모델링은 문제 정의부터 데이터 수집과 전처리, 특징공학, 초매개변수 최적화(Hyperparameter Optimization, HPO), 신경망 구조 탐색, 모델 학습 및 평가를 거쳐 서비스 적용(배포)에 이르기까지 여러 분야 전문가의 많은 시간과 노력이 필요하다.

　　AutoML은 이렇게 머신러닝을 개발할 때마다 반복되는 과정에서 발생하는 비효율적인 작업 가운데 가능한 부분을 최대한 자동화하여 생산성과 효율성을 높이기 위해 고안되었다. 특히, 데이터 전처리 과정과 알고리즘 선택 및 튜닝 과정에서 모델 개발자의 개입을 최소화하고 고품질 모델을 효과적으로 만들 수 있는 별도의 인공지능을 사용한다.

　　인공지능 모델링 단계에서 AutoML은 일부를 자동화하여 모델의 예측 결과 정확도를 기대 수준으로 유지한다. 인공지능 분야의 지식이 없는 비전문가도 손쉽게 머신러닝을 이용할 수 있도록 단순하고 쓰기 쉬운 인터페이스를 사용해, 누구든지 데이터와 원하는 목표를 선정하면 자동으로 인공지능을 만들어주는 기술인 것이다. 그렇다면 AutoML만 있으면 인공지능 전문가는 필요 없을까? 미래에는 그렇게 될 수도 있지만 현재까지는 모델링 과정을 지원하는 보조 수단으로 이해하면 되겠다.

AutoML 모델링 과정

AutoML이 인공지능 개발 과정 중 어느 부분에 사용되는 보조 수단인지 알아보기 위해 인공지능 모델링의 일반적인 과정(그림 2-6)을 알아보자.

인공지능 모델링 과정은 데이터 준비(Data Preparation), 특징 공학, 모델 생성(Model Generation), 모델 평가(Model Evaluation)로 진행된다. 데이터 준비 과정은 데이터 수집(Data Collection) 후 데이터 정제(Data Cleaning), 데이터 증강(Data Augmentation)을 통한 레이블 추가, 결측치, 이상치 제거 등 학습용 데이터로 사용하기 위해 데이터 전처리를 수행하는 것이다. 다음으로 특징 추출(Feature Extraction), 특징 선택(Feature Selection), 특징 생성 (Feature Construction)을 통해 특징변수들을 만든다. 특징변수가 결정되면 모델 선택(Model Selection), 아키텍처 탐색(Architecture

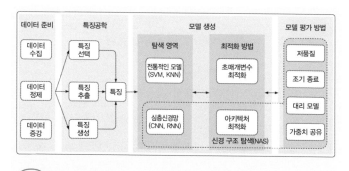

그림 2-6

AutoML 모델링 과정.

Searching)으로 모델링에 사용할 딥러닝 알고리즘을 선택하여 학습하고, 초매개변수 최적화와 모델 평가를 거쳐 최적의 인공지능 모델을 만들게 된다.

이 모든 과정을 수행하는 것은 많은 시간과 노력이 수반되는데 각 단계에서 다양한 가설 수립과 추측, 직관적 선택이 필요하다. 마지막에 성능 테스트를 통해 그 가설에 의해 생성된 데이터 변수와 선택한 모델의 초매개변수가 성능에 미치는 영향을 검증한다. 테스트 결과를 분석하고 성능을 개선하기 위해 적용된 가설과 조건 들을 변경하면서 테스트할 조건의 범위를 제한하여 한정된 시간 내에 전체 과정을 여러 번 반복하는데, 이런 모델링 과정을 인공지능 전문가 대신 AutoML이 자동으로 수행한다.

AutoML의 적용 범위

AutoML은 전체 모델링 과정에 적용될 수도 있지만 초매개변수 최적화 및 모델 선택과 아키텍처 탐색 과정에 사용하는 것이 가장 효과적이다. 초매개변수 최적화란 모델의 튜닝 옵션을 학습을 통해 추정하고 가장 좋은 설정값을 찾아내는 것이다. 일반적으로 인공지능 모델당 초매개변수는 수십에서 수백 개를 가지며, 각각 초매개변수 타입별로 연속형(Continuous), 정수형(Integer) 또는 범주형(Categorical)의 형태로 그 종류가 다양하여 가능한 경우의 수가 많다. 지금까지 전문가의 직관으로 성능에 영향을 크게 주는 초매개변수들을 하나씩 바꾸면서 모델을 학습시키고, 이전 모델의 결과를 분석하여 초매개변수들을 조금씩 바꾸면서 학습하는 것을 반복했다. 하지만 AutoML은 초매개변수를 추정하는 그리드 서치(Grid Search), 랜덤 서치(Random Search), 베이지안 최적화(Bayesian Optimization) 방법 등을 사용하여 전문가의 시행착오로 소모되는 시간을 줄이고 있다.

그리드 서치란 순차적으로 진행하는 방법이며 모든 경우를 테스트할 수 있는 장점이 있지만 모델 알고리즘이 복잡해지면 초매개변수의 조합 수와 학습 시간이 무한대로 늘어나고 초매개변수 적용 간격에 따라 최적값을 지나칠 수도 있다. 랜덤 서치는 무작위로 조합을 시도하면서 최적값을 찾는 방법으로 초매개변수가 많아져도 학습 시간과 성능 면에서 비교적 우수하다. 베이지안 최적화는 기존에 추출하여 평가된 결과로 다음 실험 조건의 추출 범위를 좁혀 실행하는 효율적인 방법이며 시간 대비 성능이 뛰어나 머신러닝에 많이 사용한다.

모델 선택과 아키텍처 탐색 단계에서는 데이터의 유형에 따라 적합한 알고리즘을 선택하는데, 정형 데이터는 RF(Random Forest), GBM(Gradient Boosting Machine) 같은 트리 기반의 알고리즘이, 비정형 데이터는 CNN(Convolutional Neural Network), RNN(Recurrent Neural Network) 같은 신경망 기반의 알고리즘이 주로 사용된다. 그리고 AutoML에서 정형 데이터는 모델 선택 방식이, 비정형 데이터는 아키텍처 탐색 방식이 쓰인다. 또한 신경망 기반의 NAS(Neural Architecture Search)가 AutoML에 좋은 성능을 보여 NAS를 중심으로 많은 성능 개선이 이루어진다. 특히 이미지 인식 분야에서 AutoML의 NAS는 사람 수준보다 성능과 개발 속도 면에서 뛰어나 글로벌 기업을 중심으로 이 분야의 연구가 계속되고 있다.

AutoML의 현재와 미래

딥러닝 이후 인공지능이 빠르게 실용화되어 일상생활에 큰 변화를 줄 것으로 기대했지만 현실적으로 인공지능 상용화는 쉽지 않았다. AutoML이 실용적이고 구체적인 형태로 인공지능에 적용되어 이 영역의 비효율성을 개선하기 시작했으나, 인공지능으로 인공지능을 만들기 위한 AutoML 기술도 현재는 초매개변수를 자동으로 조정하는 수준으로, 머신러닝 개발 과정 전체에 적용하기에는 해결해야 할 문제가 아직은 많이 남아 있다.

인공지능에 대한 전문 지식이 없어도 누구나 쉽게 원하는 업무를 대신할 머신러닝 기반 시스템을 개발할 수 있도록 하려는 AutoML의 목표는 현재 진행 중이다. 그리고 AutoML이 개발 과정의 소모적이고 반복적인 부분을 담당하고 전문가는 창의적인 영역에 역량을 집중할 수 있게 되면서, 머신러닝의 발전 속도는 가속화하고 전반적으로 인공지능 기반의 서비스 품질이 향상될 것이다. 앞으로 AutoML이 지속적으로 발전하여 모든 모델링 과정에 완전하게 적용될 '인공지능이 만드는 인공지능'의 시대를 기대해본다.

소통하는
서비스 로봇의 현장

기계공학

최정원

2030년 말, 사춘기 딸이 자신의 방에서 아바타 로봇을 통해 BTS와 1 대 1 맞춤형 팬미팅을 하고 있다. 인공지능으로 학습된 가상의 BTS는 아이와 대화했던 내용을 전부 기억해 맞장구치고 웃어서 딸의 기분을 최상으로 끌어올려준다. 아빠는 딸 눈치를 보며 부엌에서 백종원 셰프의 레시피를 커피 로봇에게 명령한다. 그리고 달달한 커피를 마시며 자유의 여신상을 보러 가상 세계 뉴욕으로 여행을 떠난다.

CES 2022에서 선보인 최신 기술

매년 미국에서 열리는 CES(Consumer Electronics Show)는 미국 소비자기술협회(Consumer Technology Association)가 주관하는 정보통신기술(ICT) 융합 전자제품박람회다. 스페인 MWC(Mobile World Congress), 독일 IFA(Internationale FunkAusstellung Berlin)와 함께 세계 3대 ICT 박람회로 불리며, 1967년 뉴욕에서 처음으로 개최되었다. 1978년부터 1994년까지 1월에 라스베이거스에서, 6월에 시카고에서 한 해 두 차례 열렸으나, 여름 CES가 인기를 끌지 못하자 1998년부터 매년 1월 라스베이거스에서만 개최되고 있다. CES는 가전제품뿐만 아니라 로봇, 미래 자동차, 드론 등 ICT 분야의 최신 기술을 공개하는 전시회로 발전했다.

그동안 CES에서 발표된 신제품 및 기술은 70만 개가 넘는다. 예를 들면 1968년 컴퓨터 마우스, 1970년 VCR, 1981년 캠코더와 CD, 1996년 DVD, 1998년 HDTV, 2001년 마이크로소프트의 엑스박스와 PDP TV, 2003년 블루레이 DVD, 2005년 IPTV, 2008년 OLED TV, 2009년 3D HDTV, 2013년 휘어지는 디스플레이 OLED, 2014년 3D 프린터와 웨어러블 기술, 2015년 가상현실 등등 당시 화제가 되었던 제품이 CES를 통해 세상에 알려졌다.

코로나19 발생 전에는 약 4,000곳의 업체가 전시했지만, 2022년도에는 오미크론의 영향으로 2,200곳 정도가 참여했고, 그중 우리나라 기업은 500곳에 달한다. '일상을 넘어'라는 주제로 개최된 CES 2022에서 우리 삶을 바꿔놓을 만한 다양한 최신 로봇 기술이 소개되었는데, 크게 두 가지로 분류할 수 있다.

환경과 상호작용 하는 로봇

먼저 사물을 인식하는 컴퓨터 비전 기술과 데이터를 학습하여 스스로 진화하는 딥러닝, 외부 움직임을 감지하여 자율주행 하는 기술 등이다. 예를 들면 삼성전자는 사람을 졸졸 따라다니는 상호작용 로봇 '삼성 봇 아이(Samsung Bot i)'를 선보였다. 사용자 주변에서 함께 이동하며 일을 돕고, 가상현실을 구현하여 필요시 실감 나는 화상회의를 할 수 있다. 이러한 기술을 텔레프레즌스(Telepresence)라고 하는데 코로나 같은 전염병 상황에서 원격으로 수업 및 회의를 할 때 사용하거나 원격 진료 등으로 확대될 수 있다.

또한 가사 보조 로봇인 '삼성 봇 핸디(Samsung Bot Handy)'도 전시했다. 팔이 달린 로봇인데 여러 물체를 인식하고 주변 환경을 파악하여 물건을 집는 기술이 탑재되었다. 음료수가 가득 든 유리컵은 질량 중심이 변화하여 사람은 이것을 안정적으로 들고 이동하기가 어렵다. 이때 3차원 시각 자료와 인간의 촉각 수용체(acceptor)를 모사한 센서로부터 얻은 정보를 활용하여 보다 안정적으로 물체를 잡고 운반할 수 있다. 가정에서 로봇이 물건도 나르고 다양한 심부름을 해주는 세상이 SF영화만의 이야기는 아니다. 가전제품 하면 떠오르는 TV, 냉장고에서 이제는 가정용 로봇이 필수품으로 자리 잡게 될 것이다.

현대자동차에서는 지능형 로봇 개 스폿(Spot)과 사람처럼 두 발로 걸어 다니는 아틀라스(Atlas), 물류형 로봇 스트레치(Stretch) 등을 전시했다. 각각 지각 능력을 갖추고 인간 및 외부 환경과 상호작용을 할 수 있다. '아이언맨'처럼 착용하여 무거운 물체를 들거나 몸이 불편한 사람의 보행을 보조하는 웨어러블 로봇 벡스(Vex)도 선보였다. 특히 소형 모빌리티 플랫폼인 '모베드(Mobile Eccentric Droid, MobED)'가 관람객 눈길을 끌었다. 납작한 직육면체 형태의 차체에 독립적으로 움직일 수 있는 바퀴 4개가 달린 수송용 로봇이다. 엑센트릭 휠(Eccentric Wheel)이라는 편심 바퀴 적용 기술 덕분에 각 바퀴에 탑재된 3개의 모터가 바퀴의 동력, 방향 조절, 몸체의 자세제어 기능을 수행해 울퉁불퉁한 길을 잘 다닐 수 있다. 이 로봇에는 드라이브 앤드 리프트 모듈(Drive & Lift Module)이 장착되었는데 바닥 요철이나 계단, 경사로 등에서 몸체를 수평으로 유지하고, 휠베이스(Wheelbase, 앞바퀴 중심에서부터 뒷바퀴 중심까지의 거리)와 조향 각도를 자유롭게 조절한다. 따라서 좁고 복잡한 도심 주행 환경에 맞춰 로봇 라스트 마일(Last mile, 상품이 소비자에게 전달되는 마지막 단계) 물류 배송 및 운송 시장의 적용 시점을 앞당길 수 있는 기술이다.

모베드는 너비 60센티미터, 길이 67센티미터, 높이 33센티미터 크기에 무게는 50킬로그램이고 최대 속도는 시속 30킬로미터다. 그리고 1회 충전 시 4시간 동안 주행이 가능하다. 조만간 로봇이 집 앞까지 물건을 배달하는 날이 오지 않을까 한다.

두산그룹은 전시장에서 조이스틱 조종으로 980킬로미터 떨어진 지역에서 중장비의 일종인 콤팩트트랙로더(Compact Track Loader)로 무거운 물건을 들어 올리는 시연을 했다. 또한 원거리의 굴착기를 바로 앞에서 한 몸처럼 움직이게 했는데, 차세대 제어 시스템을 활용해 실시간 원격 조종할 수 있다. 인간이 직접 현장에 가기 어려운 환경일 때 멀리 떨어진 곳에서 안전하게 기계를 자유자재로 움직일 수 있는 기술이다.

또한 생산, 가공, 유통 단계에 정보통신기술을 접목한 지능화된 농업 시스템 스마트팜(smart farm)에서 사과를 수확하고 포장하는 협동로봇(collaborative robot)을 전시했다. 이 로봇은 인간과 직접적인 상호작용을 하기 위해 설계되었고 작업을 성공적으로 수행할 수 있도록 돕는다. 앞으로 파종에서 관수, 수확, 포장, 물류 등 식물의 탄생에서 배송까지 모든 과정을 로봇으로 구현하는 것을 목표로 한다. 이러한 로봇의 발전은 농촌 인구 감소와 고령화에 따른 노동력 부족의 어려움을 극복하는 데 보탬이 될 것이다.

사람과 로봇의 의사소통

다음으로 AI를 활용해 사람과 로봇이 상호작용을 하며 의사소통이 가능한 AI 에이전트 개발이 활성화된다. 사람을 대신하여 일하는 로봇뿐 아니라 엔터테인먼트, 커뮤니케이션, 교육용 인공지능으로 진화하고 있다.

예를 들면, LG전자는 가상 인간 '김래아(Reah Keem)'의 가수 데뷔 앨범 출시 계획을 발표했다. 모션캡처, 딥러닝, 자연어 학습 기술이 적용되어 사람과 유사한 목소리 및 움직임을 구현했다. 가수 윤종신이 대표 프로듀서로 활동하는 엔터테인먼트사미스틱스토리와 협업할 예정인데, 노래에 맞춰 춤추는 뮤직비디오를 일부 공개했다.

영국의 엔지니어드아츠(Engineered Arts)사는 휴머노이드 로봇인 '아메카(Ameca)'를 선보였다. 아메카는 관람객과 대화하고 감정을 표현하는데, 사람처럼 눈썹과 눈꺼풀이 움직이고, 눈도 깜빡인다. 눈동자 움직임 방향과 속도 등이 기존의 로봇들과 다르게 훨씬 자연스럽다. 로봇의 머리 안에는 17개의 모터가 있어 표정을 제어한다.

또한 우리나라 스타트업인 비욘드허니콤은 푸드 센서와 요리 로봇 기반의 AI 셰프 솔루션을 전시하여 관람객을 사로잡았다. 셰프의 조리 과정을 로봇이 분자 단위로 학습한 후 자동화하여 균일한 맛과 식감을 재현하는데, 영화 〈기생충〉에서 나왔던 '짜파구리'를 조리하기도 했다. 그리고 미국 래브라도 시스템스(Labrador Systems)의 리트리버 로봇도 눈길을 끌었다. 노인이나 이동이 불편한 사람을 돕기 위해 만들어진 가정용 자율 이동 로봇으로, 세탁물을 옮기고 식사 후 자리를 치우는 등 짐을 운반하는 돌봄 로봇으로 사용된다.

로봇은 어떻게 구분할까?

국제표준화기구(ISO)에서는 로봇을 '의도된 작업을 수행하기 위해

표 2-1 로봇의 분류.

구분		용도	분야	주요 제품 및 기술
산업용 로봇 (제조용 로봇)		산업 각 분야의 제조 현장에서 생산, 출하를 위한 작업 수행	머니퓰레이터 로봇 플랫폼	로봇 핸드, 감속기, 액추에이터, 모터, 관절, 다축 로봇 팔, 직교 좌표 등을 갖춘 제조 로봇
			이동용 플랫폼	자율주행이 가능한 이동 제어 제조 로봇
			로봇용 제어기	제어보드, 제어 SW 및 제어 알고리즘, 경로 계획, 위치 추정, 모션 제어
			로봇용 센서	위치 및 모션 센서, 가속도 센서, 자이로 센서, 초음파 센서, 토크 센서, 터치 센서
서비스용 로봇	개인 서비스	건강과 교육, 가사 도우미 등 실생활의 보조 수단으로써 작업 수행	가사 지원	실내 청소, 잔디 깎기, 창문 닦기, 주방 보조, 무인 경비 로봇
			교육용	저연령 교육, 에듀테인먼트, 교구재 로봇
			개인 엔터테인먼트	게임, 여가 지원, 반려 로봇
			실버케어	소셜 로봇, 헬스케어, 이동 보조 로봇
	전문 서비스	국방, 의료 분야 등에서 전문적인 작업 수행	필드 로봇	농업, 착유, 임업, 채광, 우주 로봇
			전문 청소	바닥 청소, 건물 창문 및 벽 청소, 탱크 및 관 청소, 선체 청소 로봇
			검사 및 유지 보수	시설 및 공장 검사, 유지 보수, 탱크, 관, 하수구 검사 및 유지 보수 로봇
			건설 및 철거	핵 철거 및 해체, 빌딩 건설, 토목 로봇
			유통 물류	화물 및 야외 물류 로봇, 물류 이송 로봇
			의료	진단, 수술 보조, 치료, 재활 로봇
			구조 및 보안	화재 및 재난, 감시 및 보안 로봇
			국방	지뢰 제거 로봇, 무인 항공기(UAV), 무인 지상 차량(UGV)

주어진 환경하에서 움직이며, 어느 정도의 자율성이 있는 2개 이상의 축을 가지고 프로그램이 가능한 구동 장치'로 정의한다. 또 국제로봇협회(IFR)는 용도에 따라 산업용 로봇(Industrial Robot)과 서비스용 로봇(Service Robot)으로 분류한다. 로봇의 용도에 따라 분류가 애매한 경우도 있다. 예를 들면, 로봇 팔로 자동차 공장에서 용접을 한다면 산업용 로봇이고, 로봇 팔을 이용하여 축구 게임을 한다면 이는 서비스 로봇이다. 그래서 서비스 로봇은 산업용 로봇이 아닌 모든 로봇을 지칭한다. 또한 개인 서비스용 로봇과 전문 서비스용 로봇으로 나눌 수 있다(표 2-1 참고).

로봇의 역사를 간단히 살펴보자. 1956년 조지 데볼(George Devol)과 조지프 엥겔버거(Joseph Engelberger)가 최초의 로봇 회사인 유니메이션(Unimation)을 설립하고 1961년에 미국 GM의 뉴저지 공장에 유니메이트(Unimate)라는 로봇을 설치했다. 이것이 바로 최초의 산업용 로봇이다. 이 로봇은 무거운 물건을 작업대에 올려놓았다가 다른 장소로 이동시키는 데 활용되었다. 그 후 자동차 공장 등에서 로봇이 사용되었고, 1969년에 스탠퍼드 대학 빅터 샤인먼(Victor Scheinman) 교수가 최초의 로봇 팔인 스탠퍼드암(Stanford Arm)을 제작했다. 그리고 1970년에는 최초의 인공지능 이동 로봇인 '세이키(Shakey)'를 스탠퍼드 리서치 인스티튜트 인터내셔널에서 만들었으며 1973년에는 신시내티 마이크론이 마이크로 컴퓨터에 의해 작동하는 최초의 산업용 로봇 T3를 출시하기도 했다.

산업용 로봇뿐 아니라 서비스용 로봇도 개발되어왔는데, 1976년에는 우주선 바이킹 1, 2호의 탐사 작업을 위해 로봇 팔이 사용되었다. 1994년 미국 카네기멜론대학 로봇 연구소가 만든 단테2는 알래스카 스퍼산에서 화산재 등 재난 방지를 위한 탐사 활동을 했다. 또한 1997년에는 NASA 화성 탐사선 패스파인더가 화성에 착륙했는데 이때 탐사 로봇인 소저너(sojourner)가 사진을 촬영하여 지구로 전송하는 등 다양한 활약을 펼쳤다.

일본은 1997년, 혼다에서 인간처럼 걷고 계단을 오를 수 있는 휴머노이드 로봇 P3를 공개했다. 그 뒤 2000년에는 차세대 휴머노이드 로봇 아시모(Asimo)를 선보였는데 어린아이가 들어가 있는 듯한 착각이 들 정도로 자연스러운 움직임을 보여주어 전 세계를 놀라게 했다. 또한 1999년 소니에서 출시한 강아지 형태의 반려 로봇 아이보(Aibo)는 2001년 아이보 2세대가 나오는 등 발전된 기술을 적용하여 세대를 거듭하며 현재까지 출시되고 있다. 2015년 등장한 소프트뱅크의 휴머노이드 로봇 페퍼(Pepper)에는 이러한 아이보의 학습성과 가족 구성원이라는 개념이 영향을 끼쳤다.

로봇 시장의 성장

2020년 세계 로봇 시장의 매출액 규모는 전년 대비 3퍼센트 성장한 243억 달러(약 26조 원)다. 산업용 로봇이 전년 대비 4퍼센트 감소한 132억 달러(약 14조 원)이고, 서비스 로봇은 전년 대비 13퍼센트 성장한 111억 달러(약 12조 원)다. 우리나라 로봇 시장의 매출액 규모는 2020년 기준 5조 5,000억 원으로, 연평균 5.4퍼센트 증가 추세이며 산업용 로봇 2조 9,000억 원, 서비스 로봇 8,000억 원, 로봇 부품 1조 8,000억 원으로 나타났다. 서비스 로봇은 전년 대비 34.9퍼센트 성장했는데, 우리나라를 포함한 전 세계적으로 서비스 로봇의 매출 비중이 높아지는 추세라고 할 수 있다.

그렇다면 서비스 로봇은 우리 실생활 어디에서 볼 수 있을까? 미국 뉴로(Nuro)사는 배송용 자율주행 로봇차를 개발했다. 샌프란시스코주 내 완전 자율 배송 차량 운행 승인을 획득해 공공 도로에서 상업용 자율주행차로 허가가 났으며, 지역 편의점 제품에 대한 배송 서비스를 운영하고 있다. 로봇과 자율주행 및 전기차 등 다양한 기술이 결합되었고, 센서를 통한 온도 조절이 가능하여 식료품의 신선도를 유지하여 배달하고 있다. 글로벌 시장조사 기관 마켓스앤드마켓스(Markets and Markets)의 2021년 발표 자료에 따르면 자율주행 로봇은 미래 배송 산업의 핵심 요소로서 주목된다. 2026년 세계 배달 로봇 시장 규모는 1조 1,360억 원으로 2021년 2,517억 원의 4배를 넘어설 것으로 전망되었다.

영국 시엠알서지컬(CMR Surgical)사는 수술용 차세대 로봇 시스템 개발 업체다. 이 회사에서 개발한 '베르시우스(Versius)' 로봇은 3개의 팔 끝에 바늘 같은 장치를 갖춘 수술용 로봇이다. 고정밀 모션 제어를 통해 복잡한 절개수술을 효과적으로 수행하여 수술 시간을 단축시킨다. 각 로봇 팔에는 카메라가 장착되어 수술 부위를 3차원으로 볼 수 있고, 절개나 봉합도 가능하다. 환자 몸에 작은 구멍을 내어 수술을 하기 때문에 후유증과 부작용 등을 줄일 수 있고, 회복 시간도 적게 걸린다.

그리고 미국 인튜이티브(Intuitive)사의 '다빈치 로봇'은 우리나라의 많은 종합병원에 설치된 수술 로봇으로, 10배까지 확대되는 3D 고해상 수술 화면과 의사의 손 움직임을 그대로 재현하는 손목 관절 기능, 손 떨림 교정 등이 탑재되어 정밀한 수술이 가능하다. 투자은행 맥쿼리 컨소시엄에 따르면 세계 의료 로봇 시장 규모는 2017년 17억 달러에서 2025년 134억 달러로 7.8배 성장할 것으로 기대하고 있다.

우리나라에서는 로봇이 서빙을 하는 식당도 어렵지 않게 보인다. 스파게티를 주문하면 로봇이 사람이나 테이블 등 장애물을 피해 고객이 있는 곳까지 배달한다. 현재 사용되는 서빙 로봇은 선반을 여러 개 가지고 있어 한 번에 여러 곳의 고객 테이블에 음식을 나르고, 약 50킬로그램까지 실을 수 있다. 이 로봇은 AI 기반의 카메라와 센서를 이용해 자율주행 하는데 오차 범위가 3~4센티미터에 지나지 않을 정도로 정확도가 높다. 2019년 50여 대였던 국내 서빙 로봇은 2022년 3,000여 대로 급증했고,

2~3년 후면 10만 대 이상 보급될 것으로 전망된다.

　로봇 바리스타가 커피를 만들어주는 카페도 본 적이 있을 것이다. 로봇 카페 '비트'는 로봇 바리스타가 24시간 근무하며 주문부터 결제, 커피 제조, 픽업 등 전 과정을 무인으로 한다. 팬데믹 기간 동안 서비스 로봇이 확산되었고 이를 활용한 카페가 활성화될 것으로 예상된다. 이 밖에 공항, 박물관, 병원, 호텔 등 서비스 기관에서도 안내 로봇이 돌아다니며 고객들을 맞이하고 있다.

　국제로봇연맹에서 2021년 발표한 〈세계 로봇 보고서 2021〉에 따르면 우리나라의 2020년 로봇 밀도(노동자 1만 명당 로봇 활용 대수)는 932대로 세계 1위이고, 산업용 로봇 판매량 기준으로는 세계 4위 수준이다.

돌봄 로봇의 일

소셜 로봇은 개인 서비스 로봇의 한 종류로, 로봇에 AI를 활용하여 인지, 교감 능력을 학습시켜 인간과 로봇의 상호작용을 통해 사회적 기능을 하는 것을 말한다. 소셜 로봇은 초연결, 초지능화를 특징으로 하는 4차 산업혁명의 핵심 기술이 결합되어 있다. 특히 인공지능과 클라우드, 사물인터넷 등이 주로 적용된다. 사용자 및 주변 환경을 인식하고 상황에 따라 적절한 행위를 학습하고 판단하여 사회적 행위를 표현할 수 있다.

대표적인 예로 '파로(Paro)'가 있다. 일본 국립산업기술종합연구소에서 개발한 심리 치료용 로봇인데, 부드러운 인공 털로 덮여 있는 새끼 물범처럼 생겼다. 1993년부터 개발하기 시작하여 2005년 처음 상용화되었고, 현재 업그레이드를 거듭해 여덟 번째 버전이 나와 있다. 2009년에는 미국 FDA로부터 신경 치료용 의료 기기로 승인받으며 기네스북에 등재되었고 자폐아에게도 효과가 있다는 연구 결과도 발표되었다.

파로의 길이는 52센티미터이고 무게는 2.7킬로그램이며, 봉제 인형처럼 생겼지만 눈을 깜빡이고 꼬리를 움직이며 새끼 물범 울음소리도 낸다. 그리고 몸에는 촉각, 시각, 청각, 온도, 자세를 인지하는 센서가 장착되어 사용자가 만지는 강도와 명암, 음원의 방향, 이름, 칭찬 등의 언어를 이해한다. 감정 반응을 보이고, 주인과 상호작용을 통해 성격을 변화시킬 수도 있다. 파로는 병원과 요양원 등에서 환자들의 감정, 사회성, 인지 기능의 회복에 도움을 준다.

2007년, 일본의 한 요양 시설에 입주한 70세 이상의 노인 12명을 대상으로 임상실험을 시행했다. 이 연구에서 파로 사용 이후 사회적 활동의 증가와 함께 소변검사의 호르몬 수치를 통해 스트레스가 감소한 것을 확인하기도 했다.

우리나라의 예를 살펴보자. 서울 마포구에서는 2021년에 인공지능 반려 로봇 '마포동이'를 지역 내 400명의 노인에게 보급하여 맞춤 돌봄 서비스를 하고 있다. 이 소셜 로봇은 AI 기능을 활용하여 말동무 역할을 하는데, AI 자연어 처리 기술이 접목되어 있으며 120만 건의 감성 대화를 해낸다. 딥러닝이 가능해 시간이 지날수록 이용자에 맞춰서 진화한다. 치매 예방 및 안전 관리 모니터링을 통한 비상 상황 응급 연계 등의 기능도 탑재되어 있다.

생명체를 닮은 로봇

로봇공학자들은 로봇을 개발할 때 공학적으로 이해하기 어려운 문제에 부딪힐 때가 있다. 이때 동물이나 식물 등 생태계에서 영감을 얻어 새로운 메커니즘을 적용하면 문제점을 해결하는 데 큰 도움이 되기도 한다.

독일의 페스토(Festo)사가 2015년에 공개한 바이오닉앤트 (BionicANT)를 살펴보자. 이 로봇은 개미처럼 6개의 다리로 돌아다니는데 길이는 13.5센티미터, 무게는 105그램이다. 머리에는 입체 카메라가 장착되어 사물을 인지하고, 물체를 무는 집게 턱과 6개의 다리는 압전 소자로 만들어져 있다. 이 소자에 전류가 흐르면 오징어 다리가 불판 위에서 휘어지듯이 형태가 바뀐다. 전류의 흐름을 조절하여 개미 로봇 다리를 접었다 폈다 하면서 움직일 수 있다.

이마에 있는 더듬이는 충전 장치이고, 전차처럼 전선에 접촉해서 전력을 얻게 된다. 로봇의 몸과 표면의 전자회로 대부분을 3D 프린터로 만들었다. 무선망으로 데이터를 공유하면서 무리를 지어 자율적으로 협력하며 물체를 옮기는 등의 임무를 수행한다. 이러한 기술을 통해 거친 지형과 같이 사람이 갈 수 없는 땅을 탐사하는 데 사용될 수 있다.

또 다른 예로 옥토봇(Octobot)이 있다. 미국 하버드대학에서 개발하여 2016년 국제전문학술지《네이처》에 발표했다. 문어처럼 생긴 외형에 딱딱한 부품이 전혀 없는, 세계 최초 완전히 부드러운 자율형 로봇이다. 배터리나 마이크로칩 등이 없고 실리콘을 사용하여 화학반응을 통해 움직인다. 살아 있는 생물처럼 로봇 몸 안에 액체와 기체가 흐르는 '미세 유체 논리회로'로 작동되는데, 백금 촉매로 과산화수소수를 분해시켜 발생하는 산소 기체의 압력(평균 0.01 기압)이 이 로봇을 움직이게 하는 힘이다. 50퍼센트 농도의 과산화수소 용액 1밀리리터로 최대 12분 30초까지 동작하고, 몸속에 산소 기체가 흘러가면 8개의 다리를 교차로 움직이게 된다.

로봇 몸속에는 프로펠러 역할을 하는 구동장치가 협력하여 움직이며 세부 움직임을 조정하는데, 다리마다 구동장치가 2개씩 붙어 있어 기압의 크기를 조절하여 로봇이 자유자재로 움직인다. 배터리가 필요 없고 과산화수소수만 보충하면 된다. 기존 로봇처럼 관절이 없기 때문에 좁은 틈에서도 유연하게 움직일 수 있다. 재난 시 사람이 들어갈 수 없는 공간을 수색할 수 있을 것으로 기대한다.

이제 미국 하버드 공대에서 개발한 꿀벌을 닮은 초소형 로봇 로보비(RoboBee)와 로보비를 개선한 로보비 엑스윙(RoboBee X-Wing)을 살펴보자. 2013년에 개발된 로보비는 80밀리그램 무게에 초당 120회 날갯짓을 하는데, 몸체에 전선을 연결해 전기를 공급하는 한계로 비행 거리가 약 10센티미터에 지나지 않았다. 그러던 2019년, 《네이처》에 발표한 로보비 엑스윙은 259밀리그램의 무게에 3.5센티미터의 기본 날개 2개, 보조 날개 2개가 달려 있고 몸체에 태양전지를 부착하여 기류상 방해가 없다면 거의 무한정 장거리 비행을 할 수 있게 되었다. 미세전자기계시스템(Micro Electro Mechanical System, MEMS)을 이용한 마이크로 드론 로봇으로, 눈에 잘 띄지 않아 전쟁 시 정찰을 하거나 포로 구출을 돕기 위한 정보 제공 등 다양한 임무를 할 수 있을 것이다.

마지막으로 2015년 독일 페스토사가 공개한 이모션 버터플라이(eMotion Butterflies)라는 나비 로봇은 실제 살아 있는 나비의 움직임을 연상시킨다. 탄소막대 뼈대에 전하를 저장하는 물질로 얇고 가볍게 만들어졌다. 무게는 32그램이라 매우 가벼우며 4분 정도 날 수 있다. 1초에 2번 날개를 흔들어 초당 2.5미터의 속도까지 내는 초소형 드론 로봇이다. 위치 추적과 실내 GPS 기술을 활용하여 나비 로봇이 서로 부딪히지 않고 날아다닐 수 있어 군사용이나 재난 탐사용으로 활용될 수 있다.

우리나라의 도전 과제

우리나라 정부는 2019년 제3차 지능형 로봇 기본 계획(5년)에서 서비스 로봇 분야 중 글로벌 시장 규모, 비즈니스 잠재 역량, 도전 가치를 고려하여 돌봄 로봇, 웨어러블 로봇, 의료 로봇, 물류 로봇의 4대 서비스 로봇 전략 분야를 선정했다. 2022년에는 특히 돌봄 인력 부족, 감염병 상황 장기화에 따른 비대면 사회 도래 등 당면한 사회문제 해소에 초점을 둔 로봇 기술 개발을 추진하고 있다(표 2-2 참고).

또한 고령 사회와 1인 가구 증가를 고려하여 인간 로봇 상호작용 기반의 반려 로봇과 실외 배달 로봇 통합 관제를 위한 개발 등을 신규로 진행한다. 정부는 2021년보다 예산을 10퍼센트 증가시킬 예정이며 2022년에 2,440억 원을 투자하여 장병 취사 로봇, 식당 청소 로봇 등 서비스 로봇 1,600대 실증 보급에 나섰다. 지자체와 기업 간 컨소시엄을 구성해 재활, 반려, 치매 예방 등 돌봄 로봇 1,200대를 보급하고 공공, 민간 분야에 웨어러블 로봇 100대를 제공하고자 한다. 그 외에도 로봇 재활센터 지정 및 재활 로봇 수가화 실증 등을 통해 의료 로봇 15대를 보급할 예정이다.

표 2-2 2022년 서비스 로봇 주요 기술 개발 과제.

분야	주요 내용	2022년 예산(억 원)
돌봄	감염 환자 격리 이송을 위한 사람 추종형 반자율 침상 로봇 개발	10
	감염 격리 병동 내 간호 보조 및 환자 모니터링 로봇 시스템 개발	12
	격리 치료 시설용 돌봄 로봇 개발(행안부)	13
	돌봄 로봇 중개 연구 및 서비스 모델 개발(복지부)	30
	(신규) 인간과 로봇의 물리적, 인지적 상호작용을 통해 정서 교감이 가능한 반려 로봇 개발	14
웨어러블	소프트 센서 내장형 옷감형 구동기 및 의복형 로봇 기술 개발	7
	(신규) 가정 내 헬스케어 기능을 갖는 일상생활 보행 보조 웨어러블 로봇	12
의료	인공지능 기반 척추 경조직 수술 로봇 시스템 개발	16
	일반 외과 수술 중 작업 보조 위한 수술 보조 로봇 개발	12
	상지 자가 재활이 가능한 경량 착용형 재활 로봇 개발	15
	팬데믹 대응 로봇 및 ICT 융합 방역 체계 개발(과기부)	61
	마이크로 의료 로봇 실용화 기술 개발(복지부)	101
	재활 로봇 중개 연구(복지부)	45
물류	주차 편성성 확보와 주차 공간 효율화가 가능한 주차 로봇 개발	14
	엘리베이터 자율 승하차 및 실내 배송이 가능한 로봇 시스템 개발	12
	로봇 활용 간선 화물 물류 운송 차량 하차 작업 시스템 개발	16
	화물 상차 작업을 위한 로봇 기반 상차 시스템 기술 개발	6
	한국형 물류 창고 운영 효율화를 위한 모바일 물류 핸들링 로봇 기술 개발	40
	유통 매장에서 상품의 재고 파악 및 관리를 자율적으로 수행하는 물품 관리 로봇 개발	10
	(신규) 다수의 실외 말단 배송 로봇 통합 관제를 위한 다중 로봇 협동 자율 계획 기술 개발	8
	(신규) 식후 빈 그릇 수거를 위한 서비스 로봇 기술 개발	14
통합	로봇 활용 서비스 BM 구현을 위한 현장 적용형 로봇 시스템 개발	30
	(신규) 사용자 편의성 및 효율성 개선을 위한 AI 융합형 서비스 로봇 시스템 개발	10

로봇이 바꾸는 우리의 내일

미국의 빅테크 기업들, FAAMG(페이스북 메타, 애플, 아마존, 마이크로
소프트, 구글)은 적극적으로 AI 기술을 가진 회사를 인수, 합병하고
있다. 메타는 최근에 AI 컴퓨터 비전 전문인 스케이프 테크놀로
지스(Scape Technologies), 딥러닝 기술 기업 아틀라스 ML(Atlas
ML), AI 챗봇 회사 커스터머(Kustomer)를 인수했으며 AR, VR 등
으로 사업을 확장하고 있다. 또한 2021년에 카네기멜론대학
과 협력해서 촉각을 민감하게 감지하는 소프트 로봇 피부 리스
킨(ReSkin)을 개발했다. 이는 기계 학습과 자기 감지(magnetic
sensing) 기술을 통해 터치 기반의 로봇 파지 및 물체의 식별 등
에 활용될 수 있으며 부드럽고 민감한 물체를 조작하는 데 유용
하다.

애플은 보이시스(Voysis), 머신러닝 기업 인덕티브(Inductiv)
등을 인수하여 음성 인식 기술을 더욱 강화할 예정이다. 2021년
에 CEO 팀 쿡은 자동차는 로봇이며, 자율주행 기술을 통해 로
봇화할 것이라고 말했고, 궁극적으로 자율주행 로봇이 애플이
추구하는 자동차 전략이라는 점을 시사했다. 애플카 개발 프로
그램으로 알려진 타이탄프로젝트는 전기차 소프트웨어 즉 자율
주행 핵심 기능을 구현하기 위해 개발 중인 것으로 추정된다.

아마존은 2019년 아이스박스 크기에 배터리로 작동하는

배송 로봇 스카우트로 캘리포니아주의 고객들에게 소포를 배달하기 시작했다. 그 뒤 2020년, 자율주행 기업 죽스(Zoox)를 인수했고 물류 및 배송 효율화에 자율주행 로봇 기술을 적극 활용하고 있다. 2021년 9월 아마존은 첫 가정용 AI 로봇 아스트로(Astro) 제품을 발표하기에 이르렀다. 아스트로는 집 안 모니터링, 가족과 커뮤니케이션, 엔터테인먼트 콘텐츠 재생 등을 할 수 있고 AI와 컴퓨터 비전 기반으로 가족 구성원의 얼굴을 기억하고 3개의 바퀴를 가지고 집 안을 스스로 이동한다.

마이크로소프트는 영상과 이미지를 분석하는 오리온스 시스템스(Orions Systems), 음성 인식 회사 뉘앙스 커뮤니케이션스(Nuance Communications)를 인수하여 AI 기반의 헬스케어를 미래 산업으로 보고 투자하고 있다. 2021년에 자율주행 해변 청소 로봇 비치봇을 최초로 공개했는데, 담배꽁초를 청소하기 위해서는 바닷가에 버려진 담배꽁초 이미지 수천 장이 필요하다. AI을 통해 이미지를 분석하고 물체를 판단하여 쓰레기를 수집하여 내부에 설치된 쓰레기통에 넣는 과정을 보여주기도 했다.

마지막으로 구글은 코딩 없이 프로그램 개발을 할 수 있는 플랫폼 앱시트(AppSheet)를 인수했고, 자율주행 등의 분야에서도 AI 기업을 인수했다. 구글 알파벳 그룹의 산하 X디벨롭먼트(이전 구글X)는 2021년에 에브리데이 로봇(Everyday Robot)을 선보였다. 이 로봇은 회의실 내 테이블 닦기, 쓰레기 정리, 문 열기, 의자 정리 등을 수행한다. 구글 마운틴뷰 본사 사무실에 100여

대를 도입하여 시험할 계획이다. 이 로봇은 바퀴로 움직이고, 타워형 몸체에 유연하게 작동되는 다관절 팔과 그 끝에는 다목적 그리퍼를 가지고 있다. 몸체 위 머리 부분에는 머신 비전용 카메라와 센서가, 측면에는 회전형 라이다가 장착되어 사물을 인지할 수 있다.

FAAMG의 서비스는 인공지능 기술로 더욱 우리 삶에 스며들 것이다. 스마트폰 하나로 사물과 데이터를 주고받고, 완전 자율주행 자동차를 타며, 회사에 가지 않아도 AI 개인 로봇 비서가 스케줄을 알려주어 대화만으로 모든 일을 처리할 수 있는 시대가 멀지 않았다.

지금부터 10여 년 후, 2030년대에는 로봇으로 인해 우리의 삶이 어떻게 변할까? 2021년 12월에 산업통상자원부가 주최하고 한국로봇산업진흥원이 주관하는 '로봇 미래예측 2030 석학 대담회'가 열렸고 여기에서 2030 로봇 시나리오가 발표되었다. 우리나라는 노동 인력 감소로 인한 사회적 충격에 따라 새로운 고령화 대책을 마련할 것이다. 예를 들면 개인 작업 능력을 높일 수 있는 로봇 기술을 개발하여 중장년층의 생산성을 증대시킬 예정이다. 사람들은 현실과 거의 비슷한 메타버스 세상에서 활동하며 교류할 것이며, 로봇은 온라인의 메타버스와 오프라인 세상과의 괴리를 좁히는 중요한 도구가 될 것으로 전망된다.

인간의 삶은 18세기 후반 산업혁명으로 큰 변화가 있었다. 증기기관 등 기계가 인간의 육체노동을 대신하여 자본주의 경제가 확립되었다. 지금은 두 번째 큰 변화에 직면하고 있다. AI 로봇 기술의 비약적인 발전으로 우리의 삶은 감히 상상하지 못한 미래를 맞이하게 될 것이다.

PART 3

새로운 소재,
무한한 기회

활용 범위가 확장된
신소재 개발에 해답이 있다

(화학)

태양전지의 내일, 페로브스카이트

화학

전성윤

태양전지에 페로브스카이트(perovskite)를 활용하고자 했을 때 가장 문제가 된 점은 전해질로 인해 발생했다. 전해질은 전지 내부에서 전자의 흐름을 돕는 이온화된 용액이다. 전해질에 둘러싸인 페로브스카이트는 녹아버렸고 효율은 저하됐다. 반드시 필요한 재료와 새롭게 적용된 물질은 서로 어울리지 않았다. 이런 일이야 공학에서 늘 있는 일이기도 하다. 공학은 물질을 이해하는 단계를 지나 우리에게 다가오기까지 수많은 문제를 해결하며 진전한다.

2,2',7,7'-tetrakis(N,N-dimethoxyphenylamine)-9,9'-spiro bifluorene

"2,2',7,7'-tetrakis(N,N-dimethoxyphenylamine)-9,9'-spiro bifluorene", 어떻게 읽어야 할지 막막한 긴 이름이다. 줄여서 spiro-OMeTAD라 한다. 그래도 어렵다. 이쯤 되면 책을 덮어버릴 사람들이 있겠지만 일단 정신을 가다듬고 꿋꿋하게 나아가보겠다.

이 물질은 고체다. 정확히는 고체 전해질이다. 고체 전해질은 페로브스카이트를 녹이지 않는다. 이와 달리 아이오딘 성분의 액체 전해질은 페로브스카이트를 용해한다. 액체 전해질을 사용하면 박막의 페로브스카이트가 제대로 된 기능을 수행할 수 있을 리 없다. 이 밖에도 고체 전해질의 장점은 더 있다. 고체이므로 액체처럼 어딘가로 새어 나오질 않으니 구조적인 문제에서도 유리하다. 더구나 액체 전해질에 비해 공간을 덜 차지하면서도 빛을 흡수하는 능력이 우수하다. 성능과 안정성이 향상되고 소자의 두께를 줄이는 일거양득의 효과를 얻을 수 있다.

액체에서 고체로 전해질을 바꾸면서 태양전지는 새로운 시대를 맞이한다. 실리콘 기반의 태양전지만이 살길처럼 보였는데 보다 쉽게 가공할 수 있고 값싸며 효율 높은 방법이 제시된 셈이다. spiro-OMeTAD는 페로브스카이트를 녹이지 않고 안정적으로 전기에너지를 생성할 수 있도록 도왔다. 이는 바로 정공수송체의 역할이다. 전자가 빠져나간 자리를 정공이라 하는데 음전하인 전자와 반대로 양전하를 띄게 된다. 양전하인 정공이 전자와 반대로 이동하면 도선을 따라 음극에서 양극으로 전자가 이동하며 전류가 발생한다. 정공을 양극으로 옮기는 spiro-OMeTAD가 제대로 된 역할을 해야 전기가 잘 통할 수 있다. 2012년 처음 고체 정공수송체가 페로브스카이트 태양전지에 적용되어 제시된 광전변환효율은 9.7퍼센트였다. 이는 박남규 교수팀의 연구 결과다.

미야자카(Tsutomu Miyasaka) 교수가 2009년 첫 번째 페로브스카이트 태양전지를 소개했다. 당시 차세대 태양전지로 주목받던 염료감응형 태양전지(Dye-Sensitized Solar Cell)의 핵심인 감광성 염료 대신 페로브스카이트라는 낯선 재료를 접목한 것이다. 연구 결과, 광전변환효율은 3.8퍼센트였다. 태양에서 쏟아지는 빛 100 중 3.8만이 에너지로 변환했다는 의미다. 10퍼센트 수준의 효율을 보였던 염료감응형 태양전지에 비하면 그리 대수롭지 않은 일로 여길 만했다. 그렇지만 페로브스카이트를 잘 알고 있던 몇몇 연구팀은 달랐다. 박남규 교수팀도 그중 하나다. 겨우 3년 만에 페로브스카이트 태양전지 광전변환효율은 3.8퍼센트에서 9.7퍼센트로 급격히 성장했다.

그렇다면 지금은 어떨까? 미국재생에너지연구소(National Renewable Energy Laboratory)에서는 엄격한 공인 기준으로 태양전지의 효율을 인증하고 최고 성능이 확인되면 발표한다. 이곳에서 인증받은 최고 기록은 세계에서 인정하는 연구 결과라 할 수 있다. 현재까지 인정받은 페로브스카이트 태양전지 최고 효율은 석상일 교수팀이 기록한 25.7퍼센트다. 실리콘 태양전지에 비해서 더디게 발전하던 신재생 태양전지 분야에 기대가 커지는 이유다.

페로브스카이트의 출현

소련이 스푸트니크를 쏘아 올려 미국인들에게 공포를 안겨다 준 이후 미국 역시 서둘러 인공위성을 발사했다. 그중 1958년 우주로 보낸 인공위성 뱅가드 1호가 있다. 처음으로 태양전지를 실용적으로 사용한 사례이며, 또한 태양전지가 얼마나 가치 있는가라는 의문을 해소시켜준 사건이다.

이는 1954년 벨 연구소에서 3명의 혁신적인 과학자 채핀(Daryl Chapin), 풀러(Calvin Souther Fuller), 피어슨(Gerald Pearson)이 실리콘 기반의 태양전지를 개발한 지 4년 만에 이루어졌다. 그들이 개발한 태양전지는 현재 실리콘 태양전지의 전신이다. 음전하를 발생시키는 붕소와 양전하를 운반하는 비소 원소를 실리콘에 주입해 전자의 이동을 자유롭게 만들었다. 각각을 N형 반도체, P형 반도체라 부른다. 'N'은 음전하를 뜻하는 네거티브(negative)에서 따왔고 'P'는 양전하를 뜻하는 포지티브(positive)를 의미한다. N형과 P형 반도체를 접합해 만들어진 반도체 형태를 PN접합이라 한다. 붕소와 비소, 두 원소는 불순물로서 실리콘에 주입되어 한쪽으로는 전자가, 다른 한쪽으로는 정공이 몰려들게 한다.

PN접합에 일정 수준의 빛 에너지가 가해지면 N형 반도체의 전자가 여기되어 외부로 연결된 도선을 따라 이동하고 곧 전류가 흐르게 된다. 이와 같은 방식이 바로 실리콘 태양전지의 기본 구조다. 대기의 영향 없이 어디서나 빛을 받을 수 있는 우주에서 뱅가드 1호에 탑재된 태양전지는 6년가량 작동했으며, 함께 장착되었던 화학전지는 3개월간 그 역할을 다했다.

실리콘 태양전지의 역사에 비하면 유기물 태양전지는 근래의 연구 성과다. 실리콘보다는 저렴하며 가공이 쉽고 구부리거나 접을 수 있는 등 자유로운 형태로 제조가 가능한데 이는 유기물 태양전지의 개발 목표이기도 하다. 1991년 오레건(Brian O'Regan)과 그라첼(Michael Grätzel)에 의해 설계되었으며 '값싸고, 고효율의 염료감응형 태양전지'라는 그들의 첫 논문 제목부터 목적을 명확히 한다. 《네이처》 저널에 발표된 이 논문은 지금까지 3만 4,765회 인용되었다. 3만 4,765번의 중요한 과정을 거쳤으며 그만큼의 문제를 해결한 셈이다. 물론 앞으로 계속될 일이다.

당시 7퍼센트가 조금 넘는 광전변환효율을 보이던 유기물 태양전지의 명칭은 염료감응형 태양전지다. 빛을 흡수한 염료가 빛 에너지로 전자를 활동성 있는 상태로 유도하고 산화물 반도체가 전자를 받아 외부로 전달한다. 동시에 전지 내부에 있던 액체 전해질이 이온화되고 전자를 다시 염료에 공급해준다. 빈자리를 채우는 식이다. 그럼 외부로 전달되었던 전자가 양극으로 흘러 들어가 전해질에 공급되면서 계속해서 순환한다. 전자의 순환은 전류의 발생이니 전기가 흐른다는 뜻이다. 페로브스카이트 태양전지는 염료감응형 태양전지로부터 발전된 형태인데 핵심 재료인 염료의 자리를 페로브스카이트가 차지했다.

페로브스카이트는 유기물 양이온과 무기물 양이온, 할로겐 음이온으로 구조화된 물질이다. 그중 하나는 '$CH_3NH_3PbI_3$'다. 복잡한 화학식처럼 보이지만 메틸암모늄 양이온 CH_3NH_3가 한 묶음이고 납 양이온 Pb, 할로겐 음이온 I_3로 구분하면 이해하기 쉽다. 1839년 광물학자 로즈(Gustav Rose)가 처음 우랄산맥에서 페로브스카이트를 발견했을 때 성분은 $CaTiO_3$였다. 마찬가지로 Ca, Ti 양이온과 O_3 음이온의 구성이다. 페로브스카이트는 특정 물질을 지칭한다기보다 앞서 설명한 구조화된 물질을 통칭한다. 어찌 보면 페로브스카이트는 쓸모에 따라 구성 물질의 조합을 달리하며 지금에 이르렀다.

그러므로 각각의 이온을 대신해 다른 원소들로 바꿔나가면서 특성을 제어할 수 있다. 이는 충분히 매력적인 장점이다. 연구자들이 마음대로 이렇게 저렇게 합성하며 가장 좋은 조건을 찾을 수 있으니 말이다. 김치는 지방마다, 재배한 배추의 종류와 첨가물에 따라 맛을 달리할 수 있다. 심지어 집집마다 손맛에 의해서도 달라질 수 있다. 연구자는 요리사고, 주기율표의 원소들은 재료이며, 페로브스카이트는 음식이다. 연구자는 주기율표의 재료로 여러 페로브스카이트를 제조하고 좋은 조건을 찾고 있다.

페로브스카이트는 지구에서 그나마 흔한 재료를 가지고 조합할 수 있다. 이차전지에서는 희귀 금속인 리튬이나 코발트로 인해 골치가 아프다. 상대적으로 페로브스카이트에 사용하는 원소들은 값싸고 흔하다. 그래서 앞다퉈 원소를 바꿔가며 구성을 변화시키는 연구를 한다. 최근에는 할로겐 원소를 적용한 할라이드 페로브스카이트가 대세로 자리 잡았다.

처음부터 페로브스카이트가 태양전지의 중요 재료로 주목받은 건 아니다. 극저온과 같은 특정 온도에서 저항이 사라져 전류가 흐르는 초전도체로 사용됐다. 또, 전기장에서 극성을 띠는 성질인 유전체로 유용했다. 산소 원자가 음이온으로 자리 잡고 있던 초기 금속 산화물 페로브스카이트가 이에 해당한다. 로즈가 발견했던 구성을 떠올리면 된다. 구체적으로는 $BaTiO_3$, $ZnSnO_3$와 같은 페로브스카이트가 유전체 특성이 있다.

그러던 1990년대 중반, 앞선 설명대로 유기물 양이온과 할로겐 음이온으로 이루어진 페로브스카이트가 합성되었고 구조적으로는 동일하지만 전기적 물성이 향상된 재료로 재탄생했다. 이미 19세기 후반에 제시된 메틸암모늄과 같은 유기물 양이온을 적용한 아이디어는 결정적이었다. 칼슘이나 아연 등 무기물에서 메틸암모늄이나 메틸렌다이암모늄, 포름아미디늄 등의 유기물 양이온으로 바뀌고 여기에 음이온인 산소 대신 아이오딘이나 브롬과 같은 할로겐족 원소를 적용하고 있다. 염료를 대신한 유기 할라이드 페로브스카이트는 빛을 흡수하는 능력이 탁월했고 전기적 특성까지 우수한 반도체 물질이 되었다.

심지어 최신 연구에서는 할로겐족 원소가 아닌 유사 할로겐 화물을 이용한 페로브스카이트가 개발되었다. 유사 물질이라 해서 가짜를 의미하는 것이 아니다. 구조를 유지하고 다른 물질과의 호환성이 입증되면 성능 향상을 위해 할로겐 원소의 역할을 대신할 물질이 채택될 수 있다는 뜻이다. 진짜와 닮은 유사한 물질까지 적용될 수 있다는 점에서 페로브스카이트가 지닌 재료적 특징의 범위는 무한하다.

빛과 식물과 태양전지

페로브스카이트든 뭐든 어떤 재료가 빛을 받아 에너지가 된다는 말이 쉽게 이해되지 않을 수 있다. '아무렴 어때? 과학이라는 게 그런가 보다' 하고 지나칠 만도 하다. 전자가 튀어나온다느니 하는 말들이 특히나 그럴 법하다. 그런데 따지고 보면 우리 주변에서 빛을 이용해 다른 에너지로 만드는 일은 흔하디흔하다. 심지어 우리는 그 에너지로 만든 걸 씹어 먹고 있다.

식물은 다른 어떤 생명들보다도 빛을 잘 이용한다. 빛 에너지를 이용해 물과 이산화탄소로부터 포도당을 합성한다. 식물이 만들어낸 먹을 것들(?)인 꽃잎, 이파리, 줄기, 뿌리 전부 빛으로부터 시작되었다. 학교에서 열심히도 배웠던 광합성의 성과다. 또한 포도당만 합성하는 것도 아니다. 부산물로 산소가 발생하니 생명체에 이보다 더 이로운 합성은 없을 듯하다. 식물이 필요 없다며 내뱉는 산소로 우리는 연명하고 있다.

영원하며 공짜인 빛을 이용해 에너지를 만드는 일은 자연이 보여주는 가장 놀랄 만한 행위다. 이런 일을 하도록 인공적으로 만든 물건이 바로 태양전지인 것이다. 태양전지에 사용되는 물질들은 반도체로서, 빛 에너지를 전기에너지로 변환한다. 식물은 빛 에너지를 활용해 화학반응을 일으켜 당이나 산소를 만들어낸다. 이와 달리 태양전지는 전자의 움직임을 활성화해 전기적 에너지를 생성하는 결과물을 얻는다. 이로써 불을 켜고 물을 데우며 핸드폰을 충전할 수 있다.

간혹 식물의 광합성 과정과 태양전지의 광전변환 과정의 효율을 비교하곤 하는데 결론적으로 직접적인 비교는 무리다. 광합성은 어디까지나 생존에 맞춰 반응한다. 무조건 빛을 많이 흡수한다고 해서 효율적으로 작동하지 않는다. 오히려 필요 이상의 빛 에너지는 열로 방출한다. 물을 분해해 산소를 만드는 과정과 이산화탄소를 당으로 환원시키는 역할은 전기에너지만 생성하는 태양전지와 비교가 어렵다.

다만 태양전지가 식물로부터 배워야 할 점이 있다. 광합성에서는 전자가 한쪽으로만 이동하기 때문에 에너지 생성에 매우 효율적이다. 거의 100퍼센트에 가깝다. 그런데 태양전지의 경우 적층된 재료들 간 계면에서 전자와 정공이 서로 결합하는 등의 비효율적 반응이 발생한다. 다시 말해 소자 내에서 전자의 이동을 방해하는 흐름이 존재한다.

전자가 음극을 향해 나아가고 이때 도선을 따라 양극으로 잘 흐르도록 하려면 소자 내에서 음전하의 전자를 많이 쌓아놓고 써야 한다. 그런데 재료들이 접합되어 있는 일부 계면에서 양전하인 정공과 전자가 쓸데없이 만나는 현상이 있다. 흥미롭게도 이런 반응의 해결책을 광합성에서 찾아 유사한 메커니즘의 염료 분자를 개발하기도 했다. 해당 염료를 활용한 태양전지는 기존의 전지보다 60퍼센트 이상 우수한 효율이 나타났다고 보고되었다. 낭비를 줄이는 자연의 방식이 얼마나 유용한지 잘 보여주는 대목이다.

빛 에너지를 이용해 전기적 특징으로 전환하는 현상의 발견은 120년 전으로 거슬러 올라간다. 1902년 레너드(Philipp Lenard)는 빛 에너지가 파장과 밀접하게 관련 있고 금속에 강한 빛 에너지를 쬐어주면 전자가 튀어나온다는 사실을 발견했다. 1905년 아인슈타인이 빛은 에너지를 가진 알갱이라는 광양자 가설로 레너드의 발견을 설명했다. 광전효과라 불리는 현상이며 노벨상을 받을 만큼 대단한 통찰력이다.

전자가 튀어나온다는 표현이 적절할지 모르겠으나 금속에 박혀 있던 전자가 빛 에너지로 인해 구속된 상태에서 벗어났다는 의미다. 물통이 있다고 치자. 물통 중간 높이 즈음에 구멍을 뚫고 물을 채우기 시작한다. 물은 가는 주둥이가 있는 주전자를 기울여 붓는다. 바닥부터 점점 물이 차올라 구멍에 다다르면 구멍으로 물줄기가 뿜어져 나온다. 그런데 주전자를 들어 올려 물 붓는 세기를 줄이면 구멍에서 나오는 물줄기가 그다지 시원찮게 된다. 원하는 물줄기를 얻으려면 주전자를 기울여 적당한 세기로 물을 부어야 한다.

이처럼 물질 속에 있던 전자를 밖으로 나오게 하려면 주전자에서 물줄기를 시원하게 부어야 한다. 그래야 구멍을 통해 전자가 쏟아져 나올 수 있다. 빛으로 전자를 요동시키려면 전자를 속박하고 있는 에너지보다 더 높은 에너지의 빛을 쬐어야 한다.

이때 빛의 양이 아닌, 빛의 에너지가 중요하다. 식물도 마찬가지다. 빛을 받아 화학적 합성을 일으키려면 이에 걸맞은 수준의 빛 에너지가 필요하다.

광전효과는 태양전지의 기본 원리다. 빛을 받아 물질 내 전자가 튀어 나가 수직으로 구조화된 소자 내 여러 재료를 타고 흘러야 전류가 발생한다. 앞서 설명했듯 전자의 이동은 전류의 흐름이다. 그리고 페로브스카이트는 빛 에너지를 보다 많은 양의 전기 에너지로 변환할 수 있도록 하는 탁월한 재료다. 이외에 spiro-OMeTAD 등 여타 다른 재료의 배열은 전자가 잘 흘러갈 수 있도록 물길이 되어준다. 그래야 빛을 고스란히 이용할 수 있다.

페로브스카이트는 지금

그렇다면 페로브스카이트 태양전지는 앞으로 무엇을 해결해야 하는 걸까? 실험실에서 가능성을 엿보았다면 상업화를 위한 과제는 무엇일까? 연구 기관과 산업계는 페로브스카이트 태양전지의 면적을 넓히는 데 집중하고 있다. 상업화를 위해서는 대면적의 전지 개발이 필수 요소다. 그런데 아직까지 넓은 면적의 소자일수록 효율이 낮아지는 기술적 한계를 지닌다. 또한 수분에 취약한 페로브스카이트는 부분적으로 열화 과정을 거치며 분해된다. 재료가 수분에 반응해 열이 발생하면서 변형되는 현상이다. 게다가 강한 햇빛에 노출되거나 일교차가 심한 지역에서는 근본적으로 열 변형으로 인한 불안정성이 더욱 심화된다. 외부와 완벽히 차단할 밀봉과 패키징(포장) 기술이 필요한 지점이다.

뿐만 아니라 유해하거나 불안정한 물질을 대체하고 서로 다른 기술을 접목하는 연구도 필요하다. 페로브스카이트의 핵심 원소로 사용되는 납(Pb)은 인체에 해로운 물질이다. 이 때문에 상용화 단계에서 납을 대신할 원소를 찾고 있다. 주석(Sn)은 납과 마찬가지로 14족 원소에 해당한다. 꼭 그렇지는 않지만 같은 족에 속한 원소들은 유사한 특성을 보인다. 그러므로 주석은 반도체 특성이나 빛을 흡수하는 성질 등이 납만큼이나 우수해, 납대신 주석으로 합성한 페로브스카이트($CH_3NH_3SnI_3$)가 연구 대상이다. 다만 주석은 공기 중에서 쉽게 산화하는 경향이 있어 재료 내 전기적 균형이 깨질 수 있다. 페로브스카이트 제작 과정에서 주석과 유기물 양이온과의 급격한 화학반응도 문제다. 불균일한 결정화 과정으로 페로브스카이트의 구조적 결함이 발생하고 광전변환효율은 저하된다.

한편으로는 두 종류의 태양전지를 조합하는 형태도 발전하고 있다. 대지에 닿는 태양 빛은 주로 가시광선과 적외선, 자외선 영역에 해당하는데 이 모든 영역의 빛을 흡수해 전기에너지로 변환한다면 더할 나위 없이 좋다. 태양전지마다 사용하는 재료와 구조적 특징을 잘 조합한다면 효율을 극대화할 수 있다. 이를 탠덤 태양전지(Tandem solar cell) 또는 적층형 태양전지라 지칭한다. 그야말로 2개의 태양전지를 쌓아 올린 구조에 가깝다. 이론적으로 단일 태양전지는 30퍼센트 수준의 광전변환효율까지 가능하다고 보고되었다. 재료가 지닌 한계이자 구조적 한계라 볼 수 있다. 그럼 거꾸로 약 70퍼센트의 태양에너지를 사용할 수 없다는 이야기다. 연구자들이 가만히 둘 리 없다. 그래서 서로 다른 태양전지 소자를 결합하는 연구가 활발히 진행 중이다. 효율이 좋은 두 소자의 결합으로 한계를 뛰어넘으려는 시도라고 할 수 있다. 단순해 보이는데 의외로 효과가 있다.

예를 들어 페로브스카이트 기반 태양전지와 실리콘 기반 태양전지를 결합한 탠덤 태양전지가 주목받기 시작했다. 상부에는 페로브스카이트를 사용하고 하부에는 실리콘이나 다른 태양전지 소자를 결합하는 식이다. 아직은 연구자들 사이에서 분분하지만 40퍼센트 이상의 효율이 가능할 것으로 예측하기도 한다. 미국재생에너지연구소의 발표를 확인해보니 2022년 현재 30퍼센트에 가까운 효율을 기록하고 있다.

태양전지는 이미 산업이 되었다. 연구의 방향은 경제적 이득과 맞닿아 있다. 일단 광전변환효율이 높아야 경제성이 덩달아 높아진다. 100퍼센트 효율이면 좋으련만 그런 일은 쉽지 않다. 그렇다면 다른 한편에서 제조 단가를 낮출 방법을 고안해야 한다.

페로브스카이트는 미래를 열 매력적인 소재다. 값싼 유기물과 금속으로 합성할 수 있어 제조단가도 실리콘과 비교하면 저렴하다. 여기에 실리콘 태양전지처럼 반도체 제조 공정을 따르지 않는 저렴하고 대면적의 박막 프린팅 가공 방식을 적용할 수 있어 대량생산의 기대가 크다. 무척이나 어려운 과제가 산적해 있음에도, 세계 곳곳에서 연구가 멈추질 않는다. 쉽지 않겠지만 그렇다고 불가능하지도 않다. 무엇보다 전례가 없을 정도로 페로브스카이트 태양전지의 효율은 가파르게 상승하고 있다.

다시
암모니아가 뜬다

화학

전성윤

약취

간혹 겨울이 되면 잘 삭힌 홍어 한 접시에 팔뚝만 한 삼겹살을 통으로 구워 신 김치와 함께 먹었다. 곁들인 시큼한 김치는 감칠맛을 더한다. 흐르는 물에 살짝 고춧가루를 뺀 신 김치여야 더욱 맛이 산다. 통으로 구운 삼겹살을 '주먹구이'라 불렀는데 굽는 데 시간이 조금 걸려도 두툼한 고기 맛이 제법 좋았다. 흔히 '삼합'이라 불리는 음식이며, 대개 삭힌 홍어와 돼지고기, 신 김치의 조합이다. 물론 돼지고기를 굽지 않고 수육으로 먹는 게 보통인데 꼭 그렇지만은 않다. 어쨌든 내 주변에 이 음식을 즐기는 사람이 몇 있으나 홍어의 독한 냄새로 인해 손사래를 치는 이도 부지기수다.

홍어의 코를 찌를 듯한 냄새는 암모니아 때문이다. 잘 삭힌 홍어일수록 냄새가 더 고약하나 그 맛은 일품이라 한다. 그래서일까? 고려시대부터 우리 선조들은 삭힌 홍어를 즐겨 먹었다고 한다. 정약전의 《자산어보(玆山魚譜)》에도 '나주(羅州) 고을 사람들이 홍어를 삭혀 즐겨 먹는다'라고 향토 음식으로 소개되어 있다. 아마 이 글을 읽으며 암모니아 하면 떠올리는 특유의 냄새가 머릿속을 스치듯 지나갈 테다.

암모니아는 화학식으로 NH_3다. 아주 간단한 구조다. 무색이며 물에 잘 녹는 알칼리성의 악취가 나는 휘발성 기체인데, 우리 주변에서는 흔히 볼 수 있을지 몰라도 억지로 만드는 건 어렵다. 간단해 보이는 분자구조라 질소 하나와 수소 3개를 합치면 그만일 듯한데 이 결합을 할 수 없어 20세기 초 애를 먹었다.

새똥

19세기 유럽은 산업혁명으로 급격한 도시화와 인구 증가를 겪게 된다. 사람이 늘어나니 먹을 것이 필요했다. 관개 농법이나 다모작을 통해 해결하려 했으나 넉넉지 않았다. 그러다 페루 태평양 연안 지역에서 구아노(Guano)라 불리는 새똥을 발견했다. 서구의 입장이니 발견이라 하지만 실제로 현지인들은 오랜 기간 거름으로 쓰고 있었다. 사용하기도 편해서 흙을 주워 담듯 구아노를 퍼서 밭에 뿌리기만 하면 된다. 여느 나라의 전통적인 방식과 달리 따로 거름을 만들기 위한 수고가 필요 없다. 무엇보다 구아노를 뿌린 밭에서 수확량은 배로 늘었다.

남아메리카 태평양 연안은 세계에서 가장 건조한 기후라 배설물이 메말라 푸석푸석한 더미가 되었다. 높다란 안데스산맥이 주요 요인 중 하나다. 따뜻한 습기를 머금은 아마존의 대기가 산맥을 넘지 못하고 산 중턱에 남김없이 비를 뿌려댄다. 습기가 사라진 바람은 고지대를 만나 식어버리고 서늘하고 건조한 바람만이 건너편 태평양 해안가에 닿는다. 여기에 해안을 따라 흐르는 차가운 훔볼트해류가 바다로부터 불어오는 고온 다습한 공기를 막는 커튼 역할을 한다. 비는 거의 오지 않고 뜨거운 태양 아래 쌓인 새똥은 그대로 말라 굳었다.

훔볼트해류는 남극 근처에서 한류를 이끌고 칠레 남부를 거쳐 페루까지 흐른다. 그래서 칠레와 페루의 근해 온도는 수백 킬로미터 떨어진 먼바다보다 섭씨 10도 가깝게 낮다. 약 섭씨 16도인데 차가운 심층수가 해안가에서 솟아올라 해수 온도가 낮아진다. 덕분에 식물성플랑크톤이 풍부하다. 플랑크톤이 넉넉하니 먹이사슬에 따라 멸치와 같이 더 높은 단계의 작은 어종이 몰리게 된다. 먹이가 많은 곳에 사냥꾼이 모이기 마련이다. 작은 먹이를 쫓는 가마우지 따위의 바닷새 수십만 마리가 모여들었다. 배를 채운 새들은 건조한 땅에 배설했고 마른 배설물은 인간에게 유익한 성분을 남겼다.

1802년 독일의 탐험가 훔볼트(Karl Wilhelm Freiherr von Humboldt)가 페루 리마에서 구아노의 쓰임새를 확인하고 유럽에 소개했다. 유럽이 구아노의 놀라운 기능을 당장 눈치채지 못했지만 그리 긴 시간이 필요하지 않았다. 영국, 프랑스, 스페인, 미국 등의 열강은 남아메리카 적도의 태평양 연안으로 바닷새처럼 몰려들었다. 비 한 방울 오지 않는 아타카마사막이 목표였다. 그곳에는 구아노가 끝도 없이 펼쳐졌고, 산처럼 쌓여 있었다. 페루와 볼리비아가 연합해 칠레와 전쟁을 치렀으며 이를 태평양전 쟁이라 부른다. 전쟁 배후에는 강대국이 있었다. 그들은 자신들 이 유리한 쪽으로, 비밀스럽게 칠레를 지원했다. 전쟁의 결과로 볼리비아는 바다로 향하는 땅을 잃었고 페루는 최남단 국경선을 북쪽으로 밀어 올려야 했다.

합성

생물을 구성하는 유기물질인 단백질과 유전정보를 담은 DNA는 모두 질소 원소를 품고 있다. 생물의 바탕을 이루는 주요 물질 대부분이 질소를 갖는다. 성장과 발달에 질소가 중요한 역할을 하므로 질소 원소가 든 유기물을 섭취하는 것은 필요한 일이다. 수만 년 이상 새들이 쌓아 올린 배설물에는 질산염 성분이 가득 하다. 질산염이 토양에 섞이면 미생물에 의해 분해되고, 분해된 질소 성분이 곡식의 성장을 돕는다. 구아노에는 10퍼센트 이상 의 질소 원소가 함유되어 있고 그 밖에도 생육을 돕는 유기물이 풍부하다.

암모니아를 합성할 수 있으면 구아노에 함유된 성분을 잔 뜩 제조할 수 있다. 구아노의 주 성분인 질산칼륨은 동물의 배설 물에 섞여 있는 요소로 만들어진다. 요소는 체내의 찌꺼기인 암 모니아로부터 생성된다. 거꾸로 말하자면 암모니아만 있다면 화학반응을 통해 유용한 비료 성분을 만들 수 있다는 의미다. 요소 역시 비료로 사용된다. 이렇듯 암모니아를 질산염이나 질산 화합물로 제작하는 건 상대적으로 쉬운데, 대표적인 화학비료인 질산암모늄은 질산과 암모니아의 산염기 반응으로 만들 수 있다. 산염기 반응은 학교에서 실험할 만큼 간단하게 이루어진다. 산성인 질산과 염기성인 암모니아를 섞으면서 중화되는 반응의 일종이다. 질산암모늄은 비료지만 폭약이기도 하다. 어디서나 구할 수 있는 원료로 간단히 합성되기에 유익하면서도 위험한 물질이라 할 수 있다.

자연에서 질산염을 얻는 대신 인공적으로 암모니아를 합성하는 편이 훨씬 이익이다. 새똥에 의지할 필요도 없고 전쟁을 일으킬 필요도 없다. 유럽이나 미국에서 저 멀리 대륙을 도는 수십 일간의 항해도 의미 없다. 암모니아 합성으로 고품질의 비료를 쉽게 제조할 수 있고 수확량은 늘어날 것이며 인구문제도 해결할 수 있다.

암모니아 합성에 가장 큰 걸림돌은 질소 기체를 분해하는 일이다. 질소 기체는 질소 원자 2개가 결합해 있는 상태다. 공기 중에 80퍼센트 가까이 있지만 그 상태로는 쓸모가 없다. 낱개로 나눠야 수소 원자 3개와 결합해 암모니아가 된다. 그런데 결합된 질소 원자는 여간해서 떨어지지 않는다. 그런 일은 번개를 얻어맞는 정도의 에너지와 온도가 필요하다.

그러던 1909년 하버(Fritz Haber)가 암모니아 합성에 성공했고 9년 후 노벨화학상을 수상했다. 그가 제1차 세계 대전에서 보여준 비윤리적인 태도와 결과만 아니라면 노벨상 수상과 세간의 칭송은 당연해 보인다. 그러나 그에게 씌워진 독가스를 개발한 살인마라는 오명은 지워지지 않을 것이다.

일설에 따르면 하버와 동료들은 1만 번 이상의 실험을 진행했다고 한다. 그들의 실험에는 200기압과 섭씨 500도가 넘는 온도 상태를 유지하기 위한 장치가 필요했다. 제시된 압력과 온도는 르샤틀리에원리(Le Chatelier's principle)에 따라 가장 적정한 수준을 찾아낸 것이다. 수소와 질소 기체에서 암모니아가 생성되는 과정은 온도와 압력에 민감하게 반응한다. 외부에서 압력을 높일수록 내부에서는 압력을 낮추기 위한 반응이 일어난다. 질소와 산소가 결합해 암모니아가 생성되는 반응이다. 그렇다고 압력을 계속해서 높이면 반응기가 견디지 못할 정도로 위험한 상황을 초래하게 된다. 압력을 높이는 것만이 해결책은 아닌 셈이다.

온도의 경우, 계속해서 증가하면 암모니아를 생성하는 반응보다는 역반응이 일어나 암모니아가 분해된다. 그렇다면 온도를 낮춰야 하는데 그러다 보면 암모니아를 합성하는 순 반응이 영 시원찮게 일어난다. 온도와 압력에 따라 이러지도 저러지도 못하는 이유는 암모니아를 합성하는 반응과 암모니아가 분해되어 수소와 질소 기체가 되는 반응 속도가 같아서다. 즉 평형상태를 유지하려는 속성 때문이다. 초기 르샤틀리에원리를 정확하게 이해하지 못했던 연구자들은 매우 낮은 수율로 겨우겨우 암모니아를 얻었다. 온도는 너무 낮았고 압력은 너무 높았다. 적당한 구간을 맞추려는 노력을 넘어 무언가가 필요했다.

하버가 선택한 '필요'는 촉매였다. 일이 잘되지 않을 때 누군가 또는 무엇인가가 '촉매'와 같은 역할을 해주어야 한다. 촉매는 일을 술술 풀리도록 도와준다. 정작 본인은 변화가 없겠지만 일이 되고자 하는 방향으로 이끄는 데 꼭 필요하다. 촉매는 암모니아를 합성하기 위한 에너지의 문턱을 낮추는 데 도움을 준다. 상대적으로 낮은 온도에서도 순 반응을 유도하는 역할을 한다. 촉매가 없다면 반응 조건은 더욱 가혹해지고 수율도 떨어지게 된다. 하버는 오스뮴(Osmium, Os)이라는 귀한 촉매를 사용했다. 헤아릴 수 없이 많은 실험으로 얻은 명료한 결과다. 한데, 야속하게도 그가 반응 조건과 촉매를 찾아 헤매는 동안 많은 이들이 암모니아 제조는 불가능이라 여겼다.

하버의 성공을 독일의 한 화학 회사가 주목했고 하버로부터 특허권을 획득했다. 그 회사의 엔지니어였던 보슈(Carl Bosch)는 상용화 연구를 시작했다. 보슈는 하버의 공정을 일부 수정했고 값비싼 촉매 대신 저렴한 금속으로 대체했다. 회사는 곧 공장을 건립했고 곧바로 암모니아 생산에 박차를 가했다. 보슈도 하버만큼이나 고된 과정을 거쳤다. 추측하건대 수없이 많은 실험을 거치며 성공으로 나아갔을 것이다. 그 공로를 인정받아 보슈 또한 1931년 노벨화학상을 수상했다. 현재까지도 두 화학자의 이름을 딴 하버-보슈법으로 암모니아를 제조하고 있다.

당대의 화학자들조차 불가능에 가깝다고 했으며 인류사를 뒤바꿀 만한 일이었다. 두 번의 세계 대전과 냉전을 거치면서도 20세기 이후 인구가 급격히 증가할 수 있었던 건 하버와 보슈 덕분이다. 여러분의 식탁에 싱싱한 먹을거리가 풍성하게 차려지는 이유이기도 하다.

쓰임새

암모니아는 기초 원료로서 현대 산업에 중요한 역할을 담당한다. 비료뿐만 아니라 질산, 나일론, 반도체, 가스 등으로 활용된다. 제조 단가 때문에 우리나라의 생산량은 미흡하고 대부분 수입에 의존한다. 천연가스나 값싼 석탄으로부터 암모니아 합성에 꼭 필요한 수소를 쉽게 생산할 수 있어 전 세계적으로 러시아, 중국, 인도, 미국 등에서 많이 제조된다. 100여 년 전 신사업은 이젠 전통 산업이 됐고 암모니아는 산업 전반에 걸쳐 핵심 재료가 된 것이다.

인류 공존에 큰 역할을 했던 암모니아에 대한 놀라움은 여기서 그치지 않는다. 최근 에너지 산업에 중요 재료로서 암모니아는 다시 주목받고 있다. 세상은 변하고 쓰임새 역시 변화의 흐름에 따라 달라진다. 그렇게 되면 몰라봤던 모습에 매료되는 법이다. 암모니아는 화석연료만큼이나 오랫동안 에너지원으로 연구되어왔다. 기본적으로 암모니아도 연소가 된다. 암모니아가 산소를 만나면 불꽃을 내며 발화한다. 발화점은 가솔린이나 디젤보다 높다. 그렇지만 두 연료에 비해 적은 공기를 흡입하더라도 출력이 좋은 장점 때문에 다른 단점을 상쇄할 수 있다.

1892년 디젤(Rudolf Diesel)은 암모니아를 기반으로 한 엔진을 개발했다. 그가 처음 관심 있던 분야는 냉장 시스템이었는데 이때 암모니아가 훌륭한 냉매로 사용되었다. 암모니아는 끓는점이 영하 33.3도이므로 상온에서는 기체 상태로 존재한다. 여기에 약 10기압의 압력을 가하면 응축되어 액체로 보관이 가능하다. 보관된 용기에서 압력을 서서히 낮추면 액체에서 기체 상태로 기화되는데 이때 주변의 열을 흡수해 냉매 역할을 한다.

그런데 만약 암모니아가 공기 중에 노출되어 작은 불씨에라도 닿으면 그대로 폭발할 수 있다. 지금도 간혹 암모니아 가스 누출로 인한 폭발 사고가 발생한다. 아마도 이런 점에서 디젤이 자연스럽게 암모니아를 다루는 기술을 잘 이해하고 연구했을 것으로 추측할 수 있다. 물론 암모니아 엔진은 실패했다. 그로부터 130년간 지독한 냄새와 안전, 낮은 효율 등의 이유로 실패해왔다. 그의 명성은 1892년 디자인한 디젤 엔진 때문이다.

그럼에도 최근 암모니아를 에너지원으로 사용하려는 움직임에는 근본적인 이유가 있다. 앞서 설명했듯이 암모니아는 질소 원자 하나와 수소 원자 3개로 이루어져 있어 연소 시 질소 기체와 물이 배출될 뿐이다. 탄소 원소가 없으므로 연소되면서 이산화탄소가 발생하지 않는다. 그래서 친환경 연료라 할 만하다. 이산화탄소를 배출하는 타 연료와는 확연한 차이라 할 수 있다. 그렇다고 하더라도 아무것도 남기지 않는 완벽한 연소는 없기에 불완전연소로 발생하는 유독가스인 질소산화물을 제거하는 기술은 반드시 필요하다.

디젤이나 가솔린 엔진의 개념과 크게 다르지 않다는 것도 장점이다. 리튬 이온 전지와 수소 연료전지로 인해 엔진이 사라지고 전혀 다른 엔진을 개발하는 경우와 다르다. 암모니아도 연소되고 폭발하면서 운동에너지를 발생시킨다. 기존 석유를 정제해서 얻은 연료와 같은 방식으로 산업에 적용할 수 있고 130년 전에는 어려웠으나 지금의 기술력으로 보완 가능한 여러 장치가 있다. 촉매를 활용해 점화 능력을 향상시킬 수도 있고 부식과 누수 문제는 해결할 수준에 이르렀다. 암모니아 엔진으로만 출력이 나오지 않는다면 수소 기체를 섞어 폭발력을 키우는 방안도 있다. 다른 엔진과 암모니아 엔진을 동시에 사용하는 시도 또한 이루어지는 중이다.

게다가 암모니아는 10기압, 영하 33도에서 액화되기 때문에 비교적 저장 조건이 까다로운 편은 아니다. 흔히 수소와 비교되곤 하는데 밀도가 낮은 수소의 물리적 특성상 690기압의 압력과 영하 250도에 가까운 조건으로 저장해야 하는 어려움이 있다. 암모니아는 수소보다 밀도가 높으므로 부피당 2배 이상 저장할 수 있다. 수소보다 암모니아가 상업적으로 접근하기 쉽다고 인정받는 지점이다. 더구나 이미 냉각제로 사용되었던 이력이 있는 만큼 다방면에 암모니아를 저장하고 활용하는 기술의 성숙도가 높다는 점 역시 매력으로 꼽힌다.

그렇다면 어느 분야에서 가장 활발히 암모니아를 활용하려고 할까? 이동이나 보관이 용이해야 하고 대량으로 사용하며 환경 규제에 적극적으로 대처해야 하는 산업일 가능성이 크다.

다시, 암모니아

2021년 4월, '암모니아 선박 눈앞'이라는 헤드라인의 기사가 눈에 들어왔다. 관련 기사는 현재까지 심심치 않게 계속해서 나온다. 암모니아를 원료로 하는 선박 엔진의 개발이 가시권에 들어왔다고 한다. 그나마 이산화탄소를 덜 배출하는 액화천연가스 LNG 엔진과 암모니아 엔진을 혼용으로 하는 선박 기술도 곧 상용화에 다가왔다는 발표도 줄을 이었다.

산업 전반에 걸쳐 이산화탄소 배출량을 줄이는 노력이 거세지고 있다. 선박도 예외는 아니어서 2018년 유엔 산하 국제해사기구(International Maritime Organization, IMO)의 해양환경보호위원회(Marine Environment Protection Committee, MEPC)는 2050년까지 2008년 온실가스 배출량의 50퍼센트를 감축한다는 세계적 합의를 이끌었다. 국제해사기구는 2000년 이후 줄곧 해양 선박의 온실가스 배출량을 측정하고 예측하는 연구를 해왔다. 그들의 연구 방식은 GDP와 인구 증가율, 사회경제적 상황을 고려해 운송 수요를 예측한다. 또한 머신러닝과 같은 인공지능, 빅데이터를 활용하기도 한다. 앞선 운송 수요에 따라 연료 소모량을 추정하고 온실가스 배출 계수를 적용해 예측하는 방식이다.

연구 결과는 2050년에 15억 톤 이상의 이산화탄소가 배출될 것으로 예상한다. 이는 2020년 기준 50퍼센트 이상 증가한 전망치다. 유럽의회(Eropean Parliament)의 2015년 〈국제 항공 및 선박 이산화탄소 배출 감축 목표(Emission Reduction Targets for International Aviation and Shipping)〉 보고서의 전망치 역시 급격히 증가할 이산화탄소 배출량을 경고한다. 경제 전망이 밝을수록 온실가스의 배출은 점점 늘어나게 마련이다. 그러므로 이산화탄소를 배출하지 않는 연료를 기반으로 한 엔진 개발과 여타 기술적 대책이 절실한 시기다.

우리나라도 국제해사기구의 발표가 있던 2018년 '친환경 선박법'이라 불리는 환경 친화적 선박의 개발 및 보급 촉진에 관한 법률을 제정하고 2020년부터 시행하고 있다. 지금까지 정부의 지원과 연구 기관, 조선 업계가 적극적으로 대응하는 모습이다. 2022년 열린 해양환경보호위원회에서 2030년까지 2008년 이산화탄소 배출량 대비 40퍼센트를 감축하는 목표와 함께 여러 규제를 강화하기로 한 점은 친환경 선박 기술의 필요성을 더욱 가속할 것으로 보인다.

　친환경 선박에 사용될 연료로 액화천연가스를 포함해 수소와 메탄올, 암모니아가 거론된다. 그중 암모니아는 보관이 쉽고 생산 비용이 상대적으로 저렴하다는 장점이 있다. 위험 물질인 암모니아의 누수 방지와 질소산화물 후처리 기술이 확보된다면 다른 연료들을 앞선 경제적, 기술적 요소가 다분하다. 결정적으로 암모니아를 연료로 하면 이산화탄소를 배출하지 않는다. 아마도 암모니아를 활용한 엔진 개발은 조선 업계의 생존과 직결되는 첨단 기술이 될 것이다. 실제로 암모니아를 액화천연가스와 혼용해 사용하거나 단독으로 적용하는 엔진 개발에 관한 소식이 언론에 자주 노출되고 있다.

　암모니아에 관한 연구는 선박에만 머물러 있지 않다. 아직 소규모이긴 하나 차량이나 항공과 같은 분야에서도 논의된다. 암모니아를 수소 담지체로 활용하는 움직임의 하나다. 암모니아에서 다시 수소를 분리해 수소 연료전지에 적용할 수 있다. 여러모로 암모니아의 가능성이 엿보이는 부분이다. 암모니아를 생산하는 방식에서 더는 하버-보슈법에 의존하지 않으려는 움직임도 있다. 울산과학기술원 백종범 교수 연구팀은 상온에 가까운 섭씨 45도와 대기압 수준에서 쇠구슬을 이용해 암모니아를 합성하는 기술을 확보했다. 수백 기압과 온도에서 제조되던 기존 방식에 비해 에너지를 덜 쓰고 3배 이상의 수율을 올릴 수 있다. 복잡한 설비가 필요 없게 된 이상, 산업에 적용하기 수월해졌다.

암모니아의 중요성을 깨닫고 인공적으로 합성하기 시작한 지 100여 년이 지났다. 새로운 시대를 맞이해 암모니아는 새로운 쓰임새로 이목을 끈다. 산업혁명 시대를 지나 친환경 시대에 암모니아가 다시, 뜨고 있다.

신경세포 모방과
고분자 전자 소재

화학

이해랑

2016년 3월, 대한민국의 프로 바둑 기사 이세돌 9단을 이긴, 구글 딥마인드가 개발한 알파고의 활약 이후로 많은 사람들은 인공지능을 탑재한 로봇이 인간을 지배하는 미래를 그리며 빠른 기술의 발달을 우려한다. 영국의 천체물리학자 스티븐 호킹 또한 인간을 능가하는 수준의 인공지능 개발이 인류를 통제하고 멸망시킬지 모른다는 견해를 밝힌 바 있다.

한편 몇몇 과학자와 기술자들은 인간의 위대함에 더욱 주목한다. 무려 1,202개의 중앙처리장치(CPU)와 48개의 텐서처리장치(TPU, 딥러닝용 하드웨어)를 가동하며 170킬로와트의 전력을 쓴 알파고를 상대로 밥 한 끼 먹고 0.02킬로와트 정도의 에너지를 소비한 이세돌 9단이 불계승을 거둔 것이다. 단순히 소비 에너지만 놓고 비교했을 때 8,500배의 차이를 극복해냈다. 알파고 이후 개발된 다른 인공지능의 경우에도 높은 전력 소비 문제를 해결 못한 상황이다. 테슬라의 자율주행용 인공지능은 알파고의 10배가 넘는 1,800킬로와트를 사용하는 등 인공지능이 발달하며 더욱 복잡한 연산을 처리하기 위해 요구되는 전력량이 날이 갈수록 높아져만 가는 중이다.

현재까지 개발된 인공지능의 전력 소비가 유독 높은 이유는 정보를 저장하는 메모리와 정보를 처리하는 CPU가 분리된 폰

노이만(von Neumann) 구조로 이루어져 있어 연산 과정에서 메모리와 CPU 간 막대한 데이터전송이 필요하기 때문이다. 이와 달리 약 30만 년의 긴 시간 동안 여러 번의 기후변화와 식량 위기를 뛰어난 에너지 효율을 바탕으로 이겨낸 인간의 뇌는 정보 저장과 처리를 위한 기관이 따로 분리되어 있지 않다.

인간의 뇌에서 정보 저장과 처리를 담당하는 핵심 구성 요소인 신경세포는 같은 정보를 더 많이, 더 자주 입력할 때 신경세포와 신경세포 사이의 연결인 연접을 더욱 강화하고, 일회성 정보를 처리한 뒤 더 이상 사용하지 않는 연접은 제거한다. 이처럼 인간의 뇌는 태어난 순간부터 죽기 직전까지도 신경세포 1만 개 이상의 성장과 재조직을 통해 복잡한 신경 회로를 끊임없이 바꾸어나가는 기관이다. 특히 반복적인 정보 입력으로 특정 연접이 활성화된 경우, 정보를 처리하는 데 쓰이는 에너지를 극단적으로 줄일 수도 있다. 수년간 꾸준히 바둑을 연구한 이세돌 9단이 적은 에너지를 소비하면서도 뛰어난 퍼포먼스를 보여준 사건은 뇌의 관점에서 보면 당연한 일일지도 모른다.

신경세포 모방의 역사

비록 연산 능력에서는 패배했으나 에너지 관점에서의 명백한 인간 승리를 확인한 과학자와 기술자 들은 현재 신경세포(neuron)

를 모방(morph)한다는 뜻에서 뉴로모픽(neuromorphic)이라 불리는 기술의 발전을 위해 더욱 집중하고 있다. 앞으로의 방향을 이야기하기 전에 우선 현재까지 어떤 노력이 있었는지 간단히 요약하고자 한다.

알파고나 테슬라 자율주행용 인공지능과 같이 소프트웨어 측면에서 신경세포의 복잡한 연결을 구현하여, 수집한 정보를 처리하고 고민해 판단을 내리는 방식은 1943년 최초로 가능성이 점쳐졌다. 그리고 생물학적 신경망을 모방한 실질적인 알고리즘은 1950년대 말 프랭크 로젠블랫(Frank Rosenblatt)에 의해 고안되었다. 그는 첫 인공지능 알고리즘인 퍼셉트론을 발표하며 복잡하게 연결된 신경망 자체가 정보를 저장하며 처리도 동시에 할 수 있는 생물 시스템을 알고리즘 형태로 구현했다고 밝혔다. 입력된 정보에 대해 중요도를 매겨 선별하고 상황에 맞는 결과를 도출할 수 있어 '스스로 배우는 전자뇌(Electronic brain teaches itself)'라 불리기도 한 이 발견은 현재까지도 다양한 인공지능 알고리즘에 막대한 영향을 미치고 있다.

현재 인공지능은 센서나 인터넷을 통해 수집되는 다양한 데이터를 메모리에 저장하고, CPU를 통해 수집, 저장한 데이터 중 원하는 부분만 추출하고 그 결과를 분석하여 표현하는 데까지 너무나도 많은 장치와 단계를 거친다. 필연적으로 발생하는 전력 소모 문제를 해결하기 위해 하드웨어 차원에서 인간의 뛰어난 적응력과 학습 능력을 모방하여, 적은 에너지를 소비하고도 스스로 판단하여 행동하는 장치를 만들려는 시도 또한 이루어지고 있다. 1980년대 카버 미드(Carver Mead)는 소리나 영상과 같은 대용량 데이터를 효율적으로 처리할 방법을 고민하다 인간의 달팽이관과 망막의 데이터 처리 방식을 연구했다. 그 뒤 원리를 접목하여 특정한 소리를 인식하거나 사물의 윤곽을 알아낼 수 있는 최초의 뉴로모픽 칩을 개발했다.

그리고 2013년 퀄컴(Qualcomm)사에서는 뇌에서 영감을 얻은 프로세서인 제로스(Zeroth)를 선보이기도 했다. 제로스를 탑재한 로봇은 여섯 종류의 타일 중 하얀색 타일을 찾았을 때 칭찬받았고, 이윽고 다른 행동 지시 없이도 하얀색 타일을 찾아내는 데 집중하며 신경세포 모방의 핵심인 '스스로 판단하여 행동한다'를 보여주었다. 인간의 몸속에는 신경세포 약 1억 개와 이들을 연결하는 기관인 시냅스 수천 억 개가 존재한다. 인간의 신경망처럼 효율이 높고 복잡한 뉴로모픽 소자와 회로 기술은 아직 일상생활에서 볼 수 있는 단계에 미치지 못했다. 그렇지만 기후 위기와 더불어 식량 및 에너지 부족 문제가 대두되는 최근 상황에서 기술 발전과 인류의 생존을 동시에 도모할 주요 수단으로 떠오르고 있다.

최고의 소재를 찾아서

세상에는 다양한 소재가 존재한다. 주기율표만 보더라도 118개나 되는 원소가 있고 이 원소가 다른 원소와 이리저리 결합하면서 새로운 소재가 나오기도 하니, 그 종류가 얼마나 다양하겠는가? 이렇게 복잡한 소재의 세상을 최대한 간단하게 나누면 전기가 쉽게 흐를 수 있는 구리, 금과 같은 '금속 소재'와 금속이 아닌 '비금속 소재' 그리고 이들의 중간 성질을 보이는 붕소, 규소, 저마늄과 같은 '준금속 소재'로 분류할 수 있다.

또한 비금속 소재의 경우에는 크게 탄소를 중심으로 수소, 산소, 질소 등 생명체에서 보이는 원소로 이루어진 '유기 소재'와 이를 제외한 모든 비금속 소재를 지칭하는 '무기 소재'로 분류된다. 대부분 사람들은 전자소자를 구성하는 핵심 소재에 대해 금이나 은 같은 금속 그리고 규소(실리콘)로 대표되는 준금속 소재를 떠올릴 것이다.

2022년 여름, 삼성전자가 세계 최초로 양산에 돌입한 3나노미터 공정이 적용된 반도체 칩도 마찬가지로 실리콘 웨이퍼 위에 금속 선을 3나노미터 폭으로 그려넣은 것인 만큼, 현재까지 제작되는 소자는 대부분 비금속보다는 금속과 준금속을 소재로 삼는다. 이런 배경을 고려하면 카버 미드가 실리콘을 기반으로 최초의 뉴로모픽 소자를 개발한 이후 현재까지 신경세포를 모방하기 위한 시도가 대부분 금속과 준금속 소재를 바탕으로 이루어지고 있다는 사실은 그리 놀라운 일이 아니다.

금속과 준금속 소재를 이용할 경우 비금속에 비해 고순도로 정제가 가능해 반도체 칩의 수율을 높일 수 있고, 하나의 칩을 만들어내는 공정 또한 금속과 준금속에 초점을 맞추어 개발되어 왔으니 높은 수율과 집적도(하나의 실리콘 칩에 소자가 몇 개나 포함되어 있는지를 나타내는 정도)로 복잡한 생체 신경 회로를 안정적으로 모방할 수 있는 장점이 있다. 국내에서는 실리콘 웨이퍼 위에 금속으로 배선을 하는 표준 실리콘 미세 공정 기술을 이용해 8인치(약 20센티미터)의 웨이퍼 위에 생물학적 신경망의 동작을 모방하는 고집적 인공 신경 회로를 구현하는 데 성공했다. 최근에는 여러 가스가 섞인 환경에서 특정 가스만 인식하고 신호를 출력할 수 있는 뉴로모픽 반도체 시스템을 개발하는 등 사람의 오감 기능을 모두 갖춘 인공지능 신경세포를 구현하기에 이르렀다.

이와 달리 비금속 소재의 대표 격인 유기 소재를 이용하는 뉴로모픽 소자 개발은 금속 기반의 발전 정도에 비하면 걸음마 수준이다. 전기가 잘 통하는 것으로 알려진 금속과는 다르게 1970년대 말이 되어서야 비로소 무기물이 전혀 포함되지 않은 긴 사슬 형태를 띤 유기 소재인 '고분자 소재'에서도 전기가 흐를 수 있음이 밝혀졌다.

한 연구원이 고분자 소재의 일종인 폴리아세틸렌을 연구하던 도중 실수로 원래 넣어야 할 양보다 무려 1,000배나 많은 화학 약품을 넣어버렸는데 이렇게 만들어진 물질은 마치 금속처럼 은색 광택을 띠는 얇은 막 형태가 돼 있었고, 놀랍게도 전기가 잘 흘렀다. 과량 첨가된 시약이 고분자의 긴 사슬 내 이중결합을 자유롭게 끊었다 붙이며 전기를 운송하는 입자인 전하를 긴 사슬을 따라 운반할 수 있게 된 것이다. 실수에서 비롯된 이 위대한 발견은 기존의 상식을 완전히 깨뜨리는 것이었고, 3명의 화학자를 2000년 노벨화학상 수상으로 이끌었다.

새로운 전자 소재이자 첨단 기술 소재로 주목받으며, 전도성 플라스틱으로 대표되는 유기 전자 소재에 관한 연구가 꾸준히 이루어지고 있다. 그러나 아직은 전도성이 기존 소재보다는 낮은 편이고 실타래처럼 얽힌 고분자 사슬을 정렬하기 어려워 품질이 들쭉날쭉하므로 상용화에 이르기에는 금속과 준금속 소재에 비해 많은 어려움이 따른다.

하지만 최근 신경세포 모방이라는 영역에 이르러서 이들 소재가 다시 주목을 받고 있다. 2015년, 고분자 반도체와 도체를 가늘고 긴 섬유로 가공하여 제작된 인공 신경세포는 정보 전달 1회당 10펨토줄(fJ) 정도를 소비하는 실제 신경세포보다 더 낮은, 1.23펨토줄 수준의 전력을 사용해 정보 전달을 이루어냈다. 이 놀라운 성과는 전자만 흐를 수 있는 금속과 달리, 전자와 이온이 동시에 흐를 수 있는 고분자 소재의 특성을 이용한 것이다.

실제 신경세포 내에서 정보 전달은 막전위의 변화로 세포 안팎의 이온 흐름이 발생해 이루어진다. 이 고분자 소재를 이용한 인공 신경세포에 약간의 전압을 가할 때 전해질의 이온이 고분자 소재에 파고들어 전류의 변화를 일으킨다는 점을 활용해 이런 놀라운 결과를 얻었다. 이는 생체와 비슷한 메커니즘을 가지거나 더 가까운 소재를 이용해 생체를 더 잘 흉내 낼 수 있음을 시사했다.

4차 산업혁명으로 융합 연구의 시대가 열렸다. 그동안 각기 다른 분야에서 쌓아온 기술을 서로 접목하며 창조적인 방법으로 문제를 해결하려는 시도가 최근 두드러진다. 원래는 에너지 소비를 줄이고 복잡한 데이터 처리를 간편화하기 위해 개발된 뉴로모픽 기술도 높은 신축성과 생체 적합성이라는 강점을 가진 고분자 소재 기술을 만났다. 이에 소자 스스로 인식과 사고가 가능한 웨어러블 지능형 소자 플랫폼이나 차세대 헬스케어로의 응용을 꾀하는 중이다.

예를 들어 환경 맞춤형 동작이 필요한 로봇 개발의 핵심인 인공 근육 섬유의 움직임을 더욱 자연스럽게 제어할 수 있는 인공 신경세포의 역할을 하는 데 인공 근육 섬유와 같이 수축하거나 늘어날 수 있는 고분자 소재가 채택된다. 또한 고분자 전자 소재 기반 센서와 인공 신경세포를 결합한 차세대 헬스케어 기술은 외부의 다양한 자극을 수용하고 하드웨어 차원의 학습을 가능하게 하며 선천적으로 감각 수용기와 감각신경이 발달하지 못한 시각장애인이나 청각장애인의 눈과 귀가 되어줄 수 있다. 그리고 게 껍질에서 추출하는 생체 고분자 소재인 키토산을 이용해, 생체에 이식해도 안전한 뉴로모픽 칩을 만드는 등 고분자 소재는 기존 금속, 준금속 소재 기반의 인공 신경세포 연구와는 또 다른 활용 방향으로 강점을 보여준다.

이처럼 고분자 소재 특유의 높은 생체 적합성을 이용한다면 가까운 미래에는 인간의 심리를 이해하는 로봇이나 이식된 칩으로 쉽게 업무를 처리하는 사람처럼, 진정한 인간 기계 인터페이스(Human-machine interface)를 쉽게 볼 수 있을 것이다. 기존 전자 소재로는 큰 주목을 받지 못한 미운 아기 오리 같던 고분자 소재가 이처럼 생각지도 못한 분야에서 큰 잠재력을 뽐내는 점이 흥미롭지 않은가?

신축성 소재로 만드는
웨어러블 디바이스

화학

이해랑

나는 아침마다 지하철에서 무선 이어폰으로 노래를 들으며 출근하고, 점심 식사 후 남는 시간에 스마트워치를 차고 산책하며 심장 박동 수와 걸음 수, 소모 칼로리 등의 건강 정보를 확인한다. 내가 잘 활용하는 무선 이어폰과 스마트워치가 바로 웨어러블(wearable, 착용 가능한) 디바이스의 대표적인 예시다. MIT 미디어 연구실에서는 웨어러블 디바이스를 신체에 부착하여 컴퓨팅 행위를 할 수 있는 모든 전자 기기를 지칭하며, '사용자가 이동 또는 활동 중에도 자유롭게 사용하도록 작고 가볍게 개발되어 의복 등 신체의 가장 가까운 곳에서 사용자와 소통하는 차세대 전자 기기'로 정의한다.

사실 1990년대까지만 해도 컴퓨터를 착용한다는 생각은 대중에게 꽤 낯선 개념이었다. 2000년대에 들어서야 개인용 컴퓨터가 널리 보급되고 인터넷이 발달하면서 웨어러블 디바이스가 발전할 환경이 만들어지기 시작했다. 스마트폰이 보급되던 2011년, 구글에서 이벤트성으로 안경 형태의 웨어러블 디바이스인 '구글글래스'를 소개한 이래로 SF영화에서만 접했던 착용하는 컴퓨터, 웨어러블 디바이스가 본격적으로 일상에 스며들기 시작했다.

사실 웨어러블 디바이스가 지금처럼 친숙해지기에는 오랜

시간이 걸렸으며 현재까지도 전자 기기 시장에서 높은 비중을 차지하는 것은 아니다. 여전히 스마트폰, TV와 PC 등 앞서 사용해오던 디바이스가 차지하는 수익이 훨씬 크다. 하지만 판매량이 정체된 기존의 것과는 달리 웨어러블 디바이스 시장은 지속 성장할 것으로 예상된다.

코로나19 백신 접종이 한창이던 2021년 8월, 백신을 맞고 심장 통증을 호소하던 여성이 스마트워치로 부작용을 발견하여 무사히 회복했던 사건이 매스컴을 타고 알려지며 스마트워치의 판매량이 급증한 적이 있다. 이처럼 건강에 대한 관심이 날로 높아지며 헬스케어 관련 기능이 접목된 웨어러블 디바이스의 수요가 날이 갈수록 커지는 추세다. 실제로 영국의 시장조사 기관 팩트앤드팩터에 따르면 2021년부터 2028년까지 웨어러블 디바이스의 시장 규모가 4배까지 성장할 것으로 전망된다고 하니 이처럼 '핫'한 분야가 또 어디 있을까 싶다.

웨어러블 디바이스의 종류

관심을 받고 있다고 해도 무선 이어폰이나 스마트워치, 스마트밴드 외에 더 많은 종류를 떠올리기 쉽지 않을 만큼 아직도 많은 이들에게 낯설기도 하다. 웨어러블 디바이스는 크게 네 가지 유형이 있고 여러분이 떠올린 제품들은 그중에서도 가장 기초적인 형태인 액세서리형 웨어러블 디바이스에 해당한다. 사실 '기초적인 형태'라고 해도 기존의 전자 기기에 비해 더 많은 제약이 따르고 복잡한 기술이 집약되어 있다.

우선 웨어러블 디바이스를 착용할 때 신체 움직임에 방해가 되지 않도록 크기가 작고 가벼워야 하며 전선을 통해 전원을 공급받을 수 없으므로 초소형 배터리를 탑재해야 한다. 또한 액세서리처럼 몸에 바로 맞닿은 형태의 전자 기기이므로 가능한 한 이질감이 없는 소재로 만들어져야 한다. 그 외에도 실시간으로 착용자의 상태와 주변 환경을 파악하는 각종 센서가 작은 디바이스 하나에 모두 들어 있어야 한다.

삼성전자가 최근 선보인 갤럭시워치5를 예로 들면 다양한 활동과 신체 정보를 추적하기 위해 가속도 센서, 기압 센서, 자이로 센서, 위치 정보 분석용 자기 센서, 조도 센서, 심장 박동 수 센서, 심전도 센서, 체성분 분석용 생체 전기 임피던스 분석 센서, 체온 센서 등 10종 이상의 센서가 손목에 착용하는 작은 시계 하나에 모두 포함되었다.

액세서리 형태보다 좀 더 진보된 웨어러블 디바이스에는 어떠한 종류가 있을까? 액세서리는 항상 착용하지 않지만, 집이나 야외에서 옷을 안 입고 다니는 사람은 없을 것이다. 두 번째 웨어러블 디바이스가 바로 옷처럼 입는 직물 의류 일체형 웨어러블 디바이스, 쉽게 표현해 '스마트 섬유' 또는 '스마트 의류'다. 액세서리형과 직물 의류 일체형은 일단 생김새에서 두드러지는 차이를 보인다.

액세서리형 웨어러블 디바이스에 사용된 전선과 센서, 소자 등은 기존의 전자 기기용 부품 대비 크기나 무게 외에는 큰 차이가 없지만, 스마트 의류의 경우에는 섬유나 직물을 제조할 때 전선과 센서 등의 소자를 옷감으로 직조할 수 있어야 하므로 실처럼 얇고 가는 형태가 된다. 또한 옷이 구겨질 수 있도록 유연해야 하며 세탁 시 물에 닿아도 작동에 문제가 없어야 하는 등 더 큰 제약이 따른다.

2015년 구글은 스마트 커넥티드(smart connected, 사물 인터넷으로 주변 기기 및 네트워크, 데이터 클라우드에 연결된 제품) 의류를 만드는 플랫폼을 목표로 자카르(Jacquard)프로젝트를 시작했다. 전도성 섬유를 심어 터치패널 역할을 할 수 있는 옷감을 개발한 구글은 유명한 청바지 의류 브랜드 리바이스와 손잡고, 옷을 터치하는 것만으로 전화를 받거나 음악을 넘길 수 있는 스마트 의류인 트러커 재킷(Trucker Jacket)을 내놓기도 했다. 또 걷는 습관을 추적 모니터링할 수 있는 양말형 웨어러블 디바이스나 스트레스 정도를 측정하는 셔츠 등 다양한 아이디어 상품이 개발되고 있다.

이 외에도 착용을 넘어서 신체 부착형, 더 나아가 신체에 직접 이식하거나 복용하는 형태의 생체 이식형까지 웨어러블 디바이스의 종류는 무궁무진하다. 예를 들어 매번 피를 내서 혈당을 확인할 필요 없이 미세 침을 이용해 핏속의 포도당을 추출하여 수치를 체크하는 문신형 웨어러블 디바이스 기술이 한창 연구 개발 중이다. 또한 앞서 언급한 구글글래스와 같은 기능을 하는 콘택트렌즈형 웨어러블 디바이스나 눈을 깜박여 사진과 영상을 촬영하는 안구 삽입형 렌즈 기술에 대한 특허가 잇따라 등록되는 상황이다. 아직까지도 스마트 콘택트렌즈는 영화 〈미션 임파서블〉이나 드라마 〈알함브라 궁전의 추억〉 같은 영상에서나 간접적으로 접할 수 있는 낯선 디바이스이지만 가까운 시일 내에 일상에서 쉽게 만나게 될 것이다.

웨어러블 디바이스용 소재

다양한 웨어러블 디바이스 기술이 이미 나와 있는 상황인데도 왜 우리는 접한 경험이 드문 걸까? 현재 시중에 많이 보이는 액세서리형 웨어러블 디바이스를 생각해보자. 스마트워치의 경우 실리콘 기판에 메모리, 배터리, 센서 등이 탑재되어 있고 화면은 유리 재질이다. 또 무게를 줄이기 위해 케이스용 소재로 비교적 가벼운 금속인 알루미늄이나 티타늄을 도입했다.

귀에 완전히 접촉되는 무선 이어폰을 보면, 닿는 부위의 발진 등 피부 질환을 최소화하기 위해 보다 신체 적합성이 높은 플라스틱 외장을 사용하긴 하지만 휘어지거나 늘어나지는 않는다. 이처럼 딱딱한 본체를 사용해도 무방한 액세서리형 웨어러블 디바이스와 달리 직물 의류 일체형, 신체 부착형, 생체 이식형 등은 우리의 움직임에 맞추어 쭉쭉 잘 늘어나거나 줄어들어야 하며, 접촉 시 이물감이 없어야 함은 물론 생체 내에 흡수가 되어도 문제가 없어야 하는 등 더 높은 허들을 넘어야만 제품화가 가능한 상황이다.

대표적인 예로 스마트 콘택트렌즈의 경우, 기본이 되는 기술은 거의 개발이 완료되었지만 이물감으로 인해 장시간 착용이 어려운 문제를 해결하지 못하고 있으므로 아직 일상에서 볼 수 없다. 웨어러블 디바이스가 일상생활 곳곳에 스며들어 큰 편리함을 제공하고 우리의 건강을 지켜주는 만큼 더욱 전문적이고 다양한 방식으로 활용하기 위해서는 무엇보다도 착용감, 생체 적합성 문제가 먼저 해결되어야 한다.

웨어러블 디바이스의 발전을 위해 연구진은 소재 개발과 선택에 집중한다. 현재 많이 쓰이는 금속 소재, 조금 더 생체 적합성이 높은 세라믹이나 고분자 소재, 그리고 아예 인체 조직 및 기관을 대체하여 사용할 수 있는 생체 소재 등을 고려하는 중이다. 보통 금속이라고 하면 딱딱하다는 인식이 먼저 들지만 수 나노미터 수준으로 매우 얇게 만들 경우 쉽게 구부러지고 금속 선 형태로 뽑아내면 마치 실처럼 쉽게 휘어지기도 한다. 구부리거나 휘어지는 것을 넘어 길이가 늘어나거나 줄어들게 하려고 물결무늬 같은 구조로 배선을 하는 등등 다양한 방법이 사용된다.

하지만 여전히 금속은 피부에 오래 접촉하면 일명 '쇳독'이라 불리는 금속 알레르기를 일으키거나 체액에 의해 용해되어 금속이온이 체내에서 문제를 일으키는 등 낮은 생체 적합성으로 인한 문제가 일어난다. 유리나 점토로 대표되는 세라믹은 구성 성분에 따라 전도성을 제어할 수 있어 다양한 부품에 활용이 가능하고 잘 부식이 되지 않는 것이 장점이다. 그러나 비싸고, 가공이 어려우며 깨지기 쉬워 웨어러블 디바이스에 제한적으로만 적용될 수 있다.

또 고분자 소재의 경우에는 신축성 면에서 가장 우수하지만 장시간 사용 시 성능 저하는 물론 주변 환경에 의해 쉽게 변질, 마모가 되고 구조를 제어하기 어렵다. 웨어러블 디바이스의 궁극적인 목표가 생체 이식형인만큼 가장 많이 주목받는 것은 다름 아닌 생체 소재다. 하지만 생체 소재는 대량생산이 어려우며 다른 소재와의 접합에서 아직 많은 연구가 필요하다.

이처럼 후보가 다양하지만 각각 장단점이 뚜렷하게 나뉘는 상황에서 우리가 선택할 수 있는 것은 여러 소재를 함께 사용하여 단점은 보완하고 성능을 높이는 방향이다. 따라서 뛰어난 신축성이 필요한 부분은 고분자로, 높은 구동 안정성이 요구되는 부분은 금속과 세라믹으로, 신체에 바로 맞닿는 곳은 생체 소재를 사용하려는 시도가 지속적으로 이어지고 있다. 4차 산업혁명 시대에 들어와 인공지능과 로봇이 주목받지만 이 모든 발전의 바탕에는 항상 소재의 발달이 있었다. 이 한계만 극복한다면 웨어러블 디바이스는 더욱 편하고 건강한 미래로 우리를 이끌어갈 것이다.

도시의 유전,
미래 플라스틱

화학

임두원

우리는 그야말로 플라스틱의 시대를 살고 있다. 매년 약 4억 톤이나 되는 플라스틱 제품이 생산되며 주변에서 플라스틱을 찾기란 그리 어렵지 않다. 얼마 전 방송에서 어느 무인도 해안가에 쌓인 플라스틱 쓰레기 더미를 보았는데, 이제는 플라스틱 공해도 신경 써야 하는 시대가 된 것이다.

플라스틱은 그리스어로 성형하기 쉬운(plaskitos) 물질이란 뜻이다. 열을 가하면 쉽게 변형되고 식으면 그 형태 그대로 유지되기 때문이다. 그런데 플라스틱이 처음 등장한 것은 생각보다 오래전이 아니다. 19세기, 당구가 유행하면서 당구공의 수요도 폭발적으로 늘어났다. 당시 당구공은 코끼리 상아로 만들었는데, 충돌할 때 에너지 손실이 거의 없는 완전탄성체에 가까운 특성이 있었기 때문이었다. 하지만 공급이 수요를 따라가지 못하게 되자 상아를 대체할 물질을 찾기 시작했다.

1869년 하이엇(John Wesley Hyatt)이라는 인쇄업자가 상아로 만들던 당구공을 저렴하게 대체하기 위해 나무에서 흘러나오는 수액과 면화 등을 섞어 최초의 플라스틱인 '셀룰로이드'를 만들었다. 셀룰로이드는 셀룰로오스와 비슷한 물질이란 뜻인데, 면화의 주성분이 바로 이 셀룰로오스다. 이렇게 보면 최초의 플라스틱은 코끼리의 무분별한 남획을 막은 일종의 환경보호 제품이었던 셈이다.

하지만 천연 재료를 사용하다 보니 셀룰로이드의 생산량이 많지 않았다. 본격적으로 플라스틱의 대량생산 시대를 연 것은 1909년 베이클랜드(Leo Hendrik Baekeland)가 페놀과 포름알데히드라는 인공 합성원료로 '베이클라이트'라는 제품을 개발하면서다. 그는 최초의 합성수지를 만들었고 이를 토대로 1906년 특허를 취득했다. 오늘날 플라스틱을 합성수지라고도 부르는데, 초기의 플라스틱 제품이 천연수지, 즉 나무의 수액으로 만들어진 것과 유사한 모습과 성질을 가졌기 때문이다.

플라스틱의 주재료는 탄소다. 탄소 원자가 수만 개 이상 결합되어 기다란 실 모양의 기본 골격을 만들고, 여기에 특정한 기능을 하는 물질들을 필요에 따라 결합시키는 원리로 만들어진다. 이렇게 본다면 새로운 물질이라 하기는 어려운데, 우리 인간을 포함해 자연의 많은 물질이 이러한 형태의 탄소 골격을 갖고 있기 때문이다. 단백질, 탄수화물, 지방이 그러하고 식물을 구성하는 셀룰로오스 또한 그러하다.

〈미래 소년 코난〉이라는 애니메이션이 있다. 핵전쟁 이후 세계에서 펼쳐지는 주인공 코난의 모험을 그려낸 작품인데, 지금 돌이켜보면 인류의 내일에 대해 시사하는 바가 많았다. 내용 중에 이 장의 주제인 플라스틱도 등장하는데, 미래 인류는 지구 곳곳에 남겨진 플라스틱 쓰레기를 수집해 재활용하여 생활한다. 단순히 재사용하는 것이 아니라 플라스틱을 분해해 빵과 같은 식량으로 재탄생시켰다. 빵이나 플라스틱 모두 탄소를 기본으로 하는 구조이니 언젠가는 이를 변환시키는 기술이 나올 것이라는 상상력에 바탕을 두었다.

그런데 플라스틱은 다른 탄소 골격 물질과 크게 다른 점이 있는데, 잘 분해되지 않는다는 것이다. 생명이 있는 것들, 그리고 그로부터 유래된 물질은 박테리아 같은 미생물의 도움으로 쉽게 분해되어 자연으로 돌아가지만 플라스틱은 그렇지 않다. 100년이 조금 넘는 역사를 지녔으니 아직 이를 분해할 미생물이 등장하지 않은 게 어찌 보면 당연하지만, 현재 플라스틱의 사용량이 엄청나니 지구로서는 굉장히 부담스러운 일이 되어버렸다.

현대의 플라스틱은 그 종류만큼이나 다양한 기능을 지닌다. 우리 주변에서 흔히 보이는 페트병도 있지만, 생활필수품 가운데 플라스틱이 아닌 것을 찾아보기 어려울 정도다. 심지어 철보다 5배 강해 방탄복에 사용되는 케블라라는 놀라운 물질로 만들어지기도 한다. 1950년대만 하더라도 플라스틱 생산량은 200만 톤에 지나지 않았다. 하지만 2015년에는 3억 6,000만 톤으로 급격하게 늘었다. 바야흐로 플라스틱 전성시대인 셈이지만, 플라스틱의 미래는 우리 지구 환경과 어떻게 조화를 이룰 것인가에 달려 있다.

소각도 하나의 방법이지만 문제는 엄청난 탄소 배출이다. 플라스틱 1톤을 소각하면 3톤의 온실가스가 나온다고 하니 이 방식은 환경적으로 문제가 많다. 그래서 등장한 하나의 해법이 재사용 플라스틱이다. 이는 크게 두 가지 방식으로 나눌 수 있는데, 폐플라스틱을 분쇄하고 가공하여 새로운 제품을 만드는 것과 폐플라스틱을 열분해하여 다른 물질의 합성에 사용하는 원료물질을 만드는 방법이다.

첫 번째 방식은 재사용의 용도가 제한적이라는 한계가 있다. 예를 들어 음료 용기로 많이 사용되는 페트병의 경우 이를 세척하고 분쇄하여 부직포 같은 섬유제품이나 아니면 다시 또 다른 페트병으로 만든다. 이와 달리 화학적으로 분해해 기초 원료 물질을 만들면 그 용도가 무궁무진하여 재사용 비율을 높이고 지구환경에 대한 부담을 획기적으로 줄인다는 장점이 있다.

플라스틱을 열분해하면 열분해유, 나프타, 에틸렌, 프로필렌 등이 얻어지는데, 열분해유는 연료의 대용품으로 사용 가능하다. 이때 원유과 비슷한 성질의 열분해유가 나오기는 하지만, 여전히 불순물이 많아 후처리 공정이 필요하다. 수소 첨가 반응 등을 통해 황 등을 제거하면 깨끗한 열분해유를 얻게 된다. 그 외 나머지 물질들은 다시 가공하여 여러 종류의 플라스틱 제품을 생산할 수 있다.

최근 환경 규제가 강화되고 기업의 친환경 활동(EGS 경영)에 대한 요구도 높아짐에 따라 많은 곳에서 이 분야에 도전장을 내밀고 있다. '도시 유전'이라는 말이 나올 정도로 수익성 있는 사업이 되고 있는 것이다. 시장조사 업체 아큐먼리서치앤드컴퍼니에 따르면 2018년 68억 달러 규모였던 플라스틱 재활용 시장이

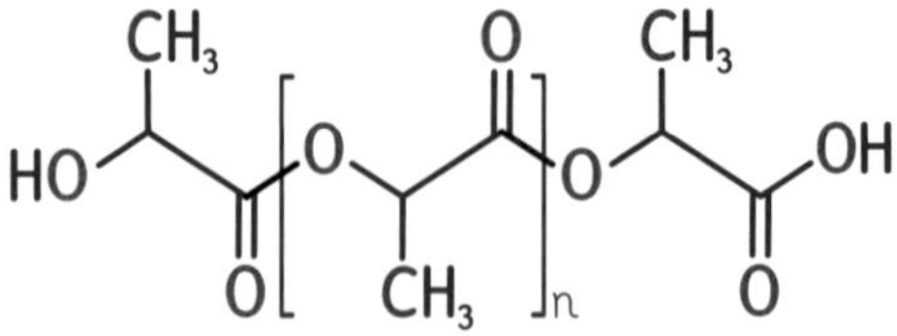

그림 3-1

PLA 젖산이라는 물질을 연달아 반응시켜 만드는 기다란 실 형태의 고분자 물질이다.

2026년이면 126억 달러 수준이 될 것이라 한다.

미래 플라스틱과 관련한 또 하나의 화두는 이른바 썩는 플라스틱이다. 수백 년이나 걸리는 플라스틱의 분해 속도를 높이는 기술인데, 현재까지 가장 보편화된 것은 플라스틱의 원료로 생분해성 물질, 즉 박테리아 등 미생물이 분해할 수 있는 물질을 사용하는 방법이다. 예를 들어 전분, 생선 껍질, 톱밥 등 동식물성 원료가 있다. 이 때문에 생분해성 플라스틱 또는 바이오 플라스틱 등으로도 불린다. 우리 주변에서 흔히 보이는 전분으로 만든 일회용 제품도 이 종류에 속한다.

대표적으로 PLA(Poly Lactic Acid)가 있는데, 2020년 기준 전체 바이오 플라스틱 시장에서 18.9퍼센트를 차지하고, 그 밖에 PBAT(Polybuthylene Adipate-co-Terephthalate)가 13.5퍼센트, PHA(Poly Hydroxy Alkanoate)가 1.7퍼센트의 비중이라 알려

져 있다. PLA는 옥수수 전분 등으로 배양한 미생물의 배설물에서 젖산(lactic acid)를 정제한 후 이를 반응시켜 긴 실 형태의 탄소 골격 물질, 즉 기존 플라스틱과 유사한 물질로 합성한다. 일회용 용기 등에 주로 사용되며 수개월 내 물과 이산화탄소로 완전 분해된다.

물론 이것으로 모든 문제가 해결된 것은 아니다. 특히 기존 플라스틱에 비해 낮은 강도 같은 물리적 성질은 개선이 필요한데, 현재 각 기업은 여기에 연구 역량을 집중하고 있다. 기존 플라스틱 정도로 물성을 끌어 올린다면 시장점유율도 덩달아 높일 수 있기 때문이다. 또 다른 문제는 분해되는 과정에서 여전히 미세 플라스틱이 존재할 수밖에 없으며, 온실가스 배출량도 적지 않다는 점이다. 이 또한 앞으로 개선이 필요한 일임은 분명하다.

〈미래 소년 코난〉의 무대인 미래 지구는 플라스틱 쓰레기로 황폐화되어 있다. 다만 플라스틱을 재활용해 빵을 만들어내는 놀라운 기술을 확보했으니 그나마 불행 중 다행이라 하겠다. 하지만 더 바람직한 상황은 지구가 플라스틱 쓰레기로 뒤덮이는 일을 미연에 방지하는 것이기에 재사용 플라스틱이나 바이오 플라스틱에 거는 우리의 기대는 크다.

PART 4

일상을
지키기 위한
세포 정복

건강한 삶을 가져올 연구실의 혁신,
그 해답을 내다보다

(생명과학)

알츠하이머병,
이제 극복이 가능할까

생명과학

김선자

우리는 왜 늙는가

100세 시대는 이미 현실이 되었고 젊게 살자는 분위기가 만연한 가운데 나이 듦을 받아들이기 힘들어하는 이들이 많아지는 듯하다. 나이 드는 것을 순리에 따른 자연스런 현상으로 받아들이는 걸 넘어, 시계를 거꾸로 돌릴 수는 없겠지만 노화의 시간을 늦출 수는 있지 않을까? 세계보건기구(WHO)는 2018년 6월, 국제 질병 분류에서 노화를 '늙어서 쇠약해지는 현상'으로 시간에 따라 생기는 자연현상이 아닌 질병이라고 공식화했다. 즉 노화도 치료가 가능하다고 보는 것이다. 완치보다는 노화를 되돌리고 늦추는 정도로 생각하면 되겠다. 노화의 이유는 복합적이기 때문에 특정하기는 어렵지만, 그렇더라도 치료를 하려면 먼저 원인부터 파악해야 한다.

2022년 《네이처》에 발표된 연구 결과인 혈액 내 줄기세포 이야기를 살펴보자. 영국 피터 캠벨(Peter Campbell) 박사팀은 신생아부터 70~80대에 이르기까지 다양한 연령대의 혈액을 분석했고, 70세 무렵 혈액 구성에 치명적 변화가 일어나 혈구의 다양성이 급격히 떨어진다는 사실을 발견했다. 연구에서 특히 집중 분석한 것은 혈액을 만들어내는 줄기세포(우리가 흔히 알고 있는 조혈모세포), 즉 혈액줄기세포의 변화였다. 암의 발생과 진행을 촉진하는 돌연변이인 운전자 변이(Driver mutation)는 암 발생, 진행 과정, 치료제에 대한 반응, 예후 등의 정보를 주는 중요한 유전자 변화다. 이는 줄기세포(정상적이지 않은 줄기세포)를 더 빨리 자라게 하고, 이로 인해 질 나쁜 혈액, 혈구 세포가 만들어진다.

다양한 줄기세포가 존재하는 30~40대까지만 해도 돌연변이로 인한 줄기세포의 빠른 성장이 신체 발달에 큰 영향을 주지 않지만, 줄기세포의 종류가 급격히 감소하는 70세 이상이 되면 돌연변이로 빠르게 성장한 일부 줄기세포가 대부분의 혈구를 만들어낸다. 65세 미만 성인은 2만~20만 개의 줄기세포가 혈액세포를 생성하고, 70세 이상 노인은 고작 10~20개의 줄기세포가 전체 혈액 생산량의 절반을 담당한다. 그로 인해 전체 혈액 구성이 달라지고 기하급수적으로 빨리 성장한 줄기세포가 70세 이후 급격한 노화를 불러일으키는 것이다.

이렇게 급격하게 성장하는 혈액줄기세포는 혈액 암과 빈혈 위험을 높이고 면역력을 담당하는 백혈구의 기능을 손상시키는 결과를 낳는다. 즉, 나이가 들수록 혈액을 생성하는 줄기세포 수가 줄어들고 빨리 성장한 몇 안 되는 줄기세포가 만들어내는 혈액, 혈구는 다양성 또한 급격히 떨어진다. 이에 따라 노화와 건강에 큰 영향을 미치게 되는 것이다.

염색체 말단에 존재하는 텔로미어의 길이가 짧아지는 것도 노화의 원인이라 할 수 있다. 1961년 해부학자 레너드 헤이플릭

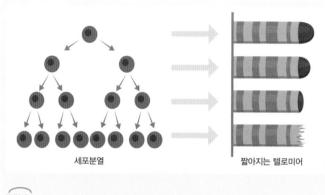

그림 4-1
세포분열에 따른 텔로미어의 길이 변화.

세포분열　　　　　　　　　짧아지는 텔로미어

(Leonard Hayflick)은 '사람의 세포는 60~70회 분열하고 나면 더이상 분열하지 못하고 죽는다'는 것을 발견했다. 그리고 그 이유가 바로 염색체 말단에 존재하는 텔로미어 때문이라고 밝혀냈다. 즉, 인간 텔로미어는 약 1만 5,000개의 뉴클레오타이드로 이루어져 있는데 세포가 한 번 분열할 때마다 150~200개의 뉴클레오타이드만큼 그 길이가 짧아지는 것을 본 것이다. 이 추세라면 60~70번 복제한 뒤 텔로미어가 없어진다. 이는 헤이플릭이 발견했던 바로 그 세포분열의 한계 숫자와 거의 일치한다.

세포가 분열할 때 염색체의 말단 부위는 복제하지 못하기 때문에 세포분열이 일어날수록 텔로미어의 길이가 짧아지고, 완전히 짧아지면 세포분열을 하지 않아 세포 사멸이 일어난다. 그래서 텔로미어는 노화의 시계라고도 불린다. 복제 양 돌리는

1996년에 태어나 2003년에 죽음을 맞이했다. 일반적인 양은 수명이 약 12년인데 6년밖에 살지 못한 것이다. 이는 이미 텔로미어가 줄어든 양을 복제했기 때문이라는 결과가 추후 밝혀졌다.

이 외에도 수명을 다해 죽어야 할 세포가 죽음을 맞이하지 않고 이곳저곳 떠돌아다니며 노화에 관련된 질병을 일으키는 좀비세포, 산화에 의한 스트레스인 활성산소, 유전자가 복제, 분열하는 과정에 생기는 DNA 손상으로 인한 유전체 불안정성, 미토콘트리아 DNA 돌연변이 등 다양한 요인이 노화의 원인으로 지목되고 있다.

알츠하이머병, 극복이 가능할까

지금 이 순간에도 우리들은 한 발 한 발 치매를 향해 가고 있다. 특별한 사람이 아닌 모두에게 다가오는 피할 수 없는 상황이라는 것이다. 〈2021 대한민국 치매 현황 보고서〉에 따르면 2020년도 현재 우리나라 치매 인구는 65세 이상 노인 인구의 10.3퍼센트로 84만 명 이상이다. 세계에서 가장 빠른 고령화사회를 겪고 있는 우리나라는 치매 인구 역시 빠르게 증가해서 2030년 136만 명, 2050년에는 65세 이상 인구의 16퍼센트인 약 300만 명이될 것으로 예상된다. 건강하고 아름다운 모습으로 기억되고 싶은 바람은 치매 앞에서 힘없이 흔들리고 있다. 이를 극복할 힘이과연 우리에게 있을까?

치매와 알츠하이머병, 파킨슨병은 다른 개념이다. 치매는 하나의 질환을 일컫는 용어가 아닌 퇴행성 뇌 질환 같은 다양한 원인에 의해 기억장애, 행동장애, 인지기능장애 등을 겪게 되어 일상생활을 유지할 수 없는 상태의 증상을 포괄하는 의미다. 알츠하이머병과 파킨슨병은 치매를 일으킬 수 있는 원인 질환이다. 치매 증상이 생겼다면 퇴행성 신경 질환인 알츠하이머병이나 파킨슨병에 걸렸을 가능성이 있다. 치매의 원인 중 가장 많은 비중을 차지하는 것은 알츠하이머병인데, 보고서에 따르면 2020년 기준, 65세 이상 치매 환자 중 알츠하이머병이 약 75.5퍼센트를 차지한다. 그리고 파킨슨병은 뇌의 특정 부위에서 도파민을 분비하는 신경세포가 파괴되는 질환이다. 도파민은 몸이 정교하게 움직이는 데 관여하는 신경전달물질이며 파킨슨병 환자는 도파민이 분비되지 않아 팔다리가 굳고, 동작이 둔해지는 증상이 나타난다.

그렇다면 퇴행성 신경 질환, 알츠하이머병은 극복이 가능할까? 명확하게 밝혀지지 않았지만 베타 아밀로이드라는 단백질이 과도하게 쌓이면서 뇌세포에 영향을 주는 것이 발병의 핵심 원인으로 알려져 있다. 베타 아밀로이드의 침착은 대뇌 신경세포가 소멸하고 인지 기능 저하와 같은 증상이 나타나는 시기보다 10년에서 20년 일찍 발생해, 조기 진단에 매우 중요한 바이오마커로 인식된다. 최근 신경세포의 사멸은 뇌세포의 골격 유지에 중요한 역할을 하는 타우(Tau) 단백질의 뭉침 현상에 더욱 크게 연관된다는 사실이 알려지면서, 베타 아밀로이드와 타우 단백질 간 관계를 밝히기 위한 연구가 진행되는 중이다. 이 외에도 염증반응, 산화로 생기는 손상 등도 영향을 미치는 것으로 나타났다.

그러나 최근, 알츠하이머병 발생 원인으로 알려졌던 베타 아밀로이드 가설을 부정하는 근거들이 나오고 있다. 2006년 처음 제시된 이후 많은 기업이 이를 바탕으로 치료제를 개발해왔지만 연구 그대로 실험을 진행했을 때 결과가 제대로 재현되지 않았다. 임상 시험 결과 실제 뇌에서 베타 아밀로이드가 감소했음에도 인지 능력 등의 개선 효과가 나타나지 않아 신약 개발에 빈번이 실패하면서 논란이 있기는 했다. 현재 완치 가능한 치료법은 개발되지 않았으며 발병에 대한 근본적인 해결이라기보다는 기억력을 조금 더 보존해주거나 진행 속도를 늦추는 정도가 이루어지고 있다. 이러한 지연법에는 근육의 수축을 조절하고 기억을 담당하는 신경전달물질인 아세틸콜린이 뇌 안에서 오래 작용할 수 있도록 아세틸콜린 분해 효소를 억제해 이세틸콜린의 양을 유지, 증가시키는 작용이 쓰인다.

줄기세포 기반 치료법

그동안 알츠하이머병 치료제 개발은 베타 아밀로이드 단백질을 제거하듯, 문제가 되는 병리 인자를 없애는 데 집중했다. 그러나 뇌의 메커니즘은 단순하지 않다. 베타 아밀로이드 단백질 외 활성산소, 세포막 손상, 미토콘드리아 손상 등 여러 개의 병리가 혼합되어 뇌경색, 파킨슨병 등이 나타나기도 하고 알츠하이머병 진행에서 면역계 문제도 동반한다. 그래서 신경 면역 체계로도 접근한다. 그중 뇌 내 '미세아교세포(microglia)'의 활성을 조절하는 줄기세포 기반의 차세대 유전자 편집 기술이 대표적이다. 중추신경계의 면역 기능을 담당하는 미세아교세포는 뇌에서 신경 퇴행 반응을 일으키는 다양한 독성 물질을 제거하고 신경 뉴런을 보호하는 역할을 한다.

미국 샌프란시스코 캘리포니아대학 신경퇴행성질환연구소 팀이 발표한 2022년의 최신 연구 결과, 이러한 미세아교세포의 상태 변화를 조절하는 유전자 기술이 알츠하이머병 치료에도 효과가 있을 가능성이 확인되었다. 이 연구에서는 인간 유도만능줄기세포(induced plurippotent stem cells, iPSCs)*에서 분화한 미세아교세포를 이용했다. 미세아교세포에 유전자 변형을 가하고 특정 유전자들의 여부, 움직임에 따라 상태가 조절되는 양상을 파악해 각 유전자의 기능을 확인하는 것이다.

그 결과, 미세아교세포의 상태에 따라 관여하는 핵심 유전

---

* 줄기세포는 수정란 단계에서 얻을 수 있는 배아줄기세포와 이미 성숙한 조직과 기관인 뼈, 지방, 근육, 간, 골수 등에 포함된 성체줄기세포가 있다. 배아줄기세포는 모든 신경, 혈액, 근육, 피부 세포 등 모든 조직으로 분화 가능한 '만능 분화 기능'을 가지고 있지만 성체줄기세포는 특정한 조직 세포로만 분화할 수 있다. 유도만능줄기세포는 성체 조직 세포(체세포)에 다분화 기능을 갖는 유전자를 삽입해 배아 줄기 형태의 만능 다분화 능력을 가진 세포로 만든 것이다.

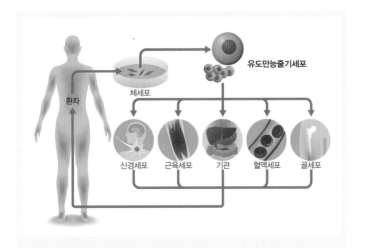

그림 4-2
줄기세포 치료 방법. 성체조직세포에 다분화 능력을 갖는 유전자를 삽입해 다양한
세포로 분화할 수 있는 유도만능줄기세포를 만든 뒤 증식, 배양해서 환자의 뇌에
삽입하여 뇌 신경세포를 회복시키는 방식이다.

적 조절 인자들에는 차이가 있으며 유전자가 오작동한 미세아
교세포의 경우에는 염증성 물질을 활발히 생성하고 시냅스(신경
세포 접합부)를 망가뜨리는 것으로 관찰되었다. 이에 따라 미세아
교세포의 일탈 행동인 독성 물질의 과다 생성을 중단시키고, 본
연의 임무인 청소 작업을 원활히 수행하도록 다시 제어할 수 있
는 것이다. 이 과정에서 크리스퍼(CRISPR) 기술*을 사용하기 때문

• 유전자의 특정 부위를 잘라내고 원하는 유전자를 넣을 수 있는 기술로, 유전자 조작
  시 원하는 부위의 유전자를 자르고 편집할 수 있는 인공 유전자 가위다.

에 우리가 원하는 부위를 정확하게 조절할 수 있다. 미세아교세포를 건강한 상태로 되돌리기 위해 관련 유전자들이나 단백질에 작용할 약물을 찾는 것이 우선 목표다.

알츠하이머병이 발생할 때 세포 반응과 병리 현상이 다양하게 나타나므로 기존의 화학 약물을 기초로 단일 타깃에 작용하는 약으로는 분명 한계가 있다. 따라서 줄기세포의 재생 능력을 이용한 치료법이 활발하게 쓰인다. 환자의 피부 세포를 떼 내어 만능 분화 능력을 갖는 세포로 유도(네 가지 유전물질 Oct4, Klf4, Sox2, c-Myc 삽입, 조합)한 뒤, 환자의 뇌에 삽입해 손상된 뇌 신경세포를 재생시켜 치료하는 방법이 시행되고 있다.

우주만큼 복잡한 뇌의 세계를 정복하기란 쉽지 않지만 인간은 뇌를 탐구하는 경이로운 모험을 끊임없이 이어나갈 것이다. 우리는 나이가 들어 외모가 변하고, 힘도 기억력도 순발력도 예전 같지 않겠지만, 그럼에도 활기차고 씩씩하게 나이 듦을 두려워하지 않으며 산다면 그것이야말로 불가능하다고 여겼던 시계를 거꾸로 돌리는 것이 아닐까.

푸드테크 중심에 선
대체육의 과학

생명과학

이영주

지금으로부터 20여 년 전, 저녁 식사 시간이었다. 식탁에서 맛있는 불고기 냄새가 났고, 나는 기대 가득한 표정으로 젓가락을 들었다. "잘 먹겠습니다" 하고 돼지 불고기를 집어 입에 넣고 씹는 순간 실망할 수밖에 없었다. 푸석한 식감과 오묘한 향은 내가 씹는 것이 고기가 아님을 증명하고 있었다. 엄마에게 무슨 요리인지 물었더니 '콩 고기'라고 하셨다. 그러면서 엄마들의 단골 대사인 "몸에 좋으니까 먹어둬"를 읊으셨다.

하지만 엄마에 의해 '콩 고기'라고 불리던 음식의 위상은 사뭇 달라졌다. 미국에는 콩을 포함한 식물성 원료로 대체육을 만드는 비욘드미트라는 회사가 있다. 빌 게이츠, 레오나르도 디카프리오 등 세계적인 유명 인사들이 앞다투어 투자하며 이름이 알려졌다. 국내에서도 풀무원, CJ제일제당, 롯데푸드, 동원F&B 등 큰 식품 회사가 푸드테크 스타트업에 투자하거나 자체 개발을 이어가는 중이다.

그렇다면 대체육에 관심이 증가한 이유는 무엇일까? 기술 발달로 제품의 질이 향상된 까닭도 있지만, 자신의 소비 활동을 통해 신념과 가치관을 드러내고자 하는 '미닝아웃' 열풍 때문이라는 분석도 있다. 윤리적 이유로 도축에 부담을 느끼는 사람들, 환경에 관심을 가지는 사람들이 건강한 소비를 하기 원한다. 착한 먹거리를 찾으려는 시도가 대체육에 대한 관심으로 이어지는 것이다. 그렇다면 대체육은 무엇이고, 어떻게 만들어지는지 알아보자.

대체 대체육은 무엇일까?

대체육은 육류를 대체할 만한 성분을 가진 재료를 이용하여 고기의 모양과 식감을 구현한 식품을 말한다. 하지만 이 단어는 다양하게 해석된다. 좁은 의미로는 비동물성 재료를 사용한 육류 대체 식품만을 의미하고, 넓은 의미로는 동물의 생명을 앗아가지 않는 일부 배양육(동물의 세포를 채취하여 체외 배양을 통해 만든 고기)의 범주까지 포함하기도 한다.

축산 업계에서는 소비자의 혼선을 줄이기 위해 대체육에 '육(肉)' 또는 '고기'라는 단어를 사용하지 못하게 해야 한다는 주장도 편다. 대체육 시장이 성장하면서 축산 업계와 대체육 업계 모두를 위해 용어 정의가 필요한 시점이다. 이에 따라 식품의약품안전처는 관련 용어와 규정을 검토하고 나섰다. 하지만 이 장에서는 아직 가장 널리 쓰이는 '대체육'이라는 용어를 사용하여 설명을 이어나가려고 한다.

대체육은 너깃, 버거 패티, 소시지 등 다양한 형태로 출시되며 마트, 온라인 마켓 등에서 손쉽게 살 수 있다. 현재(2022년 6월

기준) 국내 시장에서 구매가 가능한 대체육은 모두 식물성 대체육의 범주에 속한다. 식감 때문에 간혹 달걀 등이 첨가되기도 하지만 주재료는 식물 기반이다. 그 때문에 대체육이라고 하면 식물성을 떠올리는 사람이 많을 것이다. 식물성 대체육은 식물 유래의 재료에서 얻은 단백질 성분을 재료로 육류의 모양과 식감을 구현한 식품을 말한다. 주로 식물, 해조류, 미생물 등을 이용한다. (오늘날 생물분류 체계에 따르면 해조류와 미생물을 식물로 칭하기에는 무리가 있다. 해조류는 원생생물계, 곰팡이는 균류에 속하기 때문이다. 하지만 넓은 의미로 식물성 대체육 재료에 해조류와 미생물 원료까지 포함시키기도 한다.)

식물성 대체육은 어떻게 만들어질까? 사실 전통적으로 섭취해오던 식품 중 식물성 대체육과 유사한 과정을 밟는 것들이 있다. 두부는 콩을 갈아 단백질을 추출하고 응고시킨 음식이다. 인도네시아의 템페는 콩을 발효시켜 굳힌 것이고, 중국의 세이탄은 밀 단백질에서 전분을 씻어내어 만든다. 현대의 식물성 대체육은 콩, 밀, 보리, 녹두, 쌀, 견과류 등을 원료로 하여 분쇄, 혼합, 압출, 가열, 사출 등을 거치게 된다.

기업마다 레시피는 다르겠지만 식물성 대체육 제조 시 육류와 유사한 질감과 맛을 구현하기 위해 단일 재료보다 여러 가지를 혼합하여 사용하는 경우가 많다. 그 예로 임파서블푸드에서 만든 버거 패티는 콩, 감자를 단백질원으로 사용하고, 지방의 느낌을 표현하기 위해 코코넛, 해바라기 기름을 첨가한다. 또 아쿠

아라는 미국의 신생 기업은 다시마를 주원료로 한 버거를 출시했다. 아쿠아에 따르면 해조류를 이용하는 것은 영양적, 환경적 이점이 크다. 다시마에는 아이오딘과 비타민, 무기질이 풍부하고 카로티노이드, 플라보노이드 등 항산화 성분이 존재한다. 또한 다시마의 적극적인 재배는 바다에 녹아 있는 탄소를 흡수하여 해양 산성화를 줄일 가능성이 있다.

방법은 다양하지만 식물성 대체육은 진짜 고기같이 느껴지는 식감을 만드는 것이 관건이다. 이를 위해 여러 곳에서 '진짜 같은 대체육'을 위한 연구가 진행 중이다.

피 흘리는 버거

임파서블푸드에서 피 흘리는 버거를 공개했다. 버거의 패티에서 육즙이 흘러내리는 듯한 모습을 식물성 재료로 재현했다. 어떻게 이런 일이 가능할까? 육류의 피 맛을 내는 주요 성분은 근육 속 미오글로빈과 혈액 속 헤모글로빈이다. 둘 다 산소와 결합하기 좋은 구조로, 미오글로빈은 근육에 산소를 공급하고, 헤모글로빈은 산소를 몸 곳곳으로 운반한다. 임파서블푸드는 콩과 식물의 뿌리에 주목했다. 콩과 식물의 뿌리혹을 짓이기면 피처럼 붉은 물이 나오는데, 이는 콩과 식물의 뿌리에 공존하는 뿌리혹박테리아가 합성하는 레그헤모글로빈 때문이다. 이 성분은 헤모글로빈과 유사한 구조로 이루어져 있으며 붉은색을 띤다. 임파서블푸드는 생명공학 기술로 레그헤모글로빈을 대량 생산하여 식물성 대체육 패티에 첨가했다.

임파서블푸드가 레그헤모글로빈을 많이 만들기 위해서 선택한 방법은 유전자 재조합 기술이다. *Pichia pastoris*라는 효모에 레그헤모글로빈 생산 유전자를 삽입한 후 발효 과정을 거친다. 그러면 효모는 빠른 숫자로 증식하며 붉은색의 레그헤모글로빈 발효액을 만들어낸다. 이 발효액을 패티에 첨가하는 것이다. 임파서블푸드가 레그헤모글로빈 대량생산에 해당 효모 균주를 선택한 이유는 간단하다. 이 효모는 저렴한 배지에서 빠른 속도로 성장한다. 그리고 의약품 제조, 식품 산업에서 재조합 단백질 발현을 위한 재료로 널리 사용되어 대체로 안전성이 확보되어 있다. 이렇듯 식물성 대체육 분야에서는 식감뿐만 아니라 색감과 풍미를 따라잡기 위해 노력 중이다.

곰팡이 패티

얼마 전 진짜와 가짜를 가려내는 어느 예능 프로그램에서 일부러 곰팡이를 키워 고기를 숙성시키는 식당이 공개되어 사람들의 관심을 끌었다. 의외로 해당 식당의 이야기는 진짜였고, 고기 표면에 하얗게 솜털처럼 피어난 곰팡이를 본 출연자들의 표정은 놀라움으로 가득했다.

하지만 이보다 더 충격적인 소식을 전하고자 한다. 곰팡이를 주원료로 대체육을 만드는 회사가 있다. 미국의 네이처스 파인드(Nature's Fynd)사는 곰팡이를 이용하여 만든 패티와 크림치즈 등을 판매한다. 이 회사의 설립자인 마크 코즈벌(Mark Kozubal)이라는 과학자는 NASA에서 지원하는 한 프로젝트를 수행하다가 *Fusarium strain flavolapis* 곰팡이 균주를 발견했다. 이 프로젝트는 극한 환경에서 살 수 있는 생명체에 관한 연구를 포함하고 있었다. 'flavolapis'는 라틴어로 '노란 돌'이라는 의미다. 이는 해당 균주가 옐로스톤 국립공원 온천에서 발견되었기 때문에 붙은 이름이며, 이 곰팡이는 온천의 아주 뜨겁고 산성인 환경에서 생존한다.

처음 코즈벌은 이 균주를 바이오 연료 개발에 활용하려는 계획을 세웠다. 하지만 몇 가지 특성 때문에 그와 동료들은 식품 원료로 전환하는 것이 더 큰 가능성이 있다고 생각했고, 새로 개발한 발효 방법을 통해 자란 곰팡이는 질감이 음식처럼 보였다고 한다. 또한 그들은 오랫동안 사람들이 효모, 버섯 등 균류를 먹어온 선례를 떠올렸다. 게다가 이 곰팡이 발효 결과물은 단백질 함량도 높았다.

곰팡이를 이용하여 대체육을 만드는 회사는 또 있는데 영국의 퀀(Quorn)은 1980년대부터 곰팡이를 원료로 한 소시지, 미트볼 등을 생산해왔다. 이 회사는 전 세계 다양한 장소에서 채취한 토양 샘플에서 3,000여 종의 미생물을 테스트하는 과정을 거쳐 *Fusarium venenatum*이라는 균주를 선택했다. 식품 원료로 활용하려면 영양소 생산 여부뿐만 아니라 안전성도 보장되어야 하기 때문에 아무 곰팡이나 원료로 이용할 수는 없다. 곰팡이 종에 따라 독성, 병원성을 가졌거나 알레르기를 유발하는 것도 많기 때문이다.

다시 네이처스파인드의 이야기로 돌아와서, 곰팡이로 패티와 크림치즈를 만드는 방법은 간단하다. 이 곰팡이는 자연에서 뜨겁고 산성인 온천에 떨어진 식물의 영양분을 이용하여 균사체 구조로 자라난다. 이에 착안하여 넓고 평평한 쟁반에 균주와 당류, 질소화합물, 따뜻하고 산성인 물을 넣고 배양하는 방식을 고안했다. 해당 곰팡이처럼 뜨겁고 산성인 환경에서 자랄 수 있는 미생물이 거의 없으므로 추가 항생제 처리도 필요 없다.

이 방식은 대형 탱크에 발효하는 방식보다 효율적이다. 네이처스파인드는 쟁반을 타워처럼 여러 개 수직으로 쌓아 올려 배양에 필요한 공간을 절약한다. 좁은 곳에서 많이 배양할 수 있으므로 도심에 공장을 세우기도 어렵지 않다. 그렇게 된다면 생산지에서 소비처까지 이동하는 데 드는 탄소 에너지를 절감할 수 있다.

해당 곰팡이는 발효 과정에서 당류를 이용하여 필수아미노산을 모두 함유한 양질의 단백질을 만든다. 곰팡이를 발효시킨다는 말이 좀 이상하게 들린다면 효모를 이용한 알코올과 식초 발효를 떠올리면 안심이 될 것이다. (효모는 당류를 이용하여 알코올, 식초 등의 결과물을 만들어내는 발효 과정을 거친다. 해당 곰팡이 균주는 당류를 이용하여 단백질을 만들어낸다는 점이 다르다.) 쟁반에서 곰팡이는 근육과 유사한 상호 연결된 필라멘트를 생성하며 자라난다. 균사체의 자연적 섬유 구조로 인해 육류의 근섬유와 유사한 질감을 가진 납작한 반죽 형태가 된다. 이처럼 적당한 발효 조건을 맞추어 균사체를 잘 발달시킴으로써 닭고기 질감의 결과물을 만드는 것이 이들의 중요한 기술이다. 그러고 나서 식품화하기 위하여 찜, 압착, 헹굼, 절단 등의 과정을 거친다. 또한 건조하여 분말로 만들고 물과 혼합하면 크림 같은 제형으로 만들 수도 있다.

실험실에서 태어난 고기

2013년, 실험실에서 배양한 소의 세포로 만든 버거가 최초 공개되었다. 네덜란드의 마크 포스트(Mark Post)라는 과학자가 선보인 이 버거는 당시 33만 달러(한화 약 3억 7,000만 원)에 육박하는 엄청난 몸값으로 대중의 관심을 끌었다. 동물의 생명을 빼앗지 않고도 고기를 먹을 수 있다는 점은 사람들에게 충분히 매력적으로 다가갔고, 배양육 기술은 계속 발전해 현재는 생산 비용도 많이 낮출 수 있게 되었다. 또한 종류도 다양해져 최근에는 독도새우처럼 희소성 있는 식재료나 어육도 만들 수 있게 되었다.

그렇다면 배양육은 어떻게 만들까? 연구하는 기업마다 기술은 다르지만 대체로 다음과 같은 과정을 거친다. 우선, 배양육을 만들기 위해서는 동물의 세포가 필요하다. 세포는 국소마취 후 채취한다. 그리고 채취한 세포 중 근육으로 자라날 수 있는 것을 선별한다. 체내에서는 세포가 자라는 데 필요한 영양분을 자연스럽게 공급받지만 일단 몸 밖으로 나온 세포에는 분화와 성장을 위해 필요한 수분과 영양분을 배양액 형태로 공급하여야 한다. 세포를 체외 증식, 분화시키고 난 후에는 이를 모은다. 필요한 경우 첨가물을 넣고 패티, 소시지 등의 형태로 가공하면 제품이 완성된다.

배양육을 만들기 위해 이용할 수 있는 세포는 여러 가지다. 가장 많이 쓰이는 것은 근위성세포(myosatellite cell)이며 근육에 존재하는 성체줄기세포다. 조직이 손상을 받거나 노화하여 세포가 죽으면 이를 대체할 새로운 세포가 만들어져야 한다. 그래야 조직이 건강하게 유지된다. 이 역할을 하는 것이 바로 성체줄기세포인데, 성체가 된 후 각 기관 및 조직에 분포하며 새로운 세포로 분화 및 자기 복제가 가능한 세포들을 일컫는다. 또한 근육, 피부, 신경, 소화기관 등 인체의 여러 곳에 퍼져 있다. 이들의 역할은 손상된 세포가 있으면 이를 대체할 세포로 분화하여 각 조직의 기능을 유지하는 것이다.

배아줄기세포와 다른 점은 분화의 방향이 어느 정도 정해져 있다는 데 있다. 예를 들어 성체줄기세포의 한 종류인 신경줄기세포는 주로 뉴런 및 신경아세포로 분화가 가능하다. 마찬가지로 성체줄기세포인 근위성세포는 근육에 존재하며 근골격세포가 될 잠재성을 가진다. 따라서 근육에 상처가 생기면 분열하여 회복하는 역할을 한다.

아쉽지만 성체줄기세포의 사용에는 한계가 있다. 실험실 배양 과정에서 세포의 증식은 제한적이기 때문이다. 현실적으로 성체줄기세포를 재생산하는 과정의 효율이 향상되지 않으면 유지가 어렵다. 성체줄기세포의 유지에 관해서는 의학 분야의 연구가 주를 이루지만 식품 산업에서도 품질 및 생산성과 관련해 중요한 이슈가 될 수 있다.

최근 소의 위성세포의 유지에 관한 연구에서 초기 세포 분리 시 순도를 높이는 방법과 함께 세포의 신호 전달 체계 중 p38 MAPK 신호 전달의 억제가 좋은 전략이 될 수 있음을 시사한 바 있으나 관련 연구가 아직 부족한 실정이다. (세포의 신호 전달 체계는 외부 자극에 대응하기 위한 세포 반응의 일종으로, 특정 유전자의 발현을 증가 또는 감소시키는 역할을 한다. 이 중 p38 MAPK 신호 전달 체계는 세포 주기, 세포 분화 등과 관계된 것으로 알려져 있다.) 배양육에 활용할 성체 줄기세포의 분화능 유지를 위한 추가 연구가 필요한 상황이라고 할 수 있다.

이렇게 현실적으로 배양육을 만들기 위해 채취한 근위성세포는 생체 밖으로 나온 후 시간이 지남에 따라서 점차 분화 능력이 감소하는 단점이 있다. 그래서 주기적으로 채취하여 새로 배양을 하는 과정이 필요하다. 도축보다는 덜하겠지만 이 단계에서 동물의 고통을 줄이고, 채취 횟수를 최소로 하는 방법을 찾아야 한다.

이제 세포를 추출했으면 성장에 필요한 환경을 마련하고, 영양분을 공급해야 한다. 닭, 소, 생선 등 키우려는 세포주마다 필요한 영양 조건이 다르다. 따라서 사용하는 배양액 조성도 달라진다. 하지만 일반적으로 동물세포 배양액에는 포도당, 아미노산, 비타민, 무기질 등 세포의 생존을 위해 필요한 영양 성분이 첨가되어 있다. 그리고 배양 중 다른 미생물의 오염을 막기 위해 페니실린 같은 항생제를 배양액에 소량 넣는다.

이와 함께 전통적으로 세포를 키울 때 배양액에 첨가하는 물질 가운데 FBS(Fetal Bovine Serum)가 있다. 성장인자를 함유해 세포가 잘 자라도록 하고, 배양접시 표면에 부착을 돕는 역할을 한다. 하지만 FBS의 의존도를 낮추는 것이 배양육 기술의 중요 과제다. FBS는 소의 태아에서 얻어지기 때문이다. 주로 젖소를 도축할 때 배 속 태아의 혈액에서 채취한다. 이는 생명을 빼앗지 않고 배양육을 소비하려는 의도에 위배되는 과정이다. 또한 FBS는 매우 비싸 배양육의 단점인 높은 가격에 영향을 미친다.

다행히 최근에는 FBS 대체재 개발에 뛰어든 회사가 늘어나고 있다. 한 예로 모사미트사는 FGF-2, VEGF, IGF-1 등의 성장인자를 첨가하고 화학적 조성을 조절한 무혈청 배지에 관한 연구를 수행한 바 있다. 또한 씨위드라는 국내 신생 기업은 세

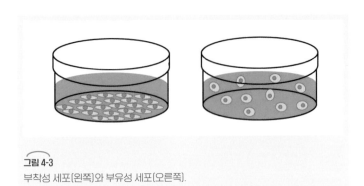

그림 4-3
부착성 세포(왼쪽)와 부유성 세포(오른쪽).

포 성장에 관여하는 호르몬과 성장인자를 포함하는 미세 조류를 FBS 대체재로 활용하는 연구를 진행 중이다.

그리고 배양육에서 중요한 기술 중 하나는 지지체(scaffold)다. 세포는 부착성과 부유성으로 나눌 수 있다. 부착성 세포는 말 그대로 배양접시 바닥에 붙어서 자라고, 부유성 세포는 배양액에 떠다니며 자란다. 부유성 세포로는 일부 면역세포나 조혈세포가 있고, 포유동물에서 채취한 대부분의 세포는 부착성인 경우가 많다(인위적으로 부착성 세포를 부유성 세포처럼 떠다니면서 자라도록 할 수는 있다). 근육세포 또한 기본적으로 부착성 세포다. 따라서 배양접시 바닥에 붙어서 자란다. 이렇게 되면 배양육 생산 효율성이 떨어진다. 바닥에 붙어 평평하게 자라는 것보다는 입체 형태로 부피가 커질 수 있도록 배양하는 것이 효율적일 것이다. 그래서 지지체를 이용한다.

지지체는 세포가 붙어 자랄 수 있는 입체 틀이라고 보면 된

그림 4-4
씨위드사가 해조류로 만든 다공성 지지체.

다. 세포가 부착할 표면적이 넓고 영양분이 잘 공급되는 형태가 유리하다. 그래서 스펀지처럼 구멍이 뚫린 형태가 많다. 또한 식용 가능한 소재로 만들어져야 한다. 배양 후 지지체와 세포를 분리하는 데 비용과 노력이 많이 소요되므로 이 과정을 생략하는 것이 효율적이다. 지지체의 식감은 육류의 식감을 해쳐서는 안된다. 때문에 지지체에 대한 연구도 계속 이루어지고 있다. 콩에서 추출한 단백질, 해조류에서 추출한 알긴산 등을 이용하여 스펀지 같은 형태의 지지체를 개발한 사례가 있다.

이렇듯 다양한 방식으로 대체육을 만들기 위한 연구가 진행되고 있다. 식물성 대체육에서는 식감과 풍미를 진짜처럼 만들기 위한 노력이 진행 중이며, 배양육에서는 좀 더 윤리적이고 대량생산이 가능한 조건을 찾기 위해 고심한다. 대체육 기술의 발달은 윤리적 이유뿐만 아니라 결국 지구상에 사는 다양한 사람들의 선택권을 존중하는 방안이 되지 않을까 생각한다.

골수이식은 더 이상 두려운 일이 아니다

생명과학

김선자

우리는 종종 특별한 날을 기다린다. 기다리든 기다리지 않든 시간이 지나면 그날은 당연히 오게 마련이다. 그러나 누군가에게는 정해지지 않은 기다림이라는 것도 있다. 백혈병, 골수 추출, 골수이식 등 생각만 해도 무섭고 두려운 단어다. 가족이어도 쉽사리 이식이라는 나눔을 마음먹기란 어렵다. 결정을 했다고 해도 당장 나눠 가질 수 없는 것이 바로 골수다. 콩 한쪽 나눠 먹듯 쉬운 일이 아니라는 말이다. 즉, 나와 유전적으로 일치해야만 골수이식이 가능하다.

결국 유전자 단짝을 찾아야 하는 것이고, 그 운명의 상대를 만날 확률은 2만 분의 1로 희박하다. 이런 '운명의 단짝'을 찾아 혈액암 치료를 도운 새내기 공무원이 소개된 적이 있다. 많은 상대를 만날수록 운명의 단짝을 만날 확률은 높아진다. 골수 기증에 대한 오해를 풀면 그렇게 될 수 있다. 이제는 골수 기증도 헌혈처럼 할 수 있게 되었기 때문이다. 잘못된 인식과 선입견을 날려버리고 용기를 내보자. 누군가가 간절하게 기다리는 그날을 위해….

혈액세포를 만드는 공장

조혈모세포를 한자로 풀이해보면 '조(造), 만들다', '혈(血), 피', '모(母), 어머니'로, '피(혈액)를 만들어내는 어머니' 세포로 해석된다. 어머니로 표현한 것은 공장이라는 의미로 해석할 수도 있다. 즉, 혈액을 만들어내는 공장 세포를 조혈모세포(hematopoietic stem cell, HSC)라고 한다. 이것은 모든 종류의 혈액세포를 생성하는 줄기세포의 한 종류다. 백혈구, 적혈구, 혈소판과 같은 혈액세포로 분화할 수 있는 미분화된 세포로, 정상인 혈액의 1퍼센트를 차지한다. 이 세포가 끊임없이 분열해서 적혈구, 백혈구, 혈소판을 만들어내므로 우리 몸의 혈액세포 수가 항상 일정하게 유지되는 것이다.

조혈모세포는 보통 뼈 내부에 있는 스펀지 같은 부드러운 조직인 골수에 있다. 골수에서는 하루에 적혈구는 20억 개/kg, 혈소판은 70억 개/kg, 백혈구(과립구)*는 8억 5,000만 개/kg이 생산된다. 혈액을 만들어내는 조혈 작용이 활발한 골수는 적혈구 색깔 때문에 적홍색을 띠어 적색골수라고 한다. 하지만 나이가 들수록 지방세포로 변하면서 조혈 작용이 없는 황색골수가 된

---

* 백혈구는 세포질 내의 과립 유무에 따라 과립백혈구(호중구, 호산구, 호염기구)와 무과립백혈구(림프구, 단핵구)로 나뉜다.

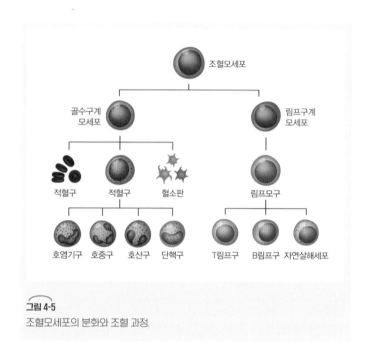

조혈모세포

골수구계
모세포

림프구계
모세포

적혈구   적혈구   혈소판

림프모구

호염기구 호중구 호산구 단핵구

T림프구 B림프구 자연살해세포

그림 4-5
조혈모세포의 분화와 조혈 과정.

다. 즉, 태아는 모든 뼈가 적색골수를 갖지만 이후 성장하면서 황
색골수로 바뀐다. 성인은 긴 뼈의 끝부분, 허리 쪽 골반 부분, 척
추, 대퇴골, 흉골, 갈비뼈 등에 적색골수가 남아 있다.

헌혈 같은 조혈모세포 기증

2019년 질병관리청의 골수 기증 인식 조사 결과를 보면, 기증
의향이 없다는 이유 중 '막연한 두려움'이 40.9퍼센트로 가장 크

다. 이렇듯 골수 이식에 대해 두려운 것, 위험한 것이라는 선입견이 강하다. 마취도 없이 골반에서 골수를 채취하고, 고통스러워하는 모습이 영화나 드라마에서 자주 부정적으로 묘사되기 때문이다. 그러나 이런 장면은 이제 드라마에서만 볼 수 있는 자극적이고 과장된 요소이고, 과거일 뿐이다. 정확한 표현은 골수 채취가 아니라 골수라는 조직에 있는 조혈모세포를 채취하는 것이다.

조혈모세포는 위치에 따라 채취하는 방법이 구분된다. 뼈 안의 골수에 있는 조혈모세포를 채취하는 것이 과거 시행해오던 방식이다. 최근에는 헌혈하듯 한쪽 팔에서 혈액성분분리기로 조혈모세포층을 채집하고 나머지 적혈구, 혈장 성분은 다시 환자에게 돌려주는 말초 혈액(전신을 순환하고 있는 혈액) 조혈모세포 채취 방법이 시행된다.

또한 조혈성장촉진제(백혈구촉진제)를 3~4일 투여하여 골수 내 조혈모세포를 자극해 유도하면 말초 혈액에서도 많은 양을 얻을 수 있다. '대한적십자사의 기증 방법별 현황'을 보면 최근 10년간 말초혈조혈모세포 기증이 2,758회인 반면 골수 채취를 통한 이식은 12회뿐이다. 대부분 일반적으로 헌혈하듯 조혈모세포를 기증할 수 있다는 것이다. 마지막으로 과거 분만과 함께 버려졌던 태반과 탯줄에도 조혈모세포가 많다. 이것이 바로 제대혈이다.

운명의 단짝을 만날 확률은

조혈모세포 기능에 장애가 생겨 정상적으로 골수에서 만들어져야 하는 혈구들이 생성되지 못하면 빈혈, 출혈, 세균 감염 등의 증상이 나타난다. 심각하게는 백혈병, 재생불량성빈혈, 혈액암과 같은 난치성 혈액질환이 나타나고 이 경우 항암제, 방사선 등으로 병든 조혈모세포를 모두 소멸시킨 후 건강한 조혈모세포를 이식받게 된다. 타인의 조혈모세포를 이식하는 '동종조혈모세포이식'과 자신의 것을 이식하는 '자가조혈모세포이식'이 있다.

아무에게서나 조혈모세포를 이식받을 수는 없다. 가족이 아닌 누군가에게 동종조혈모세포이식을 받으려면 유전자형이 일치해야 한다. 전문적으로 말하자면 조직적합항원(human leukocyte antigen, HLA) 유전자형이 일치해야 한다. 조직적합항원은 세포의 표면에 있는 단백질로 일란성 쌍둥이를 제외하고는 모두 다른 것을 가지고 있다. 이는 6번 염색체에 표현되며 자신과 남을 구분하는 중요한 표시다. 이 항원의 유전자형이 일치하지 않으면 건강한 세포를 이식해도 몸에서 거부반응이 나타난다.

이 항원의 유전자형이 일치할 확률은 얼마나 될까? 한국 조혈모세포은행협회에 따르면 0.005퍼센트, 즉 2만 분의 1이라고 한다. 실제로 한 직장인은 2008년 조혈모세포 기증 희망자에 등록한 후 14년이 지난 2022년, 한국조혈모세포은행협회로부터

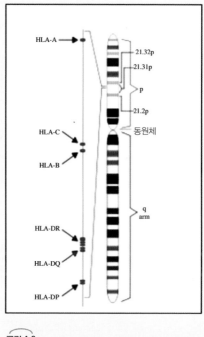

그림 4-6
6번 염색체 유전자 지도.

조직적합항원 유전 형질과 100퍼센트 일치하는 환자가 있다는 연락을 받았다고 한다. 기증을 하고자 해도 항원이 일치하는 환자를 찾기란 기적 같은 일인 것이다.

　조직적합항원은 HLA-A, HLA-B, HLA-C와 HLA-DR, HLA-DQ 형태 등으로 구성되어 있고, 조혈모세포를 이식받기 위해서는 가능한 A, B, DR이 일치해야 한다. 부모로부터 유전되므로 각 형태당 2개의 항원을 가지고 있다. 즉, 6개 항원이 서로 일치해야 하는 것이다. 이것은 혈액형 일치 여부와는 상관이 없다. 같은 부모를 가진 자식은 총 네 가지 형태 중 한 가지를 갖게 되어 형제, 남매, 자매 간 일치할 확률은 25퍼센트가 된다. 부모와 자식 간에는 두 가닥의 유전자 중 각각 한쪽을 이어받으므로 반밖에 일치하지 않는다.

조직적합항원이 일치하지 않는 경우나 동종조혈모이식 시에도 환자의 몸에 백혈구가 남아 이식된 조혈모세포를 배척하여 혈액을 만드는 능력이 회복되지 않는 거부반응이 일어나기도 한다. 또는 공여자의 세포가 면역 기능이 저하된 환자의 숙주세포를 공격하는 이식편대숙주반응 등의 면역학적 문제가 생길 수 있다. 자가조혈모세포이식은 HLA가 일치하는 기증자를 찾지 못할 경우 선택하는 방법으로 이식편대숙주반응은 절대 일어나지 않지만 종양세포를 완전히 제거하기 어렵기 때문에 재발의 가능성이 있다.

유전자 반 일치 이식과 유전자 완전 일치 이식

요즘 저출산 영향으로 형제 공여자를 찾기가 어려워졌고 형제가 없거나 일치하지 않을 경우 조혈모세포은행을 통해 비혈연 공여자를 찾지만 앞서 언급했듯 매우 어려운 일이다. 이에 최근에는 조직적합항원이 절반만 일치하는 혈연 반 일치 조혈모세포 이식이 점차 증가하고 있다. 서울대학교 연구팀은 2013년 1월부터 2020년 4월까지 소아청소년 고위험 급성 백혈병 환자를 대상으로, 혈연 반 일치 공여자 이식 그룹(35명)과 비혈연 공여자 이식 그룹(45명)의 치료 결과를 비교, 분석한 결과를 내놓았다. 이는 조직적합항원이 일치하는 비혈연 공여자를 찾지 못해 조혈모세포 이식을 받을 수 없었던 많은 환자에게 반 일치 이식이 새로운 대안이 될 수 있을지 확인하기 위함이었다.

그 결과는 매우 고무적이었다. 조직적합항원이 절반만 일치하는 혈연 반 일치 이식을 받은 환자의 생존율은 88.6퍼센트였다. 그리고 조직적합항원이 일치하는 비혈연 이식을 받은 환자의 생존율은 83.7퍼센트로, 이 두 그룹 간 치료 효과는 대등한 것으로 나타났다. 부작용인 이식편대숙주반응의 발생률은 반 일치 이식에서 11.4퍼센트, 비혈연 이식 시는 18.3퍼센트로 오히려 반 일치 이식이 더 낮은 경향을 보였다. 이 연구 결과는 적절한 공여자가 없어 조혈모세포 이식을 받기 어렵거나 이식이 늦춰졌던 환자에게 반 일치 이식이 필요한 경우 효과적이고 안전하게 이식을 시행할 수 있음을 시사한다.

생명 나눔이 활성화되기를

앞서 언급했듯, 조혈모세포 이식이 골수이식으로 인식된 탓에 아직도 조혈모세포 기증에 대한 공포심이나 부정적 편견이 많다. 골수이식은 5퍼센트 정도로 매우 드물게 시행되며 현재는 거의 하지 않는다. 말초혈조혈모세포 기증자의 조혈모세포는 기증 후 2~3주 안에 원래대로 회복되며 기증자의 혈액세포 생산 능력에도 영향을 주지 않는다.

사실 말초혈조혈모세포 기증은 법적 근거가 없었다. 장기이식법상 '장기 등' 정의에 '골수'만 규정되어 있어 16세 미만인 미성년자의 골수는 채취할 수 있지만 말초혈 채취는 위법 행위고 형사 처벌 대상이었다. 하지만 90퍼센트 이상이 말초혈을 사용하고 있었기 때문에 골수에 준해 말초혈조혈모세포 이식을 시행해왔다.

1999년 2월에 제정된 '장기 등 이식에 관한 법률'은 장기매매 근절에 중점을 두고 시행되어 장기 기증 활성화에는 큰 영향을 미치지 못했다. 이후 장기 기증에 대한 국민들의 인식 향상과 의료 기술 등의 발전으로 장기 기증 활성화를 위한 법률 변화가 꾸준히 이루어졌다. 그중 의미 있는 변화가 바로 '조혈모세포 이식을 목적으로 하는 말초혈'을 '장기 등'의 정의에 포함되도록 명확히 하고, 16세 미만인 사람으로부터 예외적으로 적출할 수 있는 장기 등에 말초혈이 추가된 것이다.

일반인의 골수 혈액에는 조혈모세포가 약 1퍼센트 존재한다고 했다. 이 1퍼센트의 미미한 존재가 가진 커다란 힘을 용기와 나눔을 통해 느껴보는 건 어떨까? 조혈모세포에 대한 오해를

풀고 부정적인 인식이 개선되어 많은 이들이 용기를 내었으면
한다. 1퍼센트의 용기가 100퍼센트의 기적을 만들 수 있지 않
을까.

PART 5

지구에서
공존하기 위한
절박한 외침

기후재앙을 막을 수 있었던
한계 시점은 이미 넘었다

(지구과학, 기후과학)

지질학으로 본
다이아몬드의 가치

지구과학

정원영

지구상에서 가장 단단한 광물, 영원함을 상징하는 보석. 바로 다이아몬드다. 경제적 가치가 높아서 사람들은 다이아몬드를 얻기 위해 엄청나게 넓은 땅을 파내며 지형을 훼손하고 토양을 오염시킨다. 그 과정에서 물을 비롯한 어마어마한 자원을 소비하고 온실가스 배출을 일으키기도 한다. 다이아몬드 채굴을 위해 노동력을 착취하거나 폭력을 행사하는 일도 오래전부터 지적되던 문제다. 그럼에도 많은 이들은 여전히 다이아몬드 자체에 가치를 부여하며 환호한다. 도대체 무엇이 다이아몬드를 그토록 가치롭게 하는 것인지 과학적인 관점에서도 한번 살펴보도록 하자.

다이아몬드의 형성 과정

다이아몬드는 땅속에서 오랜 시간을 거쳐 고온과 고압을 받아 만들어진다. 우리가 접하는 대부분의 다이아몬드는 대개 150~250킬로미터 지하인 암석권에서 생성되지만, 지하 410~800킬로미터에 이르는 전이대와 하부 맨틀에서 만들어지기도 한다. 이렇게 더 깊은 곳에서 형성되는 것을 슈퍼딥(super-deep) 다이아몬드라고 부른다. 깊이에 따라 다이아몬드 내부에

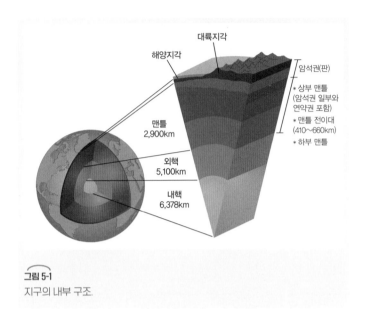

해양지각

대륙지각

암석권(판)

* 상부 맨틀
(암석권 일부와
연약권 포함)
* 맨틀 전이대
(410~660km)
* 하부 맨틀

맨틀
2,900km

외핵
5,100km

내핵
6,378km

그림 5-1
지구의 내부 구조.

포획된 기포 성분이 서로 달라 생성된 위치를 유추할 수 있다.

　다이아몬드는 탄소로 이루어져 있다. 탄소로 구성된 물질 중에 다이아몬드와 가장 많이 비교되는 것이 바로 흑연이다. 둘 다 탄소로 구성된다는 공통점이 있지만, 흑연은 쉽게 부스러져서 연필심으로 활용되는 것과 달리 다이아몬드는 지구상에서 가장 강한 물질의 지위를 가진다. 이를 가르는 특징은 바로 탄소 원자 간 결합력의 세기이며 그것은 바로 생성 조건으로부터 기인한다. 다이아몬드가 만들어지는 땅속 깊은 곳은 매우 높은 압력과 열이 있어 탄소 원자들을 강하게 결합시킨다. 인공적으로 다이아몬드를 만들기 위한 실험실 조건을 약 6만 기압과 섭씨

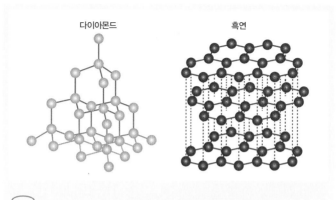

다이아몬드 흑연

그림 5-2
다이아몬드와 흑연의 탄소 원자 간 결합 구조.

2,500도로 설정한다고 하니 가히 상상하기도 어려운 환경이다. 땅속 깊은 곳에서 만들어진 천연 다이아몬드를 채굴하기까지 막대한 자원이 들지만, 인공 다이아몬드를 합성하는 일도 실은 쉽지 않은 것이다.

보석으로서의 다이아몬드를 떠올리면 투명함이 대표적이다. 다이아몬드가 투명할 수 있는 이유 역시 탄소라는 단일 원자로 구성되고, 이들이 매우 강한 결합을 가졌기 때문이다. 어떠한 색의 빛이든 방해 없이 통과되지 못하고 내부에서 반사를 반복하면서 다이아몬드가 여러 각도에서 반짝거리게 해준다. 따라서 생성 과정에서 다른 물질이 섞이거나 방사선 노출 등 외부적인 이유로 원자구조가 바뀌면 여러 가지 색을 띠게 된다. 질소가 섞이면 황색, 붕소가 섞이면 청색 다이아몬드가 되고, 방사선 노출이 된 경우에는 녹색을 띤다.

그런데 순수하게 투명하고 영롱한 다이아몬드가 보석으로서 인기와 가치는 가장 높지만, 사실 과학자들은 다이아몬드에 섞인 불순물이나 그 안에 갇힌 내포물을 통해 의미 있는 연구를 한다.

다이아몬드가 주는 지질학적 선물

지구의 깊은 내부에는 여러 원소가 있고 온도와 압력 조건도 다양하므로 새로운 광물이 만들어지고 존재할 것으로 추정해볼 수 있지만, 사실 우리가 이를 직접 관찰하기란 쉽지 않다. 인간이 지구 내부에 접근하는 일은 우주로 나아가는 것보다 훨씬 어렵다. 그러니 지구 내부에서 형성된 광물을 연구하려면 그 광물들이 지표 근처까지 이동해 와줘야 한다. 그런데 지구 내부에서 지표로 이동하는 동안 광물들은 생성 조건과는 다른 환경을 거치게 되고, 그 과정에서 성분이 달라져버린다.

이때 고맙게도 바로 다이아몬드가 지구 깊은 곳에서부터 지표 가까이까지 광물을 그대로 보존한 채 나르는 이동 수단 역할을 한다. 2021년만 해도 이와 관련된 다양한 지질학적 연구가 여러 건 발표되었다. 지하 깊은 곳에서 형성되는 다이아몬드를 우리가 접할 수 있는 것은 주로 화산 분출 덕분이다. 화산은 지구 내부의 물질을 지상으로 옮겨주는 자연현상으로, 이때 분출되는 암석에 다이아몬드가 함께 붙어서 나오는 것을 채굴하여 활용한다.

2021년 4월에는 지하 360~750킬로미터에서 만들어진 다이아몬드 안에서 발견된 금속 내포물의 철 동위원소 비율을 분석하여 지각 속 사문석이 지구 내부로 이동되었을 증거를 찾아냈다. 앞서 말한 대로 지구 내부와 그 움직임을 인간이 직접 관측해 연구를 진행하기란 어렵다. 시공간적인 접근 자체가 제한되기 때문이다. 이론적으로 유추한 바의 증거를 찾아내는 것이 그래서 반가운 일이다. 지각에 있던 암석이 지구 내부로 이동되었다는 증거는 곧 판의 섭입 과정에 대한 이론을 지지하는 사항이 된다.

지구는 여러 개의 판으로 이루어져 있고, 그 판은 지각과 맨틀 상부를 일부 포함하며 각각 다양한 방향과 속도로 움직인다. 우리가 익히 들어서 아는 '판구조론'이다. 판과 판의 경계에서는 여러 현상이 일어나는데, 밀도가 높은 해양판과 상대적으로 밀도가 낮은 대륙판의 경계에서는 더 무거운 해양판이 상대적으로 가벼운 대륙판 아래로 파고 들어가는 '섭입'이 일어난다. 판이 밀려들어 가면서 약 100킬로미터 깊이가 되면 해양판 위의 뜨거운 연약권에서 용융이 일어나고, 지각에 들어 있던 물이 섭입하는 판에 의해 깊은 곳으로 이동한다. 땅속 깊은 곳에서는 압력이 증가해 암석의 공극으로부터 물이 빠져나오고, 물이 있으면 암석은 더 낮은 온도에서도 녹게 된다. 겨울철에 눈을 빨리 녹이기 위해 소금이나 염화칼슘을 섞듯이, 순물질보다는 혼합물에 녹는 점내림이 나타나는 것과 같은 원리다.

이렇게 땅속 깊은 곳으로 가게 되면 열과 압력에 의해 변성작용이 일어나는데, 암석에 포함된 유체(주로 물)의 종류나 특성(산성도, 온도 등)에 의해서도 나타난다. 사문석은 주로 감람석을 기원으로 변성된 광물로, 물을 함유하고 있고 마그네슘이 풍부하다는 특징을 가진다. 사문석이 섭입을 통해 지하 깊은 곳에 존재할 것으로 생각은 했으나, 직접적인 증거가 없던 중 다이아몬드 안에 있던 내포물을 통해 이를 알아냈다는 것이다. 다이아몬드 속 철 성분의 무거운 동위원소 비율이 맨틀 속 철 성분의 비율보다 더 높았기 때문에 다이아몬드 속 내포물은 맨틀로부터 얻어진 것은 아니며, 감람석이 사문석으로 변성될 때 나타나는 철 성분과 오히려 유사하므로 지하에서 만들어진 사문석이 훨씬 더 깊은 곳까지로 이동해 간 후 다이아몬드 안에 포획되었다는 해석을 할 수 있다.

2021년 5월에는 과학자들이 다이아몬드 속 유체를 분석하여 수십억 년에 걸친 암석권의 화학조성 변화를 밝혀내기도 했다. 남아프리카 지역에서 채굴한 다이아몬드를 대상으로 방사성 연대 측정을 하여 원생누대(26억 년~7억 5,000만 년 전)에 만들어진 다이아몬드에는 탄산염이 풍부하고, 5억 4,000만 년~3억 년 전에 형성된 다이아몬드에는 규소가 포함되어 있음을 확인했다.

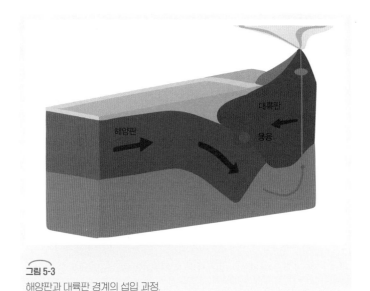

또한 가장 최근에 형성된 것으로 보이는 다이아몬드에는 나트륨, 칼륨이 들어 있었다. 이는 시대별로 지구 내부의 조성이 어떻게 달라져왔는지를 보여주는 증거가 된다.

사실, 그동안 다수의 다이아몬드 연구가 지구 역사에 대한 정보를 제공했다. 2007년 호주에서는 방사성 연대 측정 결과 30억 6,000만 년~42억 4,000만 년에 만들어진 것으로 추정되는 다이아몬드가 발견되었다. 이는 이미 최대 42억 년 전 지구에 두꺼운 대륙 지각이 존재했을 가능성을 전달하는 결과다. 2016년 남아프리카공화국 연구팀은 세계에서 가장 오래되었다고 알려진 다이아몬드 표본의 방사성 연대 측정을 진행했다. 그 결과

다이아몬드를 포함한 암석이 35억 년~31억 년 전에 만들어졌음을 확인하고, 내부 성분 중 질소 동위원소 구성비를 조사했더니 질소가 지각에서 유입되었음을 파악했다. 그리고 이를 바탕으로 지각과 지구 내부 사이에 움직임이 있었음을 유추하고, 이르면 35억 년 전에 판구조론이 시작되었을 것으로 추정했다. 물론 지구의 역사에 대한 해석은 보다 많은 증거와 자료가 축적된 뒤 과학자들 간 수렴되는 합의가 필요하겠지만, 그 과정에 다이아몬드가 중요한 역할을 하고 있다.

2021년 11월, 660킬로미터 깊이의 지구 내부로부터 형성된 다이아몬드 안에서 데이브마오이트(Davemaoite)라는 새로운 광물을 발견했다. 데이브마오이트는 지구의 하부 맨틀에서 생성된 고압 규산칼슘-페로브스카이트($CaSiO_3$-perovskite)다. 맨틀 물질의 5~7퍼센트를 차지하며, 존재할 것이라 예측은 하고 있었다. 그러나 지표로 이동하면서 압력이 감소되는 환경에서는 다른 광물로 분해되어 실제로는 그 존재를 관측하지 못하던 중에 다이아몬드가 이 광물을 온전히 보호해 발견할 수 있었던 것이다.

이처럼 다이아몬드를 다시 살펴보면, 우리에게 미지의 대상이던 지구 내부와 역사에 대한 다양한 정보를 보존한다는 지질학적 가치가 있다. 다이아몬드 안에 담겨 우리에게 전달되는 지구 내부의 여러 물질은 이제 더 이상 불순물이 아니라, 소중한 연구 데이터로 불려야 할 것이다. 그리고 앞으로는 크고 투명한 보석을 찾기 위해 자행되는 여러 환경적, 인권적 부작용을 감수하는 대신에, 다이아몬드가 전하는 지구의 자연적 모습을 제대로 이해하고 지켜나가기 위한 노력으로 관심과 에너지를 돌려보는 것은 어떨까 싶다.

꿀벌은 왜 사라지는가

생명과학

양회정

2021년 5월 20일 내셔널지오그래픽 홈페이지에 할리우드 배우 안젤리나 졸리(Angelina Jolie)가 꿀벌 6만 마리에 뒤덮인 충격적인 화보와 인터뷰 영상이 공개되었다. 이 화보를 촬영한 사진작가 겸 양봉가인 댄 윈터스(Dan Winters)에 따르면 졸리는 꿀벌을 유인하기 위해 온몸에 여왕벌의 페로몬을 바르고 벌들이 상반신을 기어 다니는 와중에도 촬영 시간 18분 동안 집중력을 유지했으며, 벌 한 마리가 드레스 밑으로 들어가 허벅지 위를 기어 다닐 때도 침착하게 촬영에 임했다고 한다.

뿐만 아니라 몸에 다른 냄새가 섞이지 않도록 촬영 사흘 전부터 샤워도 하지 않았다 한다. 곤충, 특히 벌이 온몸을 기어 다니는 것은 상상만 해도 오금이 저릴 정도로 많은 사람들이 기겁을 하는데 졸리는 왜 꿀벌로 몸이 뒤덮인 화보를 찍었을까? 그리고 평소 여성, 난민, 이민자 등 소수자의 인권에 특히 관심이 많은 그가 우리에게 전하고 싶은 메시지는 과연 무엇일까?

2017년 12월, 유엔은 벌이 생태계의 균형과 생물 다양성 보존에 중요한 역할을 한다는 사실을 세상에 널리 알리고자, 양봉의 선구자로 불리는 슬로베니아의 안톤 얀샤(Anton Janša)의 생일인 5월 20일을 '세계 벌의 날'로 지정, 공포했다. 2021년 유네스코는 프랑스 화장품 회사 겔랑과 공동으로 여성 양봉가를 지원하는 우먼 포 비(Women for Bees) 프로젝트를 추진했다. 이 프로젝트는 2025년까지 유네스코 생물권 보호 구역 내에 벌집 2,500통을 설치하여 지구상에서 사라지고 있는 꿀벌의 개체 수를 1억 2,500만 마리로 늘리고자 하는 것이다. 동시에 중국, 인도네시아 및 유럽 등 유네스코가 지정한 전 세계 25곳의 생물 보호 구역에서 여성 양봉가와 기업가 50명을 양성하도록 지원한다.

겔랑은 이 프로젝트 후원을 위해 200만 달러를 기부했다. 유네스코가 우먼 포 비 프로젝트의 홍보 대사로 임명한 졸리는 인터뷰에서 '생명을 유지시키는 꽃가루 매개체를 보호하는 것은 우리의 과제이며, 벌과 벌이 꽃가루를 옮기는 수분 활동과 자연에 대한 존중은 여성의 생계 문제와 기후변화를 해결하는 일과 연결된다'라고 밝히면서 '세계 벌의 날'을 맞아 벌의 이로움과 중요성을 강조했다.

꿀벌과 아인슈타인

꿀벌의 개체 수 감소가 생태계에 미치는 영향을 다룬 뉴스나 기사, 자료 등을 보면 어김없이 나오는 문구가 있다. 20세기 최고의 과학자 아인슈타인이 말했다는 '지구상에서 꿀벌이 사라지면 인류는 4년 이내에 멸종한다'라는 것이다. 아인슈타인이 아무리 천재적인 과학자라 할지라도 곤충과 생태에 관심을 가지고 연구하지 않았을 뿐만 아니라, 확실한 증거와 실험을 토대로 논리와 이론을 완성해나가는 그가 꿀벌과 인류의 멸종이라는 상관관계를 도출한 증거는 무엇이며, 또 4년이라는 기간을 무슨 근거로 설정한 것인지 몹시 궁금하다.

이러한 의문을 가진 사람들이 진위를 파악하고자 스놉스(snopes.com)에 문의했다. 스놉스는 접수된 전설(?)의 거짓과 참을 밝히기 위해 논문 같은 학술 자료와 다양한 서적을 활용해 전설에 대한 객관성과 합리성을 확보한다. 그래서 CNN, 폭스뉴스 등 대중에게 유명한 언론 매체가 스놉스의 결과를 자주 인용한다.

스놉스가 내린 결론은 '아인슈타인은 꿀벌과 인간의 멸종에 관련된 이야기를 한 적이 없다'였다. 아인슈타인은 1900년대 초·중반대에 살았던 유명한 과학자였기에 기원전이나 중세에 비해 행적, 출판물, 강의 내용, 서신 등 자료가 상당히 잘 보존된 편이다. 그에 관한 어떠한 기록에서도 꿀벌, 인류 멸종, 4년이란 문구는 찾아볼 수 없었고 심지어 그것과 비슷한 말을 했다는 증거도 전혀 없었다. 한마디로 '지구상에서 꿀벌이 사라지면 인류는 4년 이내에 멸종한다'는 말은 아인슈타인이 살아생전 하지 않았고 글로도 쓰지 않았던 구절이었던 것이다.

그렇다면 이 문구는 누가 만들어냈을까? 아인슈타인 사후 40년이 지났을 무렵, 1994년 벨기에로 시위를 하러 간 프랑스 양봉업자들이 자신의 권익을 지키기 위해 집회를 하면서 팸플릿을 만들어 배포했다. 여기에 '지구상에서 꿀벌이 사라지면 인류는 4년 내에 멸종할 것이다'라는 말을 넣었고 출처를 아인슈타인으로 명기해버렸다. 프랑스 양봉업자들의 영리와 정치적인 목적을 위해, 꿀벌과 인류 멸종 그리고 생태계 연구와는 전혀 상관이 없는 아인슈타인의 명성을 도용하여 과학적인 정당성을 부여하려고 한 것이었다. 그러나 비록 아인슈타인이 꿀벌과 인간의 멸종에 관한 문구를 말한 바가 없다고 밝혀졌더라도, 꿀벌이 생태계에서 사라지면 인류에게 치명적인 영향을 끼친다는 점은 명명백백한 과학적인 사실이다.

식단의 변화

꿀벌은 누에처럼 인류가 오래전부터 길러온 곤충이다. 꽃의 암술과 수술을 옮겨 다니면서 꽃가루를 이동시켜 식물의 번식을 돕는 큐피드와 같은 곤충이자, 바람으로 식물을 수분시키는 풍매화에서 곤충을 매개로 하는 충매화로 식물을 진화시킨 주역이기도 하다. 꿀벌의 직접적인 조상은 육식성 말벌이다. 꿀벌 대부분은 육식에서 채식으로 식단을 바꾸고 8,000만 년 동안 꽃의 꿀과 꽃가루만 먹으며 지금까지 지구 행성에서 살아왔다. 오랜 시간 동안 꽃과 꿀벌은 서로의 몸 형태와 기능에 영향을 끼치면서 함께 공진화했다. 물론 모든 꿀벌이 채식을 하는 것은 아니다. 꿀벌류 중에 라틴아메리카 지역에 서식하는 독수리꿀벌(3종)은 썩은 고기를 먹어 치우는 독수리처럼, 꿀과 썩은 고기를 각각 다른 벌통에 2주간 저장했다가 썩은 고기를 단백질원으로 애벌레에 먹인다.

독수리꿀벌이 꽃가루에서 사체로 극단적으로 식단을 바꾼 것은 사체 분해에 꼭 필요한 젖산과 초산균으로 장내 미생물 군집을 바꾸었기 때문에 가능했다. 꿀벌이 채식에서 육식으로 다시 식단을 바꾼 셈이다. 과학자들은 독수리꿀벌의 식단 변화가 꽃꿀을 둘러싼 꿀벌 간의 경쟁이 심해져서 생겼으리라 추측한다. 그렇다면 꿀벌끼리의 경쟁은 왜 커졌을까? 어떠한 환경요인으로 이런 일이 생긴 걸까?

군집붕괴현상

꿀벌은 전 세계 곡물 75퍼센트의 수분을 책임지고 있다. 유엔환경계획(UNEP) 보고서를 보면 세계 식량의 90퍼센트를 차지하는 작물 100종 중 70종이 꿀벌의 수분 작용으로 생산된다. 미국 코넬대학 연구진은 아몬드는 100퍼센트, 딸기, 양파, 호박, 당근, 사과 등의 약 90퍼센트는 꿀벌의 수분에 의존한다고 밝혔다. 꿀벌의 개체 수 감소는 수십 년간 지속적으로 보고되더니 급기야 2006년 미국에서는 벌의 떼죽음 즉 군집붕괴현상(Colony Collapse Disorder, CCD)이 발생했다.

이는 꿀과 꽃가루를 채집하러 나간 일벌이 집으로 되돌아오지 않아 여왕벌과 유충이 폐사하는 현상이다. 미국에서 보고된 군집붕괴현상은 이제 캐나다, 브라질, 프랑스, 영국, 한국 등 나라를 가리지 않고 전 지구적으로 발생하고 있다. 그 결과 최근 10년 동안 꿀벌 개체 수의 40퍼센트가량이 감소했다고 한다. 이 현상이 세계 식량 위기 문제와 생태계 교란으로 이어질 것이라는 경고의 목소리가 나오는 이유이기도 하다.

과학자들은 꿀벌 군집붕괴현상의 원인을 밝히고자 매달렸다. 국내에서도 발생하여 양봉 농가가 큰 피해를 입은 '낭충봉아부패병'을 유발하는 바이러스, 곰팡이 및 꿀벌에 기생하는 진드기인 바로아응애 등을 일부에서는 원인으로 꼽기도 했다. 낭충봉아부패병은 치사율 90퍼센트의, 아직까지 치료제가 전혀 없는 질병이다. 육각형 벌집에서 자라는 애벌레의 소화기관이 이 바이러스에 감염되면 벌 방의 뚜껑이 쭈글쭈글해지고 애벌레는 부어오르면서 결국 죽게 된다.

그리고 네오니코티노이드(neonicotinoid)라는 신경계 교란 물질을 포함한 농약 3종이 군집붕괴현상의 또 다른 원인으로 지목되자, 유럽연합은 벌과 접촉이 없는 온실에서만 농약을 사용하도록 규제를 가하기도 했다. 또한 과학자들은 기후변화를 군집붕괴현상의 대표적인 원인으로 꼽기도 한다. 꿀벌은 온도 변화에 굉장히 민감한 변온동물인데 지구온난화 때문에 발생한 이상기후에 적응하지 못하고, 더구나 꿀벌이 꿀을 모으는 식물의 개화 기간이 짧아져서 꿀벌의 생존이 위협받았을 것으로 추측했다.

영국 《가디언》지(2021년 1월 22일 자)에 따르면 세계생물다양성정보기구(Global Biodiversity Information Facilities, GBIF)가 1990년부터 2015년까지 박물관, 대학, 시민과학자의 자료를 수집, 분석한 결과 2006년과 2015년 사이에 확인된 벌의 종은 1990년대보다 25퍼센트가량 감소했다. 무엇 때문에 꿀벌이 사라지는지를 알기 위해, 노아 윌슨 리치(Noah Wilson Rich) 박사는 미국 하버드대학과 MIT, NASA 등과 협업하여 10여 년에 걸친 큰 실험을 진행했다.

연구진은 꿀벌의 멸종 원인으로 농약, 전염병, 생물(식물) 다양성 훼손이라는 3개의 가설을 세웠다. 미국 전역 18개 주의 도시와 시골 지역에 1,000여 개의 벌통을 놓고 관찰한 결과, 꿀벌은 농약 농도가 높은 곳에서 더 잘 살았고 벌집도 더 오래 유지했으며 벌집에서 나오는 꿀의 양도 더 많았다. 즉, 꿀벌이 농약 등 화학제품 때문에 죽은 것은 아니었다. 그리고 꿀벌의 죽음이 전염병으로 인한 것인지 알기 위한 미국 노스캐롤라이나 주립대학 연구 결과에 따르면 꿀벌의 전염병은 시골이냐 도시냐에 상관없이 일어났고 전염병에 걸린 도시의 꿀벌은 시골의 꿀벌보다 더 높은 생존률을 보였다. 전염병이 꿀벌 멸종의 원인이라는 사실도 완전히 들어맞는 것은 아니었다.

마지막으로 꿀벌 거주지의 식물 다양성 훼손이 멸종 원인인지를 검증해보았다(거주지 가설). 꿀벌이 꿀을 얻는 식물의 다양성이 훼손되면 거주지가 파괴되어 결국 벌의 개체 수도 줄어들고 멸종의 길로 들어선다는 가설이다. 리치 박사는 유전학자인 앤 매든(Anne Madden) 박사와 같이 'HoneyDNA'라는 유전체 검사법을 개발하여 꿀벌이 어느 나무와 꽃에서 꿀을 얻었는지를 조사했다. 이에 따라 시골에 사는 꿀벌은 평균 150종, 도시 근교는 100종, 그리고 도시는 200종의 식물에서 꿀을 채취한다는 것을 파악했다. 이번 연구 결과는 꿀벌이 생존하는 순서(시골→도시 근교→도시)와도 잘 일치하였으며, 꿀벌은 도심 지역에서 가장 번성한다는 것도 알게 되었다. 리치 박사는 '도심은 도시 근교에 비해 꿀벌의 거주 환경 조건이 8배 이상 좋다'고 하면서 '전 세계 도심지 건물 옥상에 다양한 식물을 심는 공간을 마련해 도시의 식물 다양성을 유지하는 것이 꿀벌의 멸종을 막는 가장 효과적인 방법이다'라고 말했다.

살아남기 위한 꿀벌의 빠른 진화

꿀벌에게 강한 선택압으로 작용할 수 있는 요인은 지구온난화, 식물 다양성 훼손, 농약, 바이러스, 바로아응애 등 여러 가지가 있다. 미국 코넬대학과 일본 오키나와 과학기술대학원대학(OIST)이 공동으로 연구한 결과를 보면 꿀벌은 선택압에 맞서 자신의 유전자를 빠른 속도로 변화시켜 진화하고 있었다.

　연구진은 1990년대 중반, 바로아응애가 대량으로 발생했지만 미국 중부의 이타카 지역 주변에 살아남은 야생 꿀벌군과 1977년에 채집해 박물관에 보관된 꿀벌 표본의 DNA 유전자를 각각 분석하여 비교했다. 그 결과, 불편과 위험을 기피하고 회피하는 행동을 조절하는 도파민 수용체(AmDOP3) 유전자, 성장에 관여하는 유전자 및 세포핵 DNA뿐만 아니라 여왕벌에서 일벌로 전달되는 미토콘드리아 유전자에도 큰 변화가 생겼음이 밝혀졌다. 도파민 수용체는 꿀벌이 진드기를 씹고 몸에서 제거하기 위한 행동과 관련이 있다. 꿀벌의 애벌레 기간에 번식하여 애벌레를 포식하는 바로아응애의 전략에 맞서 꿀벌은 이 과정을 피하기 위해 애벌레 시기를 단축하여 빠른 성장이 가능하도록 진화했다.

따라서 1977년 꿀벌보다 바로아응애 대량 발생 이후 살아남은 현재 꿀벌은 크기가 작아졌고 날개의 형태도 변했다. 바로아응애의 공격에서 살아남은 여왕의 수가 크게 감소한 결과 모계로만 유전되는 미토콘드리아 DNA보다 세포핵에 있는 DNA의 유전적 다양성이 높게 유지되었다. 유전적 다양성이 높다는 의미는 환경의 변화에 적응하여 살아남을 가능성이 커졌음을 의미한다. 연구를 주도한 알렉산더 미헤예프(Alexander Mikheyev) OIST 교수는 '꿀벌이 바로아응애의 위협에 대응할 수 있는 유전적 저항성을 획득한 것으로 보이며, 이번 결과는 바로아응애의 공격에 강한 저항성을 가진 꿀벌의 품종 개량에 활용하여 향후 발생 가능한 꿀벌 멸종 위기를 극복하는 데 도움이 될 것이다'라고 말했다.

생물은 지구 행성에서 살아남기 위해 처절할 정도로 변화하고 진화한다. 진화는 아주 우연히 일어나지만 집단 전체가 멸망할 정도로 강한 선택압이 작용하면 생존을 위해 집단의 유전자에도 변화가 생긴다. 그것도 아주 빠른 속도로…. 결국 강한 자가 살아남은 것이 아니라 살아남은 자가 강한 것이다.

작은 꿀벌의 위대한 민주주의

이제 꿀벌에 대해 잘 알려지지 않은 재미있는 사실을 살펴보자. 꿀벌이 지구 생태계에 나타난 기원은 무려 1억 년 전, 공룡이 지구를 점령하던 그 당시까지 거슬러 올라간다. 그때부터 지금까지 꿀벌이 사라지지 않고 버틴 것은 꿀벌이 집단을 유지하는 데 중요한 비밀이 숨어 있기 때문이다. 꿀벌은 대부분 중심인 여왕벌과 일벌로 구성된 혈연집단으로, 일벌은 모두 여왕벌의 딸이자 자매다. 일벌은 서로서로 헌신적으로 협력하는데, 이 바탕에는 꿀벌의 민주적인 의사 결정 과정이 깔려 있다.

인간은 지구 생태계의 최상위에 있으며 해리 제이슨(Harry Jason)의 뇌화지수* 7로, 고등 척추동물 중 몸무게에 비해 가장

---

* 일반적으로 동물은 몸집이 크면 뇌의 무게도 따라서 커지는데, 뇌의 무게가 그 동물의 몸무게에 어울리는 표준적인 뇌의 몇 배에 해당하는지를 나타내는 수치다. 예를 들면 사람의 몸무게(60킬로그램)에 적당한 뇌의 무게는 200그램이나 실제로는 1,400그램으로, 7배나 무거운 뇌를 가지므로 사람의 뇌화지수는 7이다. 참고로 고래나 코끼리는 1 내외, 침팬지는 3, 돌고래는 7이다.

무거운 뇌를 가졌다. 이렇게 제일 똑똑하다고 자부하는 호모사피엔스도 완벽하게 운영하지 못하는 민주주의를 이토록 작은 몸집에 조그마한 뇌를 가진 꿀벌이, 그것도 아주 효과적인 직접민주주의 방식으로 집단을 위해 최선의 선택을 내린다니 도대체 어찌된 일일까?

꿀벌과 호모사피엔스의 민주주의는 몇 가지 면에서 차이가 있다. 우선 하루 1,500개에서 2,000개의 알을 쉴 새 없이 낳아 꿀벌의 개체 수를 늘려 한마디로 '알 낳는 기계'라고 할 수 있는 여왕벌은 존재는 하지만 군림하거나 통치하지 않는다. 여왕벌의 또 다른 중요한 일은 페로몬을 분비하여 일벌이 성적으로 성숙하지 못하도록 하여 혹여 다른 후손이 생겨서 집단이 분열되는 것을 미연에 방지한다. 꿀벌의 집단 유지에 필요한 그 외의 모든 일은 일벌이 맡아서 진행하는데, 지시하고 통제하고 군림하는 존재 없이 일벌끼리의 상호 소통으로만 집단을 성공적으로 운영하는 것이다.

분봉은 대통령 탄핵

여왕벌이 수도 없이 알을 낳다 보니 꿀벌 개체가 많아지면 집단을 분리(분봉)해야 하는 일이 생긴다. 많은 연구 결과 분가한 꿀벌은 새로운 거주지로 이사하느라 식량을 많이 비축하지 못했기 때문에 약 75퍼센트가 겨울이 끝나기 전에 죽는다. 이와 달리 기존 벌집의 꿀벌은 80퍼센트가 살아남는다. 결론적으로 분가를 한 꿀벌 집단은 죽을 확률이 높아지는 셈인데 이때 누가 떠나고 누가 남을지 어떻게 결정할까?

이사 가는 일벌과 남는 일벌이 어떻게 결정되는지는 아직까지 밝혀지지 않았지만, 다행스럽게도 어떤 여왕이 떠나는지는 알려졌다. 꿀벌의 무리가 커지면 왕좌는 여왕의 딸인 새 여왕이 차지한다. 따지고 보면 모두가 여왕의 딸(95퍼센트)이고 아들(5퍼센트)이다. 아들은 제 어미인 여왕을 노골적으로 핍박하는데, 탄핵이 시작된 셈이다. 여왕은 부당 탄핵을 당한 채 쫓겨나며, 오랫동안 살아온 집을 새 여왕에게 양보하고 기존 구성원의 3분의 2(보통 수천에서 1만 마리)와 함께 새로운 터전으로 이사하기 위해 일제히 날아오른다.

다수가 소수에게, 어미 여왕벌이 딸인 여왕벌에게 쫓겨나는 일은 인간의 보편적인 정서로는 이해가 되지 않지만 이것이 분봉이라 부르는 과정이다. 아마도 세상 경험이 없는 신생 여왕보다는 조금이라도 오래된 여왕이 떠나는 게 꿀벌의 생존과 진화에 더 긍정적인 영향을 미치기 때문일 것으로 추측만 할 뿐이다.

올바른 선택을 위한 올바른 과정

이제부터 이사 가는 꿀벌의 생존과 직결되는 일, 즉 새로운 터전을 구하는 문제를 해결해야 한다. 새집으로 이사한 꿀벌의 75퍼센트가 죽을 정도이니 보금자리를 구하는 것은 무리의 생존에 절대적인 일이다. 꿀벌은 이때 '신의 한 수'인 개방적이고 공정한 '직접민주주의'를 택한다. 먼저 수백 마리의 정찰병이 주변 5킬로미터 이내의 지형을 탐색하는데, 주로 경험 많은 일벌이 담당한다.

1997년에 보고된, 미국 코넬대학 토머스 실리 교수(그는 치렁치렁한 긴 생머리에 벨트 대신 흰 동아줄로 바지를 질끈 동여매고 다니는 매우 자유로운 영혼의 소유자였다)의 연구에 따르면 지상에서 6.5미터 정도 되는 높이에 있고, 입구가 양봉 벌통보다 약간 작은, 좁은 나무 구멍(내부 크기는 높이 150센티미터, 지름 20센티미터)을 새로운 집터로 선호한다. 신기하게도 나무 구멍 속 공간의 부피를 재기 위해 작은 정찰병들이 내부를 여러 각도에서 한참을 걸어보는데 그 거리가 무려 60미터에 이른다. 햇빛이 잘 비치는 남향도 필수적이다. 6.5미터 높이와 좁은 입구는 포식자에게 쉽게 발견되지 않고 침입을 막을 수 있는데 이는 꿀벌이 집단의 안전을 우선시하기 때문일 것이다. 햇빛이 잘 드는 곳을 고르는 것은 추운 날 에너지를 비축할 수 있어서다.

일단 집터가 마음에 들면 정찰병은 나무 구멍 안으로 들어가 샅샅이 조사한 후 몇 시간쯤 지나 동료에게 춤으로 보고하기 시작한다. 꿀벌이 춤을 춘다는 사실은 아리스토텔레스가 처음 알아냈다. 그리고 선호하는 꽃을 발견하면 벌집에서 엉덩이를 좌우로 흔드는 '엉덩이춤'과 좌우로 빙글빙글 8자 스텝을 밟는 '8자춤'을 춘다는 것은, 1944년 히틀러 치하에서 오스트리아 출신의 동물행동학자인 카를 폰 프리슈(Karl von Frisch)가 처음으로 밝혔다. 1973년 노벨생리의학상을 폰 프리슈에게 선물한 바로 그 유명한 '8자춤'이다. 정찰병은 숫자 8과 같은 모양으로 빙글빙글 돌면서 춤을 춘다. 이 춤에는 자신이 적당한 후보지를 발견했다는 것과 태양의 방향을 기준으로 그곳이 어디에 있는지(방향), 여기서 얼마나 떨어져 있는지(거리), 그리고 얼마나 좋은지(적합도)와 같은 정보가 들어 있다.

수백 마리의 정찰병은 저마다 자기가 발견한 장소가 가장 좋은 집터라고 내세우며 8자춤을 추고, 정찰병끼리 본격적인 경쟁이 시작된다. 연구 보고에 따르면 34곳의 후보지를 내세운 꿀벌 집단도 있지만 보통은 10~20곳이 나온다. 정찰병들은 자기가 찾은 곳이 좋은 집터라는 확신과 열정이 클수록 더 강하고 빠르게 오랫동안 열정적으로 춤을 춘다. 대통령 선거 주자처럼 열띤 대중 연설을 하는 셈이다.

각 정찰병의 확신과 열정을 지지하는 벌들이 대열에 합류하면서 한바탕 춤마당이 벌어진다. 재미난 사실은 지지자 벌들이 정찰병의 춤으로만 판단하지 않고 그 춤이 가리키는 집터 현장을 직접 가보고 난 후 결정한다는 것이다(비교-전환 가설). 마치 우리가 대통령을 뽑을 때 대선 후보의 공약에 관심을 갖고 자세히 살펴보며 과거의 업적을 꼼꼼히 따져보는 것과 일맥상통한다.

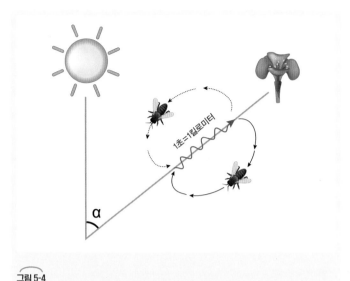

그림 5-4

꿀벌의 8자춤. 꿀벌이 찾은 먹이의 방향은 태양과의 각도, 먹이까지의 거리는 중앙의 파도 모양으로 추는 춤의 완성 시간(1초당 1킬로미터)으로 표현한다.

더욱 놀라운 일은 그 누구도 강제하지 않고 반대 의견을 누르는 일 없이 지지자들은 오로지 자유로운 의사에 따라 투표한다는 점이다. 우리 인간 세상의 선거에서 흔히 벌어지는, 상대방 후보에 관해 온갖 왜곡된 거짓 정보를 만들어 언론에 뿌려대거나 돈을 살포하여 유권자의 표를 매수하는 꼼수는 통하지 않는다. 아수라장 같은 꿀벌의 춤판은 시간이 지나면서 질서가 생기고 조금씩 정돈이 된다. 괜찮은 집터 후보지를 주장하는 정찰병의 춤으로 지지자가 더 많이 몰리고 그렇지 않은 곳에는 점점 줄어들다가 없어지기 때문이다.

호모사피엔스보다 더 민주적인 꿀벌의 의사 결정

순탄한 과정만 있는 것은 아니다. 대선 기간 중 유력한 후보자로 꼽히던 사람에게 갑자기 악재가 생겨 당선 가능성에서 멀어지듯이, 꿀벌의 직접민주주의에도 그런 일이 빈번하게 벌어진다. 첫날 만장일치였던 정찰병의 춤이라 할지라도 다음 날 더 좋은 집터를 알리는 강력한 춤을 추는 정찰병이 나타나면 전날의 결론이 뒤집히기도 한다. 지지자들의 결정이 중요한 것이 아니라 더 좋은 집터를 찾는 게 꿀벌 집단의 생존에 유리하기 때문이다.

판도가 변하면 지지자가 줄어든 쪽은 조금 더 좋다고 판단되는 곳으로 합류한다. 마치 대통령 선거 기간 동안 군소 정당의 후보들이 사퇴하고 합당하면서 당선 가능성이 높은 후보로 표를 몰아주는 것처럼 말이다. 이때 인간보다 더 나은 직접민주주의 제도를 채택한 꿀벌의 지혜에 주목할 필요가 있다. 초기에 좋은 집터라고 강하게 주장한 정찰병이나 이를 아주 열광적으로 지지했던 꿀벌들을 일정 시간이 지나면 일선에서 물러난다는 점이다.

오전 10시에 열정적인 춤을 추었던 꿀벌들은 오후 1시면 물러나고 오후 1시에 춤을 춘 벌들은 오후 4시쯤 이선으로 나온다(은퇴-휴식 가설). 꿀벌은 자신의 열등한 의견을 양보하고 철회하면서 스스로 사라져버린다. 왜 그럴까? 뒤로 물러날수록 합의에 쉽게 도달하고, 자기 의견을 고집하지 않음으로써 선택을 오로지 지지자들에게 맡기기 때문이다.

호모사피엔스는 자신의 것보다 나은 대안을 보면 대개는 마지못해 패배하고 밀려난다. 심지어 승자는 패자를 죽여버리거나 격파하여 승리를 쟁취할 때도 있다. 꿀벌은 호모사피엔스보다 훨씬 우호적이고 효율적인 민주주의를 운영하는 셈이다. 이러한 합의의 과정을 꿀벌은 몇 시간에서 며칠씩, 길게는 나흘 동안이나 진행하면서 후보지를 하나로 좁혀간다. 여왕벌은 모두가 참여하는, 만장일치의 집터를 선택하는 일에 어떠한 관여도 하지 않는다. 새로 이사 갈 최적의 집은 오로지 나머지 모든 벌의 자유의사에 따라 결정된다.

밝혀지는 꿀벌의 민주주의

민주적 제도 아래 이루어지는 '꿀벌의 이사'는 독일의 마르틴 린도어(Martin Lindauer)가 처음 밝혀냈다. 카를 폰 프리슈의 제자였던 린도어는 1949년 따스한 햇빛이 내리쬐는 봄날, 뮌헨대학 동물학연구소 밖에 놓인 벌통을 지날 때 이상한 현상을 발견했다. 벌들이 춤을 추기는 하는데 평소처럼 벌집이 아니라 다른 벌의 등 위에서 추고, 몸에는 꽃가루가 아닌 시커먼 검댕이 잔뜩 묻어 있는 것이었다.

그 당시 뮌헨은 제2차 세계 대전이 막 끝난지라 도시는 폐허 상태였다. 이를 본 린도어는 검댕이 잔뜩 묻은 이 지저분한 벌이 먹이를 구하러 간 것이 아니라 꿀벌 집단의 이사를 위한 집 터를 찾으러 갔으며, 전쟁으로 파괴된 건물 사이를 헤집고 다닌 후 돌아와서는 자신이 직접 보았던 최적의 집터에 관해 신나게 동료에게 알려주는 것이라 생각했다. 이를 계기로 꿀벌의 이사 에 대해 본격적인 연구를 시작한 린도어는 꿀벌이 만장일치에 도달하지 못하는 경우도 있음을 밝혀냈다. 자연의 법칙에는 늘 예외가 존재하기 마련이니까!

린도어가 관찰한 17개의 꿀벌 집단 중 두 무리가 만장일치 에 도달하지 못했다. 이 집단은 지지자가 딱 절반으로 나뉘는 바 람에 합의점에 도달하지 못한 경우로, 각자 무리를 이끌고 자신 들이 원하는 곳으로 날아가는 실력 행사까지 했다. 여왕벌을 데 려가지 못해 100미터쯤 갔다가 돌아오고 150미터를 갔다가 다 시 돌아오기를 반복했지만 마지막까지 두 집단 간 의견이 좁혀 지지 않았다. 게다가 여왕벌마저 어디론가 사라져버리자 지지자 들도 모두 흩어지는 바람에 새로운 곳으로 이사하는 계획은 결 국 실패로 돌아가고 말았다.

20년 후, 린도어의 연구를 이어받은 실리 교수는 다양한 모 양과 크기의 벌통을 준비하여, 새로운 집터를 발견한 정찰병 벌 의 춤 횟수와 격렬한 정도를 기록했다. 그의 연구 덕분에 정찰병 들이 저마다 최고라고 생각하는 집터에 대한 반대 의견을 꿀벌 집단이 어떻게 줄여나가는지 자세히 밝혀졌다.

호모사피엔스의 직접민주주의는 복잡한 이해관계를 논쟁으로 풀어나가면서 최종 합의에 이른다. 이러한 방식을 닮은 꿀벌의 집단 지능이야말로 식물의 꽃가루를 수분시켜 지구 생태계 전체를 든든하게 뒷받침하면서, 오랜 시간 동안 멸종하지 않고 지금까지 버텨낸 비결 중 하나다. 우리 호모사피엔스는 지구 행성에서 꿀벌과 같이 1억 년 이상을 버텨낼 수 있을까?

온실가스 메테인 다시 보기

기후과학

정원영

2021년 11월, 영국 글래스고에 각국의 정부 대표단과 여러 시민 단체가 모였다. 유엔기후변화협약 당사국총회(Conference Of the Parties, COP)가 2주간 개최되었기 때문이다. 당사국총회는 1995년 독일 베를린에서 처음 개최된 이래로 통상 매년 이어져 왔지만, 2020년에는 코로나19로 인해 열리지 못하고 한 해 건너 2021년에 26차 총회가 열렸다. 코로나19라는 전 세계적인 팬데믹을 경험하면서 그 어느 때보다도 기후 위기에 대한 경각심이 높아진 시기였다.

석탄 화력발전의 단계적 감축 합의

글래스고는 산업혁명의 상징이 된 도시다. 여기서 열린 COP26을 통해 전 세계 국가들은 석탄 사용을 단계적으로 감축하자고 합의했다. 물론 총회 과정 속에서 석탄 사용을 단계적으로 '퇴출(phase out)'하자는 합의문 초안이 '감축(phase down)'으로 최종 격하된 데 대한 반발과 항의도 있었으나, 석탄 사용이 기후 위기의 원인이자 해결해야 할 대상임을 공식적으로 선언하고 대응을 모색하기로 했다는 점에서는 의의가 있다.

지질학적으로 석탄은 식물이 퇴적된 후 열과 압력을 받아 변질되어 생성된 암석을 뜻한다. 고생대 말기인 석탄기에 고사리류, 인목류 등으로부터 가장 많이 생성되었다고 본다. 주로 탄소로 구성되어 태우면, 즉 연소시키면 산소와 결합해 이산화탄소가 발생한다. 갈탄, 역청탄, 무연탄 등 여러 종류가 있어 그 특성에 따라 다양한 방면에서 쓰이는데, 대표적인 예가 화력발전의 연료로 활용하는 것이다. 과거에 증기기관의 주 연료로 석탄을 사용하면서 일어난 산업혁명은 우리 문명에 영향을 미친 큰 사건이다. 1910년대에는 전 세계 에너지원의 4분의 3이 석탄이기도 했다.

화석연료에서 석유와 천연가스가 차지하는 비중이 점차 커지고 기후 위기의 상황을 고려해 석탄 이용을 줄여가자는 움직임이 있다. 하지만 석탄이 가지는 경제성이 크기 때문에 여전히 개발도상국에서는 에너지원으로서 의존도가 높은 편이고, 선진국들도 섣불리 그 이용의 급격한 감축을 실천하긴 어려운 상황이다. 그래서 사실 이번 합의문도 실질적인 이행으로까지 이어질지는 지속적으로 지켜보아야 할 일이기는 하다. 우리나라의 〈2050 탄소중립 시나리오안〉에도 석탄 발전 중단이 포함되었지만, 근거 법률 및 보상 방안 마련을 전제로 한다는 문구가 함께 적혀 있다. 그만큼 급격한 전환을 통한 당장의 실천은 많은 어려움이 따른다는 점을 시사한다.

그렇다고 해서 산업 발전과 경제성을 이유로 언제까지나 석탄 사용을 지속할 수는 없는 노릇이다. 우리나라 석탄 화력발전의 비중은 2020년 기준 44퍼센트에 이르며, 우리나라에서 관측되는 이산화탄소의 농도 중 화석연료로부터 기인하는 비율이 70퍼센트에 달한다. 논쟁거리가 매우 많음에도 COP26에서 굳이 석탄 화력발전의 감축을 언급한 이유는 더 이상 미루기 어려운 한계 시점이 곧 도래할 것으로 예측했기 때문이리라.

글로벌 메테인 서약 체결

COP26에서는 글로벌 메테인 서약(Global Methane Pledge)을 체결하여 2030년까지 메테인 배출량을 2020년 대비 30퍼센트 감축하기로 했다. 그동안 온실가스 감축은 이산화탄소에 집중을 해온 터이지만, 사실 메테인(CH_4)도 주목해야만 한다. 1997년에 채택되고 2005년에 발효된 교토의정서에서 지정한 여섯 종류의 온실가스에 포함되었고 사실 진즉 감축 대상이기도 했다.

메테인은 이산화탄소에 이어 배출량이 두 번째로 많은 온실가스다. 2021년에 발간된 IPCC 6차 제1실무그룹 보고서에 따르면, 2019년 대기 중 메테인 농도는 1,866피피비(ppb)에 달했다. 이는 5차 보고서가 발행된 2011년과 비교하여 63피피비가 증가한 값이다. 이산화탄소가 '피피엠(ppm)'을 단위로 하는 것과 달리 메테인은 '피피비'를 쓴다. 피피비(part-per billion)는

10억 분의 1 단위로, 100만 분의 1을 단위로 하는 피피엠(part-per million)에 비하면 0.001배만큼 더 작다. 즉, 메테인은 이산화탄소에 견주어 대기 중 농도가 훨씬 적다는 뜻이다. 같은 보고서에 의하면, 이산화탄소의 경우 2011년에 비해 19피피엠 증가하여 2019년 기준으로 410피피엠을 기록하고 있다.

그리고 메테인이 대기 중에 체류하는 기간은 7년에서 11년으로 이산화탄소가 200여 년에 이르는 정도에 비하면 매우 짧은 편이다. 이렇게 보면, 메테인은 이산화탄소에 비해 대기 중에 짧게 머물고 또 적은 농도를 유지하니 상대적으로 덜 위험한 온실가스라고 여길 수가 있다.

하지만 단위질량당 지구온난화에 기여하는 정도를 의미하는 지구온난화지수(Global Warming Potential, GWP)는 메테인이 이산화탄소의 약 21배에 달한다. GWP는 온실가스 1킬로그램이 대기 중으로 배출되었을 때 약 100년 동안 얼마나 온실효과를 일으키는지를 의미하는 수치로, 이산화탄소와 비교해서 값을 정한다. 메테인의 GWP가 21이라는 의미는 메테인 1킬로그램이 대기 중에 배출되었을 때, 그것은 이산화탄소 21킬로그램이 대기 중에 배출되어 온실효과를 일으키는 정도와 같다는 뜻이다. 즉, 대기 중 체류 시간과 배출량을 동일하게 가정한다면 메테인이 이산화탄소에 비해 약 21배만큼 더 강한 강도로 온난화를 유발한다고 해석할 수 있다.

메테인은 물을 가두어 벼를 재배하는 논농사, 소 등 가축의 배설물 및 그 처리, 쓰레기 매립과 하수처리, 천연가스 채굴 과정 등에서 배출된다. 특히 소와 같은 반추동물의 분뇨 처리와 장내 발효 과정에서 발생하는 것이 대표적이다. 호주 등에서 소의 트림에 세금을 매긴다는 이야기를 익히 들어보았을 것이다. 축산물의 소비가 늘어나면서 가축을 대량 사육하게 되고 이로 인해 분뇨 발생량 역시 함께 증가한다. 우리나라는 가축 분뇨를 활용해 대체에너지원을 만드는 기술 개발 및 시설 확산, 소의 사육 기간을 단축하는 기술 보급, 저메테인 사료 개발, 스마트 축사와 저탄소 가축 관리 시스템 구축 등 다양한 노력을 통해 축산 부문에서의 메테인 발생 감축을 계획하고 있다.

또한 우리나라의 주식인 쌀을 재배하는 벼농사로 유발되는 메테인 발생을 억제하기 위해 오랫동안 물을 가두어 농사짓는 방식을 개선하고자 연구 중에 있다. 논에 물을 가두면 토양으로의 산소 유입이 차단되므로 산소가 부족한 환경에서도 살 수 있는 혐기성세균 활동이 활발해진다. 논에 뿌려진 볏짚이나 비료 등에 있던 유기물이 이 세균들에 의해 분해되면 메테인이 발생하게 된다. 이러한 환경에서 메테인을 생성하는 세균을 통칭하여 메테인생성세균(Methanogens)이라고 한다. 이를 극복하기 위해 농사 중간에 물을 빼는 기간을 두거나 메테인이 덜 발생하는 볏짚을 뿌리는 방식 등을 고안하고 있다.

한편, 폐기물 부문에서는 매립지 등에서 생기는 메테인을 회수하여 에너지로 적극 활용하고, 침출수의 배수 시스템과 공기 배관 설비 등을 통해 메테인 발생을 최소화하고자 한다. 논물과 마찬가지로 매립지에 오염된 물이나 공기가 고이면 메테인생성세균이 활동하기 때문에 배수와 배관 설비를 적절히 갖추려는 것이다. 이 외에도 천연가스 사용 시 탈루되는 메테인을 줄이기 위한 노력 등이 〈2050 탄소중립 시나리오안〉에 포함되어 있다.

이렇게 농축산업에서 비롯한 폐기물 처리, 에너지 분야 등에서의 대응을 모두 합해 우리나라는 2030년까지 메테인 배출량을 1,970만 톤으로 감축할 계획이며, 글로벌 메테인 서약의 합의국으로서 30퍼센트 목표 달성을 위해 각종 노력을 추진 중이다. 이렇게 국가 차원에서 다양한 노력을 함과 동시에 시민 개개인은 저탄소 식단으로의 개선을 시도하고 음식물 쓰레기를 줄이는 등 가능한 실천을 보태야 하겠다.

이제 2022년 11월에는 이집트에서 27차 당사국총회가 개최된다. 점점 더 가시화되는 기후 위기 상황에서 이를 극복하기 위한 어떠한 국제적 합의가 새로이 도출될지 주목해보자. 시민들의 관심도와 목소리의 크기가 세상을 바꾸는 원동력이 되기 마련이다.

PART 6

오늘의
문화가 된 과학

소통하는 과학의
다채로운 변화에 주목하다

(과학문화)

휴대용 해시계
일영원구의 발견?

과학문화

남경욱

2022년 8월 18일 문화재청은 고궁박물관에서 환수 문화재 '휴대용 해시계 일영원구(日影圓球)'를 공개했다. 언론에서는 "이제껏 본 적 없는 130년 전 명품 해시계가 돌아왔다", "고종 경호원이 만든 '휴대용 해시계' 미국서 귀환", "지구본 닮은 소형 해시계 돌아왔다" 등 뜨거운 관심을 보였다. 국외소재문화재재단은 2021년 말, 미국 경매 사이트에 올라온 이 유물의 정보를 접하고, 발 빠르게 각 분야 전문가의 면밀한 검토를 거쳐 2022년 3월 낙찰받아 국내로 환수했다. 일영원구의 입수 경로는 아직 명확히 밝혀지지 않았지만, 일본에 주둔한 미군 장교가 수집하여 소장하다가 사망 후 유족으로부터 입수한 개인 소장자가 경매에 내놓은 것으로 알려졌다.

내가 이 유물을 처음 접한 것은 2022년 3월 초에 열린 '국외한국문화재 평가위원회'에서다. 고천문 기기 분야 최고 전문가인 원로 교수 두 분과 함께 평가위원으로 위촉되었는데, 한국천문학사를 전공하고, 오랫동안 과학관에서 유물 수집 및 연구를 진행한 전문성을 인정받아 참여하게 된 것이 아닌가 싶다. 3월에 열린 1차 평가 회의에서는 유물을 낙찰받기 전이라 실물을 볼 수 없었고 8월, 2차 평가 회의에서야 실물을 검토할 수 있었다. 1차 평가 회의에 참석하기 전에 재단에서 보내준 사진 자료를 기초

로 유물의 형태와 기능을 유추하며 검토 자료를 만들었다. 혹시나 비슷한 형상의 천문 기기가 있을까 싶어 인터넷, 전문서, 해외 박물관 도록을 다 뒤져보았지만 이와 비슷한 어떠한 유물도 찾을 수가 없었다.

유물에 새겨진 '대조선 개국 499년 경인년 7월 상순에 새로 제작하였다[大朝鮮開國四百九十九年庚寅七月上澣新製]'는 명문과 '상직현 인(尙稷鉉印)'이라는 낙관으로부터 이 유물이 1890년 7월 상순 조선의 상직현이라는 인물이 제작했음을 파악할 수 있다(그림 6-2). 다행히 조선 후기 문헌에도 상직현(1849~?)에 대한 기록이 있는데, 동일 인물인지 추후 검토가 필요하지만, 같은 사람일 가능성이 높다. 기록 속 상직현은 고종 시대 활동한 무관으로 30대 초반인 1880년, 2차 일본 수신사 일행의 별군관으로 일본에 다녀왔고 적성현감(1883), 삭령군수(1884), 창원부사(1885)를 거쳐 1886년부터 국왕의 호위 부대인 감대청의 별장으로 근무했다. 1903년에는 대한제국 국방 무기를 관리하는 군부 포공국장으로 임명되기도 했다.

《승정원일기》에 따르면 이 유물이 제작된 1890년 7월에는 상직현이 건강 문제로 1889년 3월부터 1890년 11월까지 총어영 별장직을 내려놓고 쉬던 때였다. 상직현이 어떤 관심에서 이 유물을 제작했는지 단서가 되는 기록은 현재까지 찾지 못했다. 단지 그가 일본에 수신사로 다녀오며 항해 중에도 사용할 수 있는 시계 제작에 관심을 가지지 않았을까 추측해볼 뿐이다.

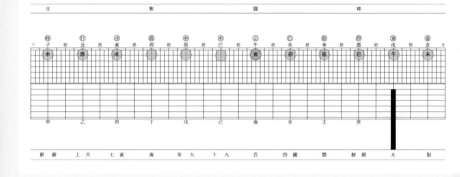

그림 6-3

사진을 참조해 작성한 일영원구 구면 구성도.

그럼 이 유물을 뭐라고 불러야 할까? 상반구 맨 위쪽에 새겨진 이름 '일(日), 영(影), 원(圓), 구(球)'를 어떻게 배치하느냐에 따라 명칭이 바뀔 수 있다(그림 6-2 참고). '일영(日影)'은 '해 그림자'라는 뜻으로 해시계를 뜻하는 '일구(日晷)'와 병행해서 사용하던 용어다. 창덕궁에 설치되었던 해시계 받침대를 '일영대(日影臺)'라 부르는 것이 대표적인 예다. '원구(圓球)'는 둥근 공 형태를 나타낸다. 따라서 '일영'과 '원구' 중 어떤 단어를 먼저 부르냐에 따라 이 유물의 명칭이 '일영원구' 또는 '원구일영'이 될 수 있다. 평가 회의에서는 12지의 시작인 '자(子)' 위에 새겨진 '일(日)'을 먼저 부르는 것이 좋겠다는 데 의견이 모아져 '일영원구'라 가칭하게 되었다.

그런데 유물이 공개된 후 명칭에 대한 이견이 제기되었다.

조선시대 해시계를 '앙부일구(仰釜日晷, 둥근 솥 모양의 해시계)'와 같이 '형태+기능'순으로 부르듯이, 이 유물도 '원구일영(圓球日影, 둥근 공 모양의 해시계)'이라고 명명하는 것이 적절하다는 지적이다. 충분히 일리가 있는 주장이지만 '원구일영'이 맞다고 확신하기에는 아직 더 많은 문헌 연구가 필요해 보인다.

이 유물의 용도는 무엇일까? '일영'이라는 명칭에서 유추해보면 해시계의 한 종류라 할 수 있다. 하지만 지금까지 어디에서도 찾아볼 수 없었던 형태의 해시계라 용도에 대해 다양한 추측이 제기되었다. 특히 실물을 확인하지 못한 1차 평가 회의에서는 여러 가능성을 열어두고 논의가 진행되었다. 먼저 사진을 참조해 직접 작성한 일영원구 구면의 구성도(그림 6-3)를 살펴보자.

상반구에 새겨진 96개의 세로 눈금 위에는 자(子)부터 오른쪽 방향으로 해(亥)까지 12지가 8칸 간격으로 배치되어 있다. 조선 후기에 사용한 '시헌력'의 시각 체계는 12시 96각법으로, 1시는 8각[초(初) 4각+정(正) 4각], 1각은 15분으로 구성된다. 가로선은 중심에서부터 6개 줄이 등간격으로 새겨져 있다. 일영원구의 가로선은 15도 간격으로 6줄을 그려 90도 위도선을 표시한 것이 아닌가 짐작된다. 앙부일구 시반(時盤)의 가로줄이 계절선으로, 중앙의 춘추분선을 중심으로 위 동지선과 아래 하지선으로 갈수록 간격이 점점 좁아지는 것과는 다른 형태다(그림 6-7 참고).

오(午)시 아래에는 시각을 표시하는 둥근 시보창(時報窓)이 뚫려 있다. 시각을 알리는 시패(時牌)는 하반구를 돌리면 바뀌는데,

표 6-1 상반구에 새겨진 12시와 원 문자.

원 문자	時	行	辰	酉	申	未	正	巳	辰	卯	寅	度
12시	子	丑	寅	卯	辰	巳	午	未	申	酉	戌	亥

표 6-2 60간지 조견표.

1	甲子 (갑자)	11	甲戌 (갑술)	21	甲申 (갑신)	31	甲午 (갑오)	41	甲辰 (갑진)	51	甲寅 (갑인)
2	乙丑 (을축)	12	乙亥 (을해)	22	乙酉 (을유)	32	乙未 (을미)	42	乙巳 (을사)	52	乙卯 (을묘)
3	丙寅 (병인)	13	丙子 (병자)	23	丙戌 (병술)	33	丙申 (병신)	43	丙午 (병오)	53	丙辰 (병진)
4	丁卯 (정묘)	14	丁丑 (정축)	24	丁亥 (정해)	34	丁酉 (정유)	44	丁未 (정미)	54	丁巳 (정사)
5	戊辰 (무진)	15	戊寅 (무인)	25	戊子 (무자)	35	戊戌 (무술)	45	戊申 (무신)	55	戊午 (무오)
6	己巳 (기사)	16	己卯 (기묘)	26	己丑 (기축)	36	己亥 (기해)	46	己酉 (기유)	56	己未 (기미)
7	庚午 (경오)	17	庚辰 (경진)	27	庚寅 (경인)	37	庚子 (경자)	47	庚戌 (경술)	57	庚申 (경신)
8	辛未 (신미)	18	辛巳 (신사)	28	辛卯 (신묘)	38	辛丑 (신축)	48	辛亥 (신해)	58	辛酉 (신유)
9	壬申 (임신)	19	壬午 (임오)	29	壬辰 (임진)	39	壬寅 (임인)	49	壬子 (임자)	59	壬戌 (임술)
10	癸酉 (계유)	20	癸未 (계미)	30	癸巳 (계사)	40	癸卯 (계묘)	50	癸丑 (계축)	60	癸亥 (계해)

12시 중 밤 시각인 해(亥, 21~23시), 자(子, 23~1시), 축(丑, 1~3시) 시를 제외한 인(寅), 묘(卯), 진(辰), 사(巳), 오(午), 미(未), 신(申), 유(酉), 술(戌)시 9개만 표시된다. 앙부일구와 같이 일영원구도 밤 시각에는 사용할 필요가 없기에 별도로 시패를 표기하지 않은 것 같다.

상반구 12시 위에는 원 문자가 새겨져 있다. 12지 중 자(子), 축(丑), 오(午), 해(亥)가 빠진 나머지 8개가 未-巳, 巳-未, 申-辰, 辰-申, 酉-卯, 卯-酉, 戌-寅, 寅-戌과 같이 오(午)시를 중심으로 좌우가 바뀐 상태로 표시되어 있다. 해 그림자는 시계 방향으로 돌지만, 해는 반시계 방향으로 도는 것을 반영한 것으로 추정된다.

오(午)시 위에는 새겨진 원 문자 정(正)은 오정(午正)을 나타내고, 자(子) 위에 시(時), 축(丑) 위에 행(行), 해(亥) 위에 도(度)라고 원 문자가 새겨져 있다. 시계 방향으로 '시행도(時行度)' 또는 반시계 방향으로 '행시도(行時度)'라 읽을 수 있다. '시행도'의 뜻은 '시간[時]의 궤도[行道]' 정도로 해석이 가능하다. 고천문학에서 '행도(行度)'는 '운행 궤도'라는 뜻으로 사용된다. 예를 들어 '일행도(日行度, 태양의 궤도)', '월행도(月行度, 달의 궤도)' 등 '태양과 달이 운행하는 궤도'로 자주 사용되는 용어다. '행시도'는 '다니면서 시간과 도수를 (측정한다)' 정도로 해석할 수 있지 않을까 싶다.

하반구 눈금을 상반구와 비교해 보면 가로선은 똑같이 6줄이 새겨져 있다. 하지만 세로선은 상반구에 96개 선이 그려진 것과는 다르게 24개가 그려져 있다. 24개의 세로선 아래는 2칸 간

그림 6-5
① T 자형 횡량, ② 위도 조절 장치, ③ 다림줄이 설치되었던
부분과 CT 촬영본, ④받침의 은입사[日, 月 및 용, 선박 문양),
⑤ 시보창과 시보창에 표시된 시패.

격으로 10간 갑(甲), 을(乙), 병(丙), 정(丁), 무(戊), 기(己), 경(庚), 신
(辛), 임(壬), 계(癸)가 새겨져 있다. 앙부일구 등 조선시대 해시계에
는 방위를 나타낼 때 일부 10간이 적혀 있는 경우 외에는 10간
전체를 새겨놓은 경우는 찾기 어렵다. 왜 하반구에 10간을 2칸
간격으로 새겨놓았는지 정확한 이유는 알 수 없다. 한 가지 추
측 가능한 용도로는 60간지 조견 장치다. 상반구 12지와 하반구
10간을 서로 돌리면 쉽게 60간지를 찾아볼 수 있기 때문이다.
조선시대 달력에는 연월일을 10간 12지의 조합인 60간지를 이
용하여 표기해 이 조견 장치를 이용하면 어떤 날의 간지년, 간지
월, 간지일을 쉽게 찾을 수 있다. 60간지 조견표(표 6-2)를 보면
2022년이 간지년으로 '39. 임인년'이니 2023년은 '40. 계묘년'
임을 쉽게 알 수 있다.

그림 6-1에서 하반구 굵은 검은 선은 그림 6-5(①)의 T 자
형 영침이 위아래로 움직일 수 있도록 파놓은 구멍이다. 일영원
구의 T 자형 영침은 앙부일구 가운데 뾰족하게 꽂혀 있는 영침
의 역할을 하는 것으로 보인다. 그림 6-5(②)의 반고리 같은 장치
는 '위도 조절 장치'라고 생각된다. 많이 마모되긴 했지만 고리 모
양에 눈금이 새겨져 있다. 측정하려는 곳의 위도에 맞춰 눈금에
고정하면 극축 세팅이 된다. 그림 6-5(③)의 기둥에는 다림줄 장
치가 있는데 CT 촬영된 사진에 나타난 구멍에 줄을 매달아(화살
표) 일영원구의 수평을 맞추는 데 사용하는 것 같다. 꽃잎 모양의
받침대에는 은입사로 일(日), 월(月) 글자와 용, 선박 문양이 새겨

져 있어 일영원구가 항해용 해시계이지 않았을까 짐작케 한다.

일영원구로 어떻게 시각을 측정할 수 있었을까? 먼저 정확한 시각 측정을 위해 해시계 세팅이 필요하다. 그림 6-6과 같이 ① 나침판을 사용해 정북 방향을, ② 다림줄을 사용해 수평을, ③ 위도 조절 장치로 관측지의 위도(북극 고도)를 맞추면 준비가 끝난다. 이제 시각을 측정하기 위해 ④ 하반구를 돌려 T 자형 영침의 그림자가 횡량과 일직선이 되어 보이지 않게 맞춘다. 그리고 ⑤ 시보창에 뜬 시패를 확인하면 시각 측정은 완료된다.

앙부일구와 비교했을 때 일영원구는 몇 가지 특징을 지닌다. 첫 번째로는 일영원구는 어느 지역에서나 시각을 측정할 수 있다는 점이다. 앙부일구는 그 지역의 북극 방향에 맞춰 영침을 고정하여 사용하기 때문에 위도가 다른 지역에서는 시각이 맞지 않는다. 이와 달리 일영원구는 항해하면서 위도가 바뀌더라도 조절 장치로 위도만 맞추면 정확하게 시각을 측정할 수 있다.

두 번째 특징은 영침의 그림자 퍼짐에 영향을 받지 않는다는 점이다. 앙부일구는 영침의 그림자를 보고 시각을 측정하지만, 일영원구는 해와 T 자형 영침을 일직선으로 맞춰 그림자가 생기지 않게 조정하여 시각을 측정하기 때문이다. 그렇다 보니 앙부일구에서는 시계 방향으로 시반에 드리워진 영침의 그림자를 그대로 읽으면 된다. 하지만 일영원구의 T 자형 영침은 반시계 방향으로 해를 따라 이동하니 시반에 표기된 12시와는 반대에 있는 시각을 읽어줘야 한다. 이러한 불편함 때문에 시보창에 시패로 시각

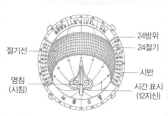

그림 6-6
일영원구 세팅과 시각 측정.

그림 6-7
앙부일구의 구조.

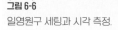

을 표시하지 않았나 싶다. 이제야 12시 위에 원 문자를 왜 새겨놓았는지 실마리가 풀린다. T 자형 영침이 가리키는 원 문자가 바로 시보창에 띄워지는 시패와 같은 시각을 가리킨다.

세 번째 특징은 상반구에 그려져 있는 6개 등간격 가로선이다. 앙부일구 시반에 그려진 가로선은 동지, 춘추분, 하지 등 절기선으로, 영침의 그림자를 이용해 그날의 절기까지 측정이 가능하다. 이와 달리 일영원구 상반구의 가로선은 등간격 위도선으로, 절기를 측정할 수 없다. 그렇다면 굳이 왜 이 등간격의 위도선을 그려넣었을까? 이에 더해 하반구에 T 자형 영침을 고정하지 않고 위아래로 움직일 수 있도록 긴 홈을 판 것도 용도를

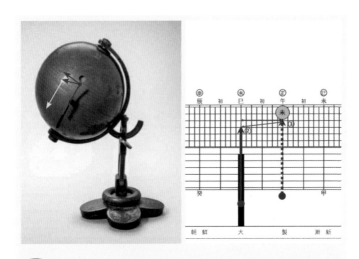

그림 6-8
T 자형 횡량으로 위도 측정하기.

파악하기가 어렵다. 1차 평가 회의와 2차 실물 검토 평가 회의에서도 실마리는 풀리지 않았다. 아직까지 이에 대한 어떠한 설명도 내놓지 못하고 있는 상황이다.

여기서 한 가지 가능성을 제안해보도록 하자. 일영원구가 항해용 해시계로 개발되었다면 24절기보다는 항해하는 곳의 위치가 더 중요했으리라 추측할 수 있다. 위도 조절 장치로 출발지에 맞춰 일영원구를 세팅해놓지만, 배를 타고 남쪽으로 이동한다면 바다 위에서 그 위도를 정확히 확인할 수 없다. 따라서 정확한 시각을 측정하는 것도 불가능하다. 이를 해결하기 위해 상반구에 등간격 위도선, 그리고 T 자형 영침이 위아래로 이동 가능하게 제작하지 않았나 싶다.

　예를 들면 일영원구를 위도 45도로 위도 조절 장치를 맞춰 놓고, 시각을 측정했더니 그림 6-8과 같이 T 자형 영침이 ① 오(午)시-4번째 위도선에 위치한다. 일영원구를 실은 배가 남쪽으로 두 시간을 항해해 다시 측정해보니 T 자형 영침이 ② 미(未)시-3번째 위도선에 위치한다. 그렇다면 배가 남쪽으로 위도 1칸 즉 15도를 이동했으니, 배가 위치한 곳은 위도 30도다. 만약 위도선 1칸 간격을 15도가 아니라 5도에 맞춰 그렸다면 배가 위치한 위도는 40도가 될 것이다.

　만약 일영원구가 항해하며 시각과 위도를 동시에 측정할 수 있었다면 이는 해시계 앙부일구와는 전혀 다른 방식으로 개발된 획기적인 발명품이라 할 수 있다. 농경 생활이 중심이었던 조선 초기에 제작된 앙부일구는 영침 그림자의 정밀도를 높이기 위해 솥 모양으로 움푹 파인 해시계를 활용해 일정 지역의 정확한 시각과 절기를 한 번에 측정하게끔 개발되었다. 세계 각 나라와의 교류가 중시되던 19세기, 항해를 하면서 어디에서나 시각과 위도를 측정하도록 개발된 일영원구는 시대에 적응해 창의성을 발휘한 우리의 위대한 과학 유산이라 할 만하다.

아프가니스탄의
과학자들

과학문화

고준현

《네이처》가 선정한 2021년의 10대 과학 뉴스가 2021년 12월 말 발표되었다. 우선 누구나 예측할 만한 코로나 변이 바이러스 등장이나 백신 접종 문제가 첫 번째와 두 번째를 장식했다. 그리고 얽히고설킨 단백질 구조를 예측하는 구글 딥마인드의 인공지능과 함께 미군의 철수로 탈레반이 아프가니스탄 수도 카불을 점령한 이후, 연구의 자유를 잃은 아프가니스탄 과학자들의 상황이 마지막 뉴스로 뽑혔다.

뒤바뀐 아프가니스탄 과학의 미래

탈레반 집권으로 아프가니스탄의 대학과 연구 기관 대부분이 일시 폐쇄됐고, 수십억 달러의 해외 아프가니스탄 자산이 동결되면서 대학과 연구에 대한 지원이 끊겼다. 반과학주의인 탈레반으로부터 위협받는 과학자들이 나라를 떠나는 상황이고, 이들이 그동안 힘들게 구축해온 과학 연구 기반이 사라질 수 있음을 우려한다고 《네이처》는 전했다. 세계적인 학술지인 《사이언스》도 '죽고 싶지 않아요'라는 제목의 기사에서 "탈레반 집권으로 아프가니스탄 과학자들의 안전이 심각하게 위협받고 있다"고 밝혔다.

탈레반은 과거 1996년부터 2001년까지, 아프가니스탄 집권 시절 근본주의 이슬람 율법으로 국제 협력 연구와 여성의 교육 기회를 금지했다. 탈레반이 붕괴된 후 20년간 아프가니스탄은 국제사회의 도움으로 여성 교육을 정상화하고 수십 개의 대학을 설립했다. 공립대학의 학생 수는 2001년 8,000명에서 2018년 17만 명으로 증가했고 그중 4분의 1은 여학생이 차지했다. 아프가니스탄에서 국제 학술지에 발표한 논문도 2011년 71편에서 2019년 285편으로 늘어나는 등 과학 역량도 빠르게 성장했다.

그런데 모든 것이 허사로 돌아갈 위기에 처했다. 자금이 끊기고 연구자들이 해외로 도피하면서 연구가 중단되었다. 특히 여성 과학자들은 "탈레반이 여성들에게 직장에 나오지 말고 집에 머무르라고 지시했다"며 "탈레반으로부터 위협을 받고 있다"고 말했다. 국제 학계는 탈레반의 보복을 받을 가능성이 있는 아프가니스탄 과학자의 해외 탈출을 지원하고 나섰다. 미국 뉴욕에 있는 '위험에 빠진 학자를 위한 인도주의 기구(Scholars at Risk, SAR)'는 탈레반 집권 전후 한 달간 아프가니스탄으로부터 500여 명의 지원자가 나왔다고 밝혔다. 이슬람 율법과 다른 연구를 한 법학자, 여성 인권운동가, 여학생을 가르친 교육자와 함께 국제 협력 연구를 한 과학자도 대거 포함되었다.

아프가니스탄 최고 대학인 카불대학의 신임 총장은 2008년 이 대학에서 언론학 학사 학위를 받은 모하마드 아쉬라프 가이

라트다. 약용식물 전문가인 전 총장을 사임시키고 새로 취임했
는데 이슬람 학습 센터 소장으로 3년을 지낸 것을 포함해 15년
간 탈레반으로 활동한 경력을 가지고 있다. 가이라트는 취임하자
마자 대학의 이슬람화를 발표했다. 그는 "카불대학에서 서구와
이단적 사고를 없애겠다"며 "남녀 학생 분리 정책으로 학내 매춘
과 정신적 타락을 박멸하겠다"고 말했다. 카불대학 학생 2만 명
중 거의 절반이 여학생이다. 실제로 그는 수학과 교수 자리에 이
슬람 신학자를 임용했다. 다른 대학도 사정은 비슷하다. 탈레반
은 칸다하르대학과 파크티아대학 총장도 탈레반 출신 인사로 바
꿨다. 이렇게 탈레반이 아프가니스탄 대학들을 장악하면서 카불
대학이 미국 애리조나대학과 함께한 고고학 연구와 퍼듀대학과
함께한 농업과학 분야의 협력은 모두 끊어졌다.

중세 암흑기를 밝혔던 그리스 과학의 보고

하시브 파야브 전 아프가니스탄 국립환경보호국 부국장은 "곧
아프가니스탄 모든 대학의 붕괴를 보게 될 것", "탈레반은 과거
이슬람교도가 과학에 얼마나 기여했는지 전혀 모르고 있다"라며
비판했다. 서구 사회가 지식 암흑기였던 중세에 이슬람 세계가
과학 발전을 이끌었던 점을 상기시키면서 탈레반의 반과학주의
를 비판한 것이다.

우리는 인류 문명과 함께한 과학의 출발점이 기원전 4000년 경 발생한 중동 지방의 고대 오리엔트문명(메소포타미아문명, 이집트 문명)인 것을 알고 있다. 이때 수메르인과 이집트인은 수학, 자연 과학, 의학 등 과학 지식을 탄생시킨 민족으로 알려져 있다. 이후 중동과 가까운 그리스는 고대 문명을 계승하면서 독창적인 문화 를 창출해 이후 서양 문명의 모체가 되고, 이는 로마로 계승되었 다. 하지만 서기 476년 로마가 멸망하고 중세 시대로 접어들면 서 르네상스가 오기까지, 서유럽은 세계사의 중심을 잠시 내려놓 게 된다. 유럽은 봉건제도와 함께 땅 위가 아닌 '천상의 왕국'을 지향하는 신학의 지배 아래 과학기술을 포함하는 그리스 문명의 성과가 묻혀버리는 암흑시대(400년~1000년)를 맞이했다.

그 빈틈을 메우며 문명의 사다리를 놓은 것은 이슬람이었 다. 아라비아반도 주변 지역을 정복한 후 아랍인이 처음 세운 우 마이야 제국은 최초로 아랍 도서관 문을 열었다. 자연철학, 의학 등 과학 분야 관련 그리스어 서적을 수집, 보관했고 헬레니즘 문 화의 수많은 지식이 이슬람으로 유입되었다.

우마이야조(朝)의 뒤를 이어 집권한 압바스조 시대(750년~ 1258년)는 유례가 드문 '과학 황금시대'를 이룩했고, 8세기 후반 부터 15세기까지 지속된 중세 아라비아 과학 발전의 중추 역할 을 담당했다. 과학 지식을 후대에 전달하면서 이슬람은 중세 과 학 문명의 발전을 담당한 주역이 되었다. 아라비아숫자나 세계 지도, 알칼리 등의 화학 용어는 이때 이슬람 문명이 전해준 과학의 결실이었다. 중세 동안 서유럽에서 과학이 신학에 억눌려 퇴보한 것과 달리, 중동에서는 세계 최고 수준의 과학 지식을 생산할 수 있었던 차이는 중세 이슬람의 상대적인 관용적 특성과 영토의 확대, 이슬람 제국 통치자들의 개방적 태도 등에서 생겨났다고 한다.

유럽이 과학을 재건(르네상스)할 때 그리스의 과학과 의학 저술의 수요는 폭발적이었지만, 유럽에서 그리스의 책은 거의 찾을 수 없었다. 그래서 서유럽 학자들은 아랍어로 번역된 고대 그리스 서적을 라틴어로 번역했다. 지금 아프가니스탄의 안타까운 상황과는 정반대로, 이슬람이 다시 유럽에 과학을 전달했던 그 순간, '그리스 과학의 보관 창고'인 이슬람 과학의 위상이 빛나고 있었다.

역사를 바꾼 난민 과학자들

과학에 관심이 없더라도, 탈레반 집권으로 인해 아프가니스탄에서 일어난 일과 유사한 사례가 20세기에도 있었음을 잘 알 것이다. 과학의 역사뿐 아니라 20세기 거대한 세계사의 흐름을 바꾼 과학자들의 탈출, 바로 제2차 세계 대전의 나치 독일 사례다.

20세기의 가장 유명한 난민 과학자를 꼽는다면 바로 알베르트 아인슈타인이 떠오를 것이다. 독일에서 태어난 유대인 아인슈타인은 미국에 체류 중이던 1933년, 히틀러가 집권하자 독일 국적을 포기하고 난민이 되었다. 히틀러는 집권 초반부터 유대인을 박해하기 시작했고 아인슈타인의 결정은 당연한 것이었다. 그는 독일을 떠나기 전부터 이미 세계적인 과학자였고 대중적으로도 널리 알려져 있었다. 상대성이론과 금속에 빛을 쪼이면 전자가 나오는 현상인 광전효과의 규명(이 공로로 그는 1921년 노벨상을 수상했다) 등 이루 말할 수 없는 실적을 남겼다. 독일이 박해해서 스스로 떠난 세계적인 과학자는 미국으로 건너가 고등연구원(The Institute for Advanced Study, IAS)에서 1933년부터 1955년 사망할 때까지 교수로 재직하며 미국의 과학기술 발전을 이끌었다.

이탈리아가 낳은 위대한 물리학자인 엔리코 페르미도 독재정권을 탈출한 사례다. 20대부터 이미 세계적인 업적을 내며 실험과 이론물리학 양쪽 분야에서 두각을 나타낸 페르미는 애초에 이탈리아를 떠날 생각이 없었다. 당시 이탈리아를 통치하던 무솔리니는 히틀러와 달리 유대인에 특별히 신경을 쓰지 않았지만 1938년 히틀러가 로마를 방문한 뒤 상황이 바뀌었다. 무솔리니 정권이 반유대정책을 펴기 시작하자, 그의 부인 로라 케이폰이 유대인이었기에 페르미는 결국 이탈리아를 떠날 것을 결심했다. 하지만 페르미가 부인, 두 자녀와 함께 무사히 탈출하기란 쉽지 않았는데, 이미 경찰의 비밀 사찰을 받고 있었기 때문이다.

그런데 좋은 기회가 생겼다. 1938년 노벨물리학상 수상자로 페르미가 선정된 것이다. 페르미 일가는 그해 12월 스웨덴 스톡홀름에서 노벨상과 상금을 받은 뒤 영국을 거쳐 1939년 1월 미국 땅을 밟았다. 이후 페르미는 시카고대학에서 세계 최초로 원자로를 완성하는 업적을 이루어냈다.

히틀러의 나치즘을 피해 많은 유대계 과학자가 독일을 떠나 영국이나 미국으로 이주했으며, 그 숫자는 수천 명에 달한다. 특히 미국으로 이주한 과학자들은 전후 학계를 이끌었고 미국이 20세기 후반 패권 국가로 성장하는 밑거름이 되었다. 간단히 노벨상 수상자를 살펴보면 제2차 세계 대전 이전까지는 독일이나 영국이 미국에 비해 많은 수상자를 보유했다. 1939년까지는 독일 과학자가 전체 수상자의 약 4분의 1인 35명, 영국은 22명, 미국은 11퍼센트인 14명에 지나지 않았다. 독일의 유대인 박해만이 원인은 아니지만 미국의 개방성과 적극적 투자가 빛을 발했고 제2차 세계 대전 이후의 노벨상 중 과학 분야는 미국이 독보적인 1위다.

우리의 길은 개방인가, 폐쇄인가

우리는 종종 나치나 탈레반 같은 폐쇄적인 극단주의가 인류 전체에 커다란 고통을 주었으며, 반대로 개방된 융합적인 문명은 번성해서 지배적인 문명이 되었다는 역사의 교훈을 지나치고 있다.

나는 이 땅에 단군이 터 잡은 이래 대한민국이 세계적으로 가장 주목받는 시기가 지금이라고 생각한다. 굳이 문화 산업의 BTS, 봉준호 감독, 〈오징어 게임〉을 들지 않고 과학기술 분야로 좁혀 봐도, 대한민국은 우리가 개발하지 못했고 아무런 기반도 없었던 반도체 시장에서 가장 영향력 있는 국가가 되었다. 2021년 D램 메모리 반도체 세계시장 점유율은 우리나라의 두 기업이 1, 2위이며 두 기업의 점유율을 합하면 70퍼센트가 넘는다.

이런 눈부신 과학기술 발전은 1966년 한국과학기술연구소 (KIST)의 설립과 연이은 과학기술처의 발족(1967년)으로 시작되었다. 많은 한인 과학자가 해외의 안정적인 직장을 포기하고 조국의 발전을 위해 돌아왔다. 한국과학기술연구소는 한국과 미국 정부의 재정 지원으로 설립되었지만, 자율적인 운영을 위해 재단법인이라는 법적 형태를 갖추었고 연구의 자율성이 보장되었다. 그리고 연구원에게는 연구에만 전념할 수 있도록 충분한 급여와 주택 제공, 연구 휴가 등의 처우를 보장했다. 그리고 미국 바텔연구소와 같은 선진국의 저명한 연구 기관과 협력 관계를 맺어 연구소의 운영과 기술 문제 해결, 연구원 교류, 공동 연구 수행 등이 가능하게 했다. 한국과학기술연구소가 연구 기반 조성에 성공한 사례를 바탕으로, 이후 우리나라는 적극적으로 '해외 과학기술자 유치 사업'을 시작했다.

2022년 6월 21일 우리나라는 마침내 누리호 2차 발사 성공으로 자체 발사 기술을 보유한 7번째 국가가 되었다. 이런 우주개발의 시작에는 안정적 지위를 뒤로하고 귀국한 과학자의 노력이 있었다. 바로 고(故)최순달 카이스트 명예교수, 과학기술 불모지에서 대한민국을 인공위성과 통신 강국으로 이끌어낸 선구자다. 우리나라 최초의 인공위성 우리별 1호부터 3호까지 발사를 성공시키고 시분할 전자교환기(TDX, IT코리아의 시발점인 국산 개발 디지털 전화 교환기) 개발을 주도해 '1가구 1전화' 시대를 열었다. 또한 우리나라 최초의 인공위성 벤처기업인 쎄트렉아이 창업을 이끄는 등 '대한민국 우주개발의 아버지'로 추앙받는다.

그는 서울대학교 전기공학과 졸업 후 미국으로 유학을 떠나 버클리대학 석사, 스탠퍼드대학에서 전기공학 박사 학위를 받았다. 졸업 후 1969년 7월부터 1976년 1월까지 캘리포니아 공대 부설 연구소인 NASA 제트추진연구소(Jet Propulsion Laboratory, JPL)에서 우주선 통신 장치 개발 책임자로 근무하다 '유치 과학자'로 한국에 돌아왔다. 당시 안정된 연구 환경과 많은 과학자 동료로 둘러싸인 미국에서 평생을 보낼 수도 있었지만 그는 귀국을 선택했다.

최순달 교수가 대한민국 과학기술유공자가 되고 우리나라 최초의 달 궤도선 명칭 공모에서 인명으로는 다산(정약용의 호)과 함께 유이하게 최종 후보(10개)에 들어갔다는 것은 그의 업적을 말해주는 하나의 사례라 하겠다. 우리는 달 궤도선을 '다누리'호가 아니라 '최순달'호라고 부를 수도 있었다.

지금 대한민국이 각 분야에서 두각을 나타내는 이유 중 하나는 바로 적극적으로 다른 나라의 장점을 흡수하고 이를 발전 시키는 개방적 문화를 구축했기 때문일 것이다. 이는 과학기술 분야에서도 다르지 않다. 우리는 50여 년 전 황무지에서 선진국이 먼저 개발한 원천 기술과 우수 인력을 받아들였고 이를 빠르게 국산화하면서 따라갔다. 지금은 반도체처럼 그들을 제치고 우리가 선도하기 시작한 분야도 나타났다. 이제부터는 누구도 가보지 못한 길이다. 우리가 그리스 과학의 보고 이슬람이나 제2차 세계 대전 이후 미국과 같은 선도 국가로 자리 잡을 수 있을지 고민할 시점이다. 지금 아프가니스탄에서 과학 대국이었던 이슬람 문명의 영광이 왜 돌아오지 않는지를 보면서 되새겨야 할 것이다.

주 4일 근무제와
과학적관리법

과학문화

조춘익

"1주간의 근로시간은 휴게 시간을 제외하고 40시간을 초과할 수 없다."

　대한민국에서 직업의 종류와 관계없이 임금을 목적으로 사업이나 사업장에서 정신노동과 육체노동을 제공하는 사람들, '노동자'가 따르고 있는 근로시간 기준이다. 여기에 '1일의 근로시간은 휴게 시간을 제외하고 8시간을 초과할 수 없다'가 더해지면, 대다수 사람이 알고 있는 '주 5일 근무제', 줄여서 '주 5일제'가 완성된다.

　1주 40시간, 하루 8시간 이내 근무를 원칙으로 하는 이 법률은 이제 더 적게 일하는 방향으로 바뀔 수도 있다. '주 4일 근무제'가 효율적이라는 소문이 빠르게 퍼지는 중이기 때문이다. 주 4일 근무제는, 노동자가 가족을 위한 시간이나 여가가 늘어 이전보다 여유롭게 생활하게 하고 만족스러운 생활을 하는 노동자가 사업장에서 더 열심히 일하게 되어, 궁극적으로 노동자와 사업장 모두에 좋은 효과를 보인다고 한다. 이미 산업혁명의 시대를 열었던 영국과 미국이나 유럽 등의 다양한 기업, 연구소나 공공 기관 등에서 주 4일제로 전환하는 실험의 성공 사례가 유명해지면서 한국을 포함한 많은 국가의 회사도 기대와 우려 속에 주 4일 근무가 정말 효과적인지 가늠하려는 분위기가 퍼지고 있다.

대한민국 법정 근로시간, 꾸준한 단축의 역사

사실 엄격하게 이야기하면 '주 5일 근무제'라는 단어는 법률에 등장하지 않는다. 다만 1일 8시간, 1주 40시간이라는 법정 근로시간을 헤아려보면 '주 5일 근무제'로 이해하는 것은 무리가 아니다. 월요일에 출근하면서 금요일을 손꼽아 기다리는 요즘의 노동자들도 법정 근로시간을 자연스레 '주 5일 근무제'로 이해하고 있다. 그러나 시간을 거슬러보면 법정 근로시간이 처음부터 주 5일 근무제를 의미하는 것은 아니었다. 대한민국 정부가 지금의 근무제를 시행한 것은 2004년이었고, 1989년에는 주 44시간, 더 이전인 1953년에 최초로 정했던 법정 근로시간은 주 48시간, 주 6일 근무제였다. 1953년 5월 10일에 최초로 〈근로기준법〉이 공표되었는데, 당시 법률 조항은 다음과 같다.

제42조 (근로시간)
① 근로시간은 휴게 시간을 제하고 1일에 8시간 1주일에 48시간을 기준으로 한다. 단 당사자의 합의에 의하여 1주일에 60시간을 한도로 근로할 수 있다.

특히 〈근로기준법〉의 공표 시점인 1953년 5월 10일은 한국전쟁이 종료되기 약 두 달 전이다. 1950년 6월 25일에 발발한 한국전쟁이 1953년 7월 27일 휴전되었는데, 이 당시 국회의 회의 기록을 보면 '전쟁 완수나 재해 복구에 필요한 중요 업무에 국민의 근로 동원'을 위한 〈전시근로동원법〉도 언급되고 있었음을 미루어볼 때, 〈근로기준법〉은 전쟁은 끝나가는 시점에 중요하게 다루었던 사안 중 하나였다고 볼 수 있다.

〈근로기준법〉에는 근로시간 외에도 노동자와 사용자가 동등한 지위에서 자유의사에 의하여 임금이나 근로시간과 같은 근로조건을 결정(제2조 근로조건의 결정)하며, 4시간마다 30분 이상의 휴게 시간을 근무시간 도중에 제공하는 것(제44조 휴게)과 일주일에 평균 1회 이상의 휴일을 제공하는 것(제45조 휴일)도 정하고 있다. 또한 강제 근로의 금지(제5조), 폭행의 금지(제7조), 건강진단(제71조), 여성과 미성년자에 대한 보호(제5장 제50조부터 제63조까지) 등 지금은 당연하다고 생각하는 것들이 법률로 정해졌다.

〈근로기준법〉을 공표한 대한민국은 한국전쟁 휴전 뒤, 1960년대와 1970년대에 급속도로 경제성장을 맞이한다. 그러나 눈부신 산업 발전과는 달리 노동자들은 〈근로기준법〉을 모른 채 일하는 경우가 허다했고, 사용자인 기업 역시 〈근로기준법〉을 따르지 않는 일이 많았다. 그러다 보니 수많은 노동자가 하루 16시간, 일주일 100여 시간을 근무하기도 하고 터무니없이 적은 급여를 지급받으며, 폐결핵이나 안질 등 병을 달고 살았으나 적절한 건강검진도 받지 못했다. 게다가 미성년자에 대한 노동 착취와 여성에 대한 배려가 없는 근무 환경이 당연시되는 사회 분위기였다. 〈근로기준법〉이 공표되어 있으나 이를 따르는 기업이 매우 적었던 것이다.

노동자들이 고통받는 현실을 안타깝고 억울하게 여긴 22세의 청년, 전태일 열사가 박정희 대통령에게 편지를 쓰고 이곳저곳에 민원을 넣는 등 〈근로기준법〉 준수를 호소하며 백방으로 노력했으나 철저히 무시당했고, 결국 1970년 11월 13일 평화시장 앞에서 〈근로기준법〉 법전과 함께 분신했다. 이 사건은 노동자의 기본 권리인 법정 근로시간을 준수하고 노동자의 권익을 보호하라는 상징적인 의미를 사회에 던졌고, 50년이 지난 2020년에 전태일 열사는 국민의 복지 향상과 국가 발전에 이바지한 공로를 고려하여 1등급 국민훈장인 무궁화 훈장을 추서받는다.

이후 1980년도에는 이른바 '한강의 기적'이라 불리는 황금기를 맞이하며 1988년 서울올림픽까지 성공적으로 개최하고, 민주화운동의 열기가 지속하는 사회적 분위기에서 1989년 3월 29일에 공표된 〈근로기준법〉으로 정해진 법정 근로시간은 다음과 같다.

제42조 (근로시간)
① 근로시간은 휴게 시간을 제하고 1일에 8시간, 1주일에
44시간을 초과할 수 없다. 다만, 당사자 간의 합의에 의하

이전의 것과 비교했을 때 노동자의 근로시간 중 1일 8시간은 같지만, 주 44시간으로 4시간이 단축되었다. 당사자 간의 합의에 따라 주 56시간까지, 휴일을 포함하면 최대 주 64시간까지 연장 근로가 가능했다. 〈근로기준법〉이 제정된 이후 35년 만에 법정 근로시간이 단축되었으며, 1980년부터 1990년대 초반까지 노동자의 실제 근로시간이 대폭 감소하는 효과를 가져왔다. 1990년대에는 국민소득 1만 달러가 넘는 경제 호황이 지속되며 샴페인을 터뜨리는 사회 분위기에 풍요로운 휴가를 즐기는 사람들이 많아지고 있었다. 법정 근로시간인 1주 44시간 근로를 토요일 오전 근무 또는 격주 토요일 휴무제로 시행하는 기업도 나타났다.

그러다 1997년, IMF발 외환 위기가 터지면서 상황이 급격하게 나빠졌다. 기업의 줄도산과 노동자의 대량 실직 사태가 터져 나온 것이다. 노동자들은 해고되지 않기 위해 절박한 심정으로 쉬는 날을 포기하고 잔업과 휴일 근무에 매진할 수밖에 없었다. 대한민국 정부는 외환 위기를 탈피하기 위해 탄력적 근로시간제와 선택적 근로시간제를 도입하여 근로시간을 줄여서 새로운 고용 창출을 유도하고자 했다. 법정 근로시간을 주 40시간, 즉 주 5일 근무제 적용을 준비했다. 우선 2003년 1주 44시간으로 되어 있는 법정 근로시간을 40시간으로 단축하도록 법률을 개정했다. 그 뒤 논의를 시작한 지 7년 만인 2004년 7월 1일부터 주 5일 근무제가 본격적으로 시행되었다. 당시 개정된 법률 조항은 다음과 같다.

제49조 (근로시간)
① 1주간의 근로시간은 휴게 시간을 제하고 40시간을 초과할 수 없다.
② 1일의 근로시간은 휴게 시간을 제외하고 8시간을 초과할 수 없다.

제52조 (연장 근로의 제한)
① 당사자 간의 합의가 있는 경우에는 1주간에 12시간을 한도로 제49조의 근로시간을 연장할 수 있다.

이로써 지금의 주 5일 근무제가 등장한다. 돌이켜보면 법정 근로시간은 꾸준한 단축의 역사였다. 50여 년 동안, 60시간에서 현재의 40시간까지 꾸준하게 줄어들었다. 그런데 '1일의 근로시간은 휴게 시간을 제외하고 8시간을 초과할 수 없다'라는 기준은 변하지 않고 그대로였다.

1일 8시간 근무는 산업혁명이 시작된 18세기부터 꾸준하게 요구되었던 노동자의 권리였다. 산업혁명 초기에 노동자들은 일주일에 하루도 쉬지 못하고, 12시간도 넘게 일하는 경우가 부지기수였을 정도로 장시간의 근로와 열악한 근무조건에 시달렸다. 사회주의와 협동조합 운동의 창시자인 로버트 오언(Robert Owen)은 1810년 하루 10시간 노동을, 1817년에는 '8시간 노동, 8시간 재충전, 8시간 휴식'을 요구할 정도였다.

이후 수많은 나라의 노동자가 1일 8시간을 요구했지만 100년 가까이 시간이 흘러가는 동안 제대로 지켜지는 경우가 아주 드물었다. 미국도 마찬가지였으며 1886년 5월 1일 미국 노동자들이 시카고 전역에서 하루 8시간만 일하자며 총파업을 했던 메이데이(May Day)를 국제노동자협회(International Labour Organization)가 국제 노동자 투쟁의 날로서 기념한 것이 오늘날 우리나라의 '근로자의 날'로 이어졌다. 이후 국제노동기구가 1919년에 개최한 세계총회에서 제1호 협약으로 1일 8시간 근무를 채택했다.

1일 8시간 근무가 자리 잡기까지

근무시간이 1일 8시간으로 정해진 건 1903년에 설립된 미국 디트로이트의 한 공장에서 1926년에 발표한 것이 시초다. 이 회사는 세계 최초로 자동차를 만드는 공장에 조립라인 '컨베이어 벨트'를 도입하기도 했다. 바로 포드(Ford)사다. 이 회사는 1908년, 처음으로 모델T(Model T)를 850달러로 출시했는데 이는 다른 회사 자동차 가격의 절반 수준이었다. 워낙 저렴하다 보니 모델T를 생산하기도 전에 약 1만 5,000대의 주문을 받았는데, 이는 전년도 총판매량의 2배 수준이었다.

회사가 가지고 있는 능력으로는 도저히 생산할 수 없을 만큼의 주문을 받게 된 포드사는 짧은 시간 내에 더 많은 자동차를 생산해내기 위해 수많은 시도를 했다. 그리고 1913년부터 약 1년 동안, 컨베이어 벨트로 대변되는 조립 생산 라인과 과학적관리법을 도입하였다. 자동차 제작 장인에 의존하지 않고 그의 기술을 세분화 및 기계화하여 생산이 멈추지 않고 계속되도록 한 것이다. 이로써 회사의 주력 제품이 된 모델T 1대를 생산하는 시간이 12시간 8분에서 1시간 33분으로 단축되었다. 즉 자동차 1대를 만드는 데 728분에서 93분으로 약 8배 빨라졌다.

8배 가까이 효율이 늘면서 자동차를 만드는 비용도 대폭 줄어들었고, 이는 가격을 낮출 수 있게 해주었다. 그래서 1916년에는 최초 출시 가격의 절반 이하인 360달러, 1922년에는 300달러 미만의 수준이 되었다. 포드의 모델T는 미국 시장의 50퍼센트를 점유하고 영국, 프랑스, 독일과 인도 등 19개의 나라에서 생산되었다. 1927년 생산이 종료될 때까지 15,007,034대라는 세계적인 자동차 판매 기록을 세우게 된다.

하지만 역대급으로 판매 기록을 갈아 치우던 포드사의 실적이 쌓일수록, 회사의 노동자들은 계속 일하고 싶은 마음을 잃어

갔다. 자부심으로 가득했던 사람들은 온종일 똑같은 일만 반복하게 된 것을 힘들어했고, 지루해진 이들은 지각과 결석이 잦아지거나 마침내 회사를 그만두었다. 결국 노동자들은 즐겁게 일하기보다는 마치 기계공장의 부속품 취급당하며 희생을 강요받았던 것이다. 이 상황은 찰리 채플린의 영화 〈모던타임스〉(1936년)에서 쉬는 시간을 제외하고 나사만 조이다가 정신병에 걸리는 조임공과 유사했을 것이다.

사실 노동자의 높은 퇴사율은 미국 산업의 전반적인 문제였다. 숙달된 이들은 일당에 따라 회사를 옮겨 다니기 일쑤였고, 특히 포드는 1913년 당시 퇴사율이 370퍼센트에 달했다. 1만 4,000명을 유지하기 위해서 5만 2,000명을 고용해야 하는 상황에까지 이르렀다. 게다가 퇴사하는 직원이 너무 많아서 조립 생산 라인이 멈추는 경우가 빈번했고, 신입 직원 교육 비용이 계속 증가하면서 회사에 더욱 부담을 주었다.

결국 포드는 1914년 1월 5일, 다른 곳보다 2배 더 많은 5달러를 일당으로 주겠다는 '5달러의 날(The five dollar day)' 선언을 한다. 정해진 업무를 해내면서, 저축이나 금주 등 회사에서 건전하다고 정한 사회적 활동까지 인정받으면 노동자에게 하루 5달러를 준다고 한 것이다. 당시로서는 파격적이었던 이 제안은 사람들에게 삽시간에 퍼졌고, 수천 명의 지원자가 디트로이트로 몰려와 북새통이 된 모습은 마치 폭동이 일어난 것처럼 보였다. 한바탕의 소동이 지나간 뒤에는 최고의 정비사들이 포드로 몰려왔다. 이 선언 덕분에 포드사는 자동차를 만들어내는 능력뿐 아니라 퇴사하는 사람들로 인한 재고용 비용도 낮출 수 있게 되었다.

높은 임금 정책에 이어 포드는 1926년 5월 1일, 메이데이에 맞추어 하루 8시간만 근무하는 원칙인 주 5일, 40시간 제도를 도입했다. 바로 주 5일제의 시작이었다. 다른 회사들이 하루 평균 12시간, 주 6일 근무가 기본이었던 것과 비교하면 혁신적이었다. 이때 정한 1일 8시간이 오늘날까지 근로시간의 표본으로 자리매김하게 된다.

노동자의 작업을 계량하다

포드에서 주 5일제를 시작할 수 있었던 것은 당시 노동자들의 능력을 관찰하고 측정해서 효율적으로 활용하려던 '과학적 관리법' 덕분이었다. 이는 개념을 만들어낸 프레더릭 윈즐로 테일러(Frederick Winslow Taylor)의 이름을 따서 테일러리즘(Taylorism)으로 불리기도 하지만, 가장 유명한 명칭은 과학적관리법(Scientific Management)이다.

테일러가 출간한《과학적 관리의 원칙(The Principles of Scientific Management)》(1911년)에서 언급한 노동자가 열심히 일하지 않는 이유는 크게 두 가지였다. 첫 번째는 편안해지고 싶은 사람의 자연스러운 본능 때문이라 보았다. 열심히 일하는 사람이 간혹 있겠지만, 당시에는 열심히 일하든 천천히 일하든 일당이 같다 보니 게을러지기가 쉬웠다. 테일러가 관찰했던 어떤 노동자는 출근할 때 시속 4.8~6.4킬로미터로 빠르게 걸었는데, 현장에 도착하면 시속 1.6킬로미터로 느릿느릿 다녔으며, 마치 주변 동료들보다 더 천천히 일하려고 노력하는 것처럼 보였다고 한다.

두 번째 이유로는 다른 노동자와의 관계에서 생기는 복합적인 문제를 들었다. 구체적으로 말하자면, 게으르게 일하는 것이 편하다는 논리가 공공연하게 퍼져 있다는 것이다. 더 심각한 건 부지런히 움직이며 일하려는 사람이 있으면 그러지 못하게 하는 행동이었다. 열심히 일하는 사람이 적어져 자신도 열심히 일하지 않아도 되는 분위기가 자연스레 형성되길 바랐기 때문이다. 특히 선배가 경험이 적은 후배에게 이런 논리를 가르치면서 더욱 확고하게 하였고, 회사 측에서 이를 문제 삼기에는 적절한 증거를 제시하기 어려워 과감하게 조치를 할 수가 없었다.

게다가 테일러가 과학적관리법을 주창하기 이전에는 노동자들이 알아서 작업량을 정하는 방식이었고, 임금도 경영자가 적당하다고 생각하는 수준으로 지불하고 있었다. 어림잡아서 대충 계산하는, 바로 주먹구구식이었다. 특히 회사를 경영하는 사람들은 노동자가 목표를 정할 때 중요한 역할을 할 체계가 없었다. 그렇다 보니 일하는 이들은 있는 힘껏 늘어지려 애를 썼고, 회사는 노동자들을 최대한 쥐어짜려고 강하게 억압하는 힘겨루기가 팽팽했다. 그래서 테일러는 노동자가 일에 대한 책임을 전적으로 부담하지 않도록, 회사 측에서 돕는 방법을 마련하기 위해 예전보다 훨씬 더 많은 역할을 해야 한다고 주장했다. 다시 말해, 회사 측에서 노동자의 능력을 정확하게 측정하고 알려주며 합의와 협동을 이루어나가야 한다는 것이다.

같은 업무를 해도 서로 파악한 내용과 이해하는 바가 다르므로, 일하는 방식 또한 수십에서 수백 가지로 다양하다. 실제로 테일러가 현장에서 보았던 것들도 그러하였다. 하지만 그중에서도 가장 빠르면서 뛰어난 방법 한 가지가 있을 것이고, 이를 찾아내기 위해서는 손이나 도구를 사용하는 동작과 걸리는 시간에 관하여 정밀한 연구가 필요했다. 특히 테일러는 스톱워치를 이용하는 '시간 동작 연구 방법'을 정교하게 다듬었고, 과정과 절차를 이해한 사람들이 이러한 내용을 '과학적관리법'이라고 불렀다. 과학적관리법이 등장하기 전에도 노동자의 합리적인 작업을 구성하는 요소를 수치로 측정하고 개선하려는, 이른바 과학적인 접근들은 있었다. 그러나 테일러는 단순히 결과만 기록한 것이 아니라, 관리 방식으로 발전시켰다.

과학적관리법의 방법과 절차는 다음과 같다. 우선 노동자가 해내야 하는 작업을 세분화한다. 그리고 이를 정확하게 작업할 수 있는 사람을 선발해 동작과 시간을 측정한다. 그 가운데 불필요한 일은 줄이거나 없애고, 반드시 해야 하는 일은 도구나 방식 등을 정하여 빠르게 하는 방법을 찾는 것이다. 이렇게 확인된 시간으로 하루의 적절한 작업량을 정할 수 있고, 표준화한 작업을

표 6-3 베들레헴 철강 회사에서 과학적관리법을 적용한 효과.

구분	적용 전	적용 후
작업 인원	400~600명	약 140명
작업자의 하루 평균 작업량	16톤	59톤
작업자의 임금	1.15달러	1.88달러
톤당 운반 비용	0.072달러	0.033달러

직원들에게 알려주며 계속해서 개선해나간다. 이를 통해 합리적인 작업의 정도, 즉 작업량을 정할 수 있게 했다. 그리고 잘해내는 노동자는 포상하고, 그렇지 않은 사람은 작업 방식을 교육했다. 과학적관리법으로 노동자의 작업을 표준화한 것이다.

과학적관리법을 활용해서 효과를 본 가장 유명한 사례는 베들레헴 철강 회사에서의 삽질에 관한 연구 결과다. 400명에서 600명의 작업자가 철광석과 석탄 등을 삽으로 옮기는 일을 하고 있었다. 이때 삽은 각자 가지고 다녔고, 옮기는 광물의 양도 사람에 따라 너무 달랐다.

그래서 테일러는 삽질 한 번에 얼마큼의 광물을 떠야 할지 연구했다. 1급 작업자의 동작과 시간을 스톱워치로 수천 번 측정한 결과, 한 번 삽질할 때 약 9.5킬로그램이 적절한 중량이라고 판단했다. 이를 기준으로 어제 작업량과 오늘 목표량을 알려주며 작업을 지시하게 했고, 광물의 종류에 따라 크기나 모양이 다른 삽을 노동자에게 주었다. 이로써 노동자가 하루에 작업해야 하는 양을 산정할 수 있었고, 만일 그날 목표량을 달성할 경우 하루 임금의 60퍼센트를 장려금으로 지급하게 했다. 그리하여 약 140명에게 평균 1.15달러보다 약간 높은 1.88달러의 임금을 주었지만, 작업자 하루 평균 작업량을 16톤에서 59톤까지 4배 정도로 끌어올릴 수 있었다. 테일러가 삽질의 과학이라고 표현하기도 한, 과학적관리법을 적용하기 전과 후의 효과가 확연했다.

과학적관리법의 명암

과학적관리법이 현장에 적용되었던 방식은 시간이 지나며 한층 발전했다. 특히 노동자는 본인의 작업이 스톱워치로 측정당하는 데 반감을 가지게 되므로, 이러한 인식을 극복하는 방법이 필요했다. 그래서 대안으로 노동자의 움직임은 한정된 몇 가지의 기본동작으로 구성된다는 가정 아래 사전에 정해둔 동작 시간과 여유 시간을 합쳐 전체 작업 시간을 구하는 기정시간표준법(Predetermined Time System, PTS)이 등장했다. 특히 1950년대에 나온 MTM(Methods-Time Measurement) 절차는 꾸준히 발전해 오늘날까지도 미국의 산업체를 포함하여 많은 기업에서 사용하고 있다.

현대 산업공학과 경영학 연구자들에게 과학적관리법에서 비롯된 합리적인 사고방식은 큰 영향을 주었다. 통계학 등 다양한 기법을 적용해 제품의 수준을 관리하는 '품질관리', 재료부터 완성품이 만들어지기까지의 과정을 관리하는 '생산관리', 수학적 분석이나 최적화 기법을 활용하여 중요한 의사 결정을 돕는 '경영과학'뿐만 아니라 비능률적인 움직임을 찾아 개선하는 '동작연구'나 인간의 신체적, 심리적 요소를 고민하는 '인간공학' 또한 객관적으로 측정하고 이를 표준화하여 관리하고자 한 과학적관리법에서 시작되었다고 볼 수 있다. 현대 경영학의 아버지라고 불리는 피터 드러커(Peter Ferdinand Drucker)의 "측정할 수 없다면 관리될 수 없고, 관리할 수 없으면 개선할 수 없다"는 명언은 과학적관리법의 핵심을 온전히 담았다고 해도 지나치지 않다.

하지만 과학적관리법이 만능은 아니었다. 노동자를 마치 기계장치나 일개 부품처럼 소모적이고 부수적인 존재로 하대할 가능성이 있었다. 공정한 보상, 노동자와 경영자 간 화합, 과업의 합리적인 할당 등 인간적인 요소를 배제한 것은 아니었으나, 경제적인 욕구만을 지나치게 강조했기 때문에 비판을 피할 수 없었다. 노동자의 작업량을 숫자로 환산해 효율을 따지게 되는데, 이는 자칫 일하는 사람의 인격과 창의적인 생각을 무시하는 결과를 낳을 수 있다. 만일 화장실 가는 시간까지 헤아려서 다녀오는 방법까지 제시받는다면 아찔하지 않을까?

그리고 이는 조립 생산 라인과 같이 노동자의 활동을 측정할 수 있을 때 가능한 방법이다. 예를 들어 석탄을 퍼서 용광로에 집어넣거나 나사를 조이는 작업에 대해서는 동영상으로 촬영해 불필요한 동작이나 빠르게 처리하는 시간을 찾아낼 수 있지만,

업무의 중요도를 판단하거나 미래를 예상하고 결정을 내리는 일은 표준화하기가 쉽지 않다. 일부 회사들은 충분한 보상 제공을 무시한 채, 노동 착취를 위한 악의적인 수단으로만 쓰기도 했다. 테일러는 이처럼 악질적으로 회사를 경영하는 사람들을 탐욕스럽다고 비난하기도 했는데, 결국에는 노동자와 경영자 모두에게 미움을 사서 청문회에 불려 나가 곤욕을 치르기도 했다.

과학적관리법은 그 후 어떻게 되었을까? 당시 이 방식은 비인간적이라는 인식이 많았으며 웨스턴일렉트릭(Western Electric)의 경영진도 같은 고민을 하고 있었다. 이 회사는 1924년 시카고 근교에 있는 미국에서 가장 큰 전구 공장인 호손(Hawthorne Works)에서 조명 밝기가 노동자의 생산성에 영향을 주는지 알아보는 연구를 했다. 그런데 이상하게도 밝기를 바꾸든 그렇지 않든, 실험을 시작해 진행하는 동안은 생산성이 향상되었으나, 실험이 끝나면 같이 떨어지는 경향을 보였다. 웨스턴일렉트릭은 조명이 아닌 다른 요소가 실험에 영향을 주었다고 생각하고 하버드대학의 심리학자 조지 엘턴 메이오(George Elton Mayo) 연구팀에 도움을 요청했다. 그 뒤 작업 내용, 근무 요일, 휴식 시간 제공, 급여 등을 변화시키며 여러 가지 방법으로 약 8년간 실험했지만, 물리적인 요소가 생산성 향상에 영향을 준다는 결론을 내리지 못했다.

사실 이 실험은 치밀하게 구성되지 못해 정확한 결론을 얻기가 힘들었다. 피험자가 실험에 참여하고 있다는 사실을 인지하면서 평상시와 다른 마음가짐으로 열심히 일하게 되는 심리적인 영향을 받았기 때문이다. 즉 피험자가 자신이 관찰된다는 것을 인식해서 일시적으로 능률이 오르거나 행동이 변화했고, 이러한 심리적인 영향은 이 실험 이후 '호손 효과'라 부르게 되었다.

결국 이 연구는 물질적인 것보다는 비물질적 요소가 생산성에 더욱 영향을 준다는 바를 확인하게 해주었다. 다시 말해 노동자를 감정적, 정서적으로 대우해야 한다는 '인간적 요소'를 고민하게 한 것이다. 노동자 한 명 한 명의 고충을 해결해주는 일, 조직 구성원 간 유대감 등 인간 본연의 감정이나 소속감과 같은 심리적 요소가 조명이나 급여처럼 물질적인 것들과 함께 고려되어야 함을 시사했다. 이는 비인간적이라 비판받던 과학적관리법을 보완하는 새로운 '인간관계론'이 필요하다는 생각으로 이어졌다. 그리고 개개인의 능력뿐 아니라 성격과 동기부여, 갈등과 협동, 리더십, 조직 구조 및 조직 문화 등 인적 자원 관리라는 분야가 만들어지는 계기가 되었다.

주 4일 근무제를 도입하려면

현재 우리는 주 4일 근무제 도입을 고민 중이다. 앞에서 살펴본 바와 같이 우리나라는 〈근로기준법〉이 생긴 뒤 근무시간이 꾸준히 단축되어온 역사가 있다. 또 주 4일 근무제를 시도해본 나라와 기업의 성공 사례에서 무언의 압박을 받고 있다. 주 4일 근무제로 여가 시간이 늘어나는 만큼, 노동자는 정해진 시간 안에 더 열심히 일하고 퇴근하려 하기에 결국 회사의 실적이 높아지는 장점이 있다고 한다. 하지만 업무 강도가 훨씬 높은 환경에 처할 가능성에 대한 우려, 주 5일에서 주 4일 근무제로 바뀌더라도 급여가 내려가지 않아야 한다는 인식은 넘어야 할 산이다. 이러한 점을 고려하면 주 4일 근무제 도입이 쉽지 않은 것이 사실이다. 우리나라가 주 5일 근무제를 본격적으로 시행할 때도 대략 7년이 필요했기에, 주 4일 근무제에 대한 고민은 언제 끝날지 확실하게 알기 어렵다.

주 4일 근무제에 대해 노동자와 회사 경영자가 다르게 느끼는 오늘의 상황은 과학적관리법이 등장했던 때와 유사해 보인다. 노동자의 업무는 너무 복잡해서 측정이 어렵고, 경영자는 노동자가 정한 목표에 개입할 수 있는 마땅한 방법이나 수단이 없는 것처럼 느껴진다. 그런데 과연 그럴까? 경제협력개발기구(Organization for Economic Cooperation and Development, OECD)의 통계자료를 살펴보면 국가별 생산성을 비교할 수 있다. 주 5일 근무제가 도입되었던 2004년과 2021년 현재 대한민국의 생산성을 알아보기 위해 '노동자의 연평균 실근로시간'*과 '시간당 노

● 노동자의 연평균 실근로시간=실제 일한 총시간÷연간 평균 취업자 수(전일제 및 시간제 노동자 포함)

동생산성'● 자료를 살펴보자.

우선 노동자의 연평균 실근로시간을 살펴보면, 37개의 회원국 중에서 대한민국의 노동자는 주 5일제가 처음 도입되었던 2004년에 압도적인 1등이었던 2,380시간에서 2021년 1,915시간으로 줄면서 멕시코, 코스타리카, 콜롬비아와 칠레 다음으로 5위가 되었다. 주 5일제 도입 이후 일하는 시간은 상당히 줄어들었지만 다른 나라에 비하면 아직도 길다. 또한 시간당 노동생산성은 2004년 23.9달러로 33위에서 2021년 42.9달러로 29위가 되었다. 주 5일제가 확산하는 동안 2배에 가까운 성장을 보였으나, 여전히 하위권이다.

멕시코를 살펴보면 노동자의 연평균 실근로시간은 2004년 1,920시간(3위), 2021년에는 2,128시간(1위)이었으며, 시간당 노동생산성은 2004년 20.5달러(35위), 2021년 19.5달러(36위)였다. 통계자료는 조사 기관이 나라마다 다르고 자료 측정 방법 또한 같지 않으므로 대등한 비교가 되지 않을 수 있음을 감안하더라도, 한국은 근무시간이 줄어들면서 생산성이 늘었고, 멕시코는 근무시간이 늘었으나 생산성은 오히려 줄었다고 볼 수 있다.

오늘날에는 과학적관리법이 탄생했던 당시보다 발전된 인적 자원 관리의 방법들로 노동자와 경영자가 권한과 성과를 나누고 있다. 이제 노동자는 물질적으로 보상받으며 관리되어야

● 시간당 노동생산성=1인당 국내총생산(Gross domestic product, GDP)÷총노동시간

하는 대상인 동시에 스스로 목표를 세우고 이를 달성하려는 존재로 여겨진다. 그래서 최근 기업이나 기관의 경영자는 이전의 과학적관리법이 제안했던 물질적 보상뿐 아니라 노동자가 의미 있는 업무를 해내면서 책임감과 보람을 느낄 수 있게 하고(직무특성이론), 스스로 업무를 정하고 이를 평가하거나(직무충실화이론) 노동자가 정한 목표나 근무 방식을 경영자, 관리자가 돕는 방향으로 가고 있다. 이는 경영자가 결정하고 노동자를 관리하던 과거의 방식에 견주어 노동자가 경영자의 권한과 성과를 나누는 진일보한 방식이다.

주 4일제 도입은 결국 합리적이며 인간적인 접근이 가능한 인적 자원 관리의 기법들로 가능할 수 있을 것이라 기대된다. 노동자가 하루에 12시간도 넘게 일해야 했던 산업혁명 초기에는 1일 8시간 근로가 마치 꿈만 같았다. 열악한 조건에 고통받았던 수많은 노동자가 노동의 인권을 보장받기 위해 고군분투해오던 노력이 국제노동자협회의 세계총회에서 1일 8시간 근무로 선언되었다. 또 과학적관리법이 포드 자동차 회사에 도입되면서 주 5일 근무제가 자리를 잡았고, 호손 효과를 확인하면서 노동자에게는 인간적인 요소도 중요하다는 것을 알게 된 후, 경영자와 노동자가 합리적이면서도 비인간적이지 않게 권한과 성과를 나눌 수 있는 다양한 인적 자원 관리 방법이 개발되었다.

이러한 맥락에서 가늠해보면 노동자 스스로 목표와 업무, 근무 방식을 정하고 이를 수행하기 위하여 경영자와 함께 노력하는 다양한 시도를 통해, 주 4일 근무제가 가능할 수 있지 않을까? 바로 이것이 과학적관리법에서 시작된 주 5일 근무제가 약 100년 만에 주 4일제로 바뀔 가능성을 쥔 열쇠다.

시민과학
프로젝트

과학문화

박은지

학창 시절 과학을 좋아한다고 하면 머리가 꽤 좋은, 그러나 사회성은 좀 떨어지는 괴짜 친구로 취급받는 경우가 종종 있다. 그만큼 과학은 공부하기에도, 좋아하기에도 어려운 것이란 선입견이나 편견이 존재한다. 실제로 국내에서 진행된 연구 결과에서도 과학에 대한 학생들의 선호도는 매우 낮은 편인데, 주된 이유는 과학 자체가 어렵거나 지루하다고 인식하기 때문이다. 심지어 학년이 높아질수록 과학을 멀리하는 정도가 심해지는 것으로 보인다.

그런데 학교교육이 끝나고 본격적으로 사회생활을 하는 성인의 삶이 펼쳐지면, 과학은 다시 개인의 일상으로 다가오기 시작한다. 그 시작은 천체관측이나 탐조 등 새로운 취미 생활을 발견하면서 또는 안전하고 건강하게 자녀를 양육하기 위해 고민하면서부터일 수 있다. 더 나아가 기후변화나 전염병 대유행에 대응하기 위한 정책 등 사회적 과학 쟁점에 주목하게 되고, 생명 존엄이나 존재 이유 등을 우주의 섭리 같은 거시적 관점에서 사유하려고 시도하면서가 되기도 한다. 이렇듯 과학이란 한 개인의 생애에 매순간 끊임없이 마주하는 분야이자, 일상 깊숙이 새겨질 또 다른 생활양식일 수밖에 없다.

하지만 성인이 된 후 느끼는 과학 학습에 대한 갈증은 좀처럼 해소되기 어렵다. 학교를 벗어나 과학을 교양 입문에서부터 직업 대비 수준까지 제대로 또는 단계적으로 학습할 만한 곳이 드물기 때문이다. 물론 TV나 서적, 잡지 같은 대중매체가 그 역할을 어느 정도 대신하던 시대가 있었고, 최근에는 팟캐스트나 유튜브, 블로그 등 소셜미디어까지 가세해 채널이 확장되는 중이다. 정부 차원에서도 전국 과학관, 한국과학창의재단을 통해 다양한 과학문화 사업을 추진하며 저변을 확대하고는 있다. 그래도 훨씬 오래전부터 학원이나 교습소, 주민센터, 평생학습기관 등 성인의 접근성을 높이고 각종 자격 제도를 만들어 학습 동기를 높여 온 체육, 예술 같은 분야에 비하면 여전히 갈 길이 멀다.

시민으로서 만나는 과학의 세계

다행히도 최근 시민과학(citizen science)의 문이 점점 열리면서 성인들의 과학 학습은 특정 기관에서 주최해 수동적 또는 피동적으로 받아들이는 교육의 형태로 이루어지는 것이 아니라, 직접 참여하여 실전에 부딪치며 배울 수 있게 되었다. 여기서 시민과학이라는 개념이 아직 생소하다면 아래와 같은 기사나 광고를 본 기억을 떠올려보자.

- 새·나무 관찰 '시민과학자', 서울 생물 다양성 전략 만든다

- 시민과학자 1만 명·구글 인공지능 합작… 소행성 1,701개 찾아냈다
- 고양시, 시민·전문가 참여 정발산 일대 생물 다양성 조사
- 안양시, 탄소중립 실현 '시민 기후활동가 양성' 교육생 모집
- 서울숲공원, 시민과학단 모집 '꽃 보러 가새' 시민과 함께 환경문제 연구할 연구자 모이세요

기사나 광고 제목에서 보다시피, '시민과학'이란 '전문적 훈련을 받지 않은 일반 시민이 과학 연구와 같은 과학 지식 생산 활동뿐만 아니라 이와 관련된 정책이나 제도 마련 등 여러 사회 문화적 과학 쟁점 활동에 직접 참여하는 것'을 뜻하며, 이렇게 시민과학에 참여하는 이들을 '시민과학자' 또는 '시민과학 활동가' 등으로 부른다. '시민과학이 정말 가능한 것일까', '말로만 듣기 좋은 허울은 아닐까' 의심이 들 수도 있을 것이다. 그만큼 과학은 전문가가 첨단 시설을 갖춘 실험실에서 정교하게 연구해야 하는, 과학자의 전유물인양 여기곤 했기 때문이다.

이런 고정관념은 1960년대 과학기술이 사회와 떼려야 뗄 수 없는 관계라는 과학기술사회(science-technology-society, STS)적 시각이 대두되면서 점차 약해졌다. 시민과학의 기원 자체는 19세기 유럽과 북아메리카의 시민들이 자원봉사자로 참여한 크리스마스 조류 실태 조사(1900년~현재, 미국 오듀본협회)나 기상관측 활동(1848년~1870년, 미국 스미스소니언) 등에서 찾을 수 있으나,

본격적인 개념의 등장은 용어로서 '시민과학'이 언급된 1989년부터로 봐야 할 것이다. 즉 과학기술사회에 접어들기 시작하면서 시민의 삶에서 과학이 동떨어질 수 없게 되었고, 과학 연구 역시 금전적으로나 제도적으로나 사회적 요구를 무시하며 수행할 수는 없기 때문에 더 이상 과학자만의 일이 아니게 된 것이다.

비슷한 시기, 19세기부터 이어진 과학 대중화(public under-standing of science, PUS) 운동이 실은 일반 시민의 소양이 과학자보다 열등하기 때문에 쉽게 잘 가르치는 것을 목표로 했다는 점을 깨달으며, 계몽주의적 전제에 대한 비판도 일어났다. 이에 따라 일반 시민을 과학자와 대등한 존재로 보며 수평 관계를 유지하려는 시민지향적(citizen-oriented science, COS) 또는 시민참여적 과학(public engagement in science, PES)이 강조되기 시작했다. '시민과학'이 처음 쓰였던 프로젝트는 1989년 미국 오듀본협회(National Audubon Society)가 모은 225명의 자원봉사자가 빗물 샘플을 수집하고 분석해낸 결과로 산성비 문제의 심각성을 알렸던 것인데, 위와 같은 배경 아래 일반 시민이 수행했더라도 과학이라고 부를 수 있었다.

시민과학의 역할과 미래

시민과학은 학문적 전통이나 강조하는 목적에 따라 다양한 개념으로 정의된다. 하지만 공통적으로 포함하는 의미는 엄격하게 과학 활동을 중심에 두고 적극적으로 참여하는 것으로 여기며, 일반적인 시민 참여와 구분하려 한다는 점이다. 구체적으로 유형을 나누어보면, 먼저 보니(Rick Bonney)는 전문 과학자와 일반 시민의 역할 구분에 따라 기여형(contributory), 협력형(collaborative), 공동창작형(co-created) 시민과학 프로젝트로 구분한 바 있다. 위긴스(Andrea Wiggins) 등은 연구 목표에 따라 지역 문제를 실제로 해결하고자 하는 '실행 프로젝트', 자연 자원 보전을 위한 모니터링에 중점을 두는 '보전 프로젝트', 과학 연구를 목표로 하는 '조사 프로젝트', 온라인 참여 형태인 '가상 프로젝트', 학교 과학 커리큘럼 일부로 진행되는 '교육 프로젝트'로 분류한다.

우리나라에서 성인을 대상으로 하는 시민과학 사례를 살펴볼 때 주로 생태나 환경 분야에 속하고 모니터링 형태가 가장 많다. 이화여자대학교 에코과학부 장이권 교수 연구진이 2012년부터 동아사이언스와 함께 운영한 '지구 사랑 탐사대'가 대표적이다. 이는 수원청개구리 울음소리 수집을 시작으로 귀뚜라미에 대한 조사로 이어졌다가, 이제는 더욱 다양한 생물을 찾아 자료를 수집하고 있다. 이런 형태의 시민과학은 대부분 시민과학자가 방대한 자료 수집에 참여하는 형태이기 때문에 기여형에, 보전 또는 조사 프로젝트라고 할 수 있다.

그러나 앞서 살펴본 기사 제목 중 구글 인공지능과 협력해서 이미지를 분석해 소행성을 찾아내는 활동은 단순한 모니터링이나 자료 수집을 넘어 분석까지 수행하기 때문에 협력형에, 조사나 가상 프로젝트가 된다. 최근 생물 다양성과 관련해서 인공지능을 활용한 빅데이터 분석 및 아이디어 제안 경연 대회까지 열려서 많은 시민과학자가 데이터 분석을 경험하거나 생물 다양성 보전을 위한 아이디어를 고안하는 활동 등을 수행할 것으로 기대된다.

여기서 더 나아간다면 최근 지방자치단체를 중심으로 서서히 늘고 있는 리빙랩 활동의 경우, 자신이 속한 지역에서 발생한 문제를 스스로 찾고 이를 해결하기 위한 방안도 수립하여 실행한다는 점에서 공동 창작형이거나 실행 프로젝트라고 할 수 있을 것이다. 미세먼지에 대한 우려가 높은 지역의 주민들이 과학자와 함께 측정법을 고민하고 이에 따른 결과를 나누어 분석하여 논문 발표 및 그 대안까지 마련할 수 있다면 정말 완벽한 공동 창작형이나 실행 프로젝트가 될 것이다.

그렇다면 이렇게 직접 과학 활동에 참여하는 시민과학은 과학적, 사회적 또는 교육적인 면에서 어떤 역할을 할 수 있을까? 그리고 그 의미와 가치는 무엇일까? 첫째, 시민과학은 시민의 과학적 소양을 높이고 증거 기반 문제 해결 역량을 신장시킬 뿐만 아니라, 과학문화의 확산을 도모할 수 있다. 둘째, 시민의 적극적인 과학 참여로 과학자와 시민 사이의 불평등을 해소하는 것은 물론, 공동체 구성원으로서의 역할을 수행함으로써 민주주의의 가치를 높일 수 있다. 셋째, 기존 과학에서 수행하기 어려웠던 영역을 보완해 새로운 과학 지식 생산 및 방법론 구축 등 학문적 성과 도출을 지원할 수 있다. 넷째, 기존 과학이 관심을 두지 않아서 수행하지 못했던 연구는 무엇이었는지 인지하게 만들고, 이를 진행함으로써 과학 발전의 균형을 이끌 수 있다.

앞서 말했듯이 성인이 되면 일상의 여러 순간에서 과학의 원리나 의미를 좀 더 알아가고 싶은 마음이 들 때가 생긴다. 이 장을 여기까지 읽어 내려온 사람들이라면 과학적인 방법으로 직접 알아보고 싶은 일상의 조각이 떠올랐을 수 있다. 기후변화가 생태계에 큰 영향을 미치고 있다는데, 동네 뒷산의 식생 분포에는 어떤 변화가 있을지 긴 호흡으로 조사해보고 싶을지도 모른다. 최근 잦은 폭염으로 여름철 생활이 힘들어서 소속 지방자치단체에 조치를 강구하고자 지역 구석구석의 열지도를 만들어 증거로 제출할 방안을 찾을 수도 있을 것이다. 또는 우리나라 기술로 올린 여러 위성이나 탐사선의 정보를 함께 분석하여 국가 우주산업에 기여하고 싶은 마음이 일어날 수도 있겠다. 시민으로서 참여를 희망하는 주제와 소재가 무엇이든지 간에, 생애에 한 번쯤 과학자가 되어보기를 권하고 싶다.

새로운
과학 소비자의 등장

과학문화

윤아연

폐관 시간이 훌쩍 지났는데 과학관 문이 열려 있다. '둠칫둠칫' 안쪽 어디에선가 흥겨운 음악도 흘러나온다. 노래를 따라 들어 가니 놀랍게도 전시관 한곳이 거대한 파티장으로 바뀌어 있다. 어두운 조명과 와자지껄한 소리, 흥겨운 리듬. 그리고 입구에 이런 안내문이 붙었다.

> 하루종일 어린이들로 북적였던 과학관이 폐관 후 다시 은밀하게 문을 엽니다.
> MOON NIGHT SCIENCE PARTY.
> 19세 이상 성인만 출입 가능.

달밤과학파티(Moon Night Science Party)는 국립과천과학관에서 토요일 저녁에 비정기적으로 열린다. 여타의 과학관 프로그램과 달리 성인 인증을 거쳐야만 티켓을 구매할 수 있다. 전시관 안에서 낭만적인 데이트를 즐길 수 있다는 점도, 영화 〈박물관이 살아 있다〉와 같이 폐관 후 과학관을 들어가볼 수 있다는 점도 모두 달밤과학파티만의 특징이다.

2019년 8월, 이날 파티 주제는 '우주'였다. 드레스 코드는 '반짝이'. 다행히 대부분의 사람들이 드레스 코드에 맞추어 입고

왔다. 베스트 드레서는 누가 될까? 우주 파티라는 콘셉트에 맞게 전시관 곳곳에는 낭만 별자리 투어, 우주인 훈련 체험, DIY 우주 칵테일 등 여러 프로그램이 펼쳐졌다. 파티장에는 20~30대 청춘부터 즐거운 표정의 장년까지 다양한 연령층의 사람들이 모였다. 다들 한손에 맥주를 들고 전시관을 누비며 이 특별한 시간과 경험을 만끽하고 있었다.

달밤과학파티는 매 회 다른 주제로 구성된다. 꿈, 요리, 귀신, 다이어트, 사랑, 게임, 핼러윈 등 말랑말랑한 일상 소재로 과학 이야기를 풀어낸다. 주제에 따라 개방되는 전시관도 변하고 드레스 코드도, 체험 프로그램도 모두 바뀐다. 달밤과학파티의 시그니처 프로그램은 TV에서만 보던 스타 과학자와 가볍게 대화를 나누는 '달밤토크'와 과학관 큐레이터가 직접 해설해주는 '달밤투어'다. 여기에 무한 제공되는 맥주와 맛있는 핑거푸드도 파티의 분위기를 돋운다.

2018년 오픈 첫 회부터 이 파티는 많은 사람을 불러 모았다. 그리고 몇 회 지나지 않아 티켓이 오픈되자마자 바로 매진되는 국립과천과학관의 인기 프로그램이 되었다. 하지만 처음부터 순탄했던 것은 아니다. 국내 과학관에서 처음 시도되는 성인 대상 프로그램이다 보니 사업 타당성에 대한 논의가 끊이지 않았던 것이다. 과학관 관람객은 유아, 어린이, 청소년이 약 64퍼센트, 성인이 약 36퍼센트로 애초에 성인의 비중이 높지 않은 데다가, 그마저도 (본인이 원해서라기보다) 대부분 아이들을 위해 방문하는 경우가 많다. 즉, '진짜 성인 관람객'의 비중이 매우 낮은 것이다. 그렇다 보니 한정된 과학관 예산과 인력을 성인 대상 프로그램에 투자하는 것이 맞느냐는 의견이 끊임없이 제기되어왔다. 기획팀 또한 기획팀대로 고민이 많았다. 과학관에 성인들이 오게 하기 위해서는 과천이 갖는 지리적 한계와 어린이 공간이라는 과학관에 대한 고정관념, 이 두 가지 산을 넘어야 했기 때문이다.

그럼에도 국립과천과학관이 용기 내 달밤과학파티 사업을 추진할 수 있었던 것은 최근 10년 사이 과학에 관심 갖는 성인이 늘어나고 있다는 내부 분석 때문이었다. 어린이, 청소년 중심의 대중 과학계에 '성인층'이라는 새로운 서비스군이 생겨난 것이다.

대중 과학 속 성인

이들이 처음 수면 위로 드러난 것은 2013년이었다. 과학과사람들이라는 회사가 당시 유행하던 플랫폼인 팟캐스트에 〈과학하고 앉아 있네〉라는 교양 과학 프로그램을 론칭했는데, 곧 팬덤이 형성되더니 1년이 채 되지 않아 팟캐스트 10위권 안에 진입한 것이다. 당시 대중 과학계가 성인의 불모지로 여겨졌던 터라 팟캐스트 제작진뿐만 아니라 대중 과학계 종사자들도 놀라워했다.

청취자의 대다수가 30~50대 성인이었기 때문이다.

2014년에 시작된 팟캐스트 〈지대넓얕〉도 여기에 큰 영향을 미쳤다. 4명의 패널이 돌아가면서 자신의 관심 주제를 발제하는 방식의 지식 교양 프로그램으로, 2017년에 방송이 종료된 이후에도 오랫동안 팟캐스트 1위 자리를 차지할 정도로 큰 인기를 모았다. 여기에서 한 패널(이독실)이 매번 과학 주제를 가져와 많은 사람들에게 '교양으로서의 과학'이 생각보다 재미있고 살아가는 데 필요한 지식임을 인식시켜주었다.

팟캐스트에 〈과학하고 앉아 있네〉가 있다면, 아프리카TV에는 〈곽방TV〉가 있었다. 매주 월요일 밤 생방송으로 진행되는 과학 토크 프로그램이며 2015년부터 2020년까지 6년간 운영되었다. 진행자들의 재치 있는 입담과 특유의 웃음 코드로 아프리카TV만의 감성을 담았고, 2015년 아프리카TV 어워드에서 특별상을 수상하기도 했다. 〈과학하고 앉아 있네〉가 30~50대를 주요 타겟으로 한다면, 〈곽방TV〉는 20~30대 성인층을 끌어모았다.

팟캐스트, 아프리카TV 등 비방송계 프로그램의 덕분일까? 2010년대 중후반부터는 방송에서도 과학 프로그램이 등장하기 시작했다. '과학은 성공하기 어렵다'는 방송계의 오랜 불문율이 조금씩 깨지게 된 것이다. 첫 번째 프로그램은 2015년에 시작한 〈어쩌다 어른〉(tvN)이었다. 김대수, 김대식, 한재권, 김범준, 문경수, 박진영, 이정모 등 여러 과학자가 연사로 등장했다. 이러한 흐름은 2017년 〈알쓸신잡(알아두면 쓸데없는 신비한 잡학사전)〉(tvN)으로 이어졌는데, 도시, 역사, 과학, 문학 등 각기 다른 전공을 가진 4명의 전문가가 함께 모여 여행을 떠나고 대화를 나누는 프로그램으로, 정재승, 김상욱, 장동선 등이 각 시즌 대표 과학자로 출연했다. 이런 지식 예능 프로그램에 전 시즌 모두 과학자가 메인 패널로 참여한 것은 처음 있는 일이었다.

방송계 밖에서는 '어른을 위한 과학 강연'을 모토로 설립된 '카오스재단'이 있었다. 국내 최대 과학 콘텐츠 재단이며 2014년 설립 이후 지금까지 거의 10년째 매주 과학 강연을 열고 있다. 100명이 넘는 성인 관객을 꾸준히 유치해왔다는 점, 오랜 기간 수많은 대중 강연 연사를 발굴했다는 점, 우주에 편중되던 주제를 물리, 수학, 과학철학, 과학사 등으로 폭넓게 넓혔다는 점 등이 의의로 꼽힌다. 카오스재단은 대규모 과학 예술 전문 서점 '북파크'도 함께 운영하고 있는데, 이는 2018년에는 오픈한 '과학책방 갈다'와 함께 과학에 관심 갖는 성인층의 갈증을 해소해주고 있다.

그동안 과학 커뮤니케이터의 지형도 조금씩 변화했다. 우리나라 대중 과학계는 2000년대 초반부터 10여 년간 정재승, 이은희, 이정모, 이명현 등으로 대표되는 몇몇의 1세대 과학 커뮤니케이터에 의해 움직여왔다. 2010년 전후만 하더라도 '과학 커뮤니케이터'라는 용어는 거의 쓰이지 않았으며, 대중 과학 활동을 하는 과학자도 손에 꼽을 정도로 적었다. 그러다 2010년대

중반을 지나면서 책을 쓰는 국내 과학자가 하나둘씩 늘어나더니 국내 저자의 교양 과학 도서가 크게 증가했다. 곽재식, 김상욱, 최재천, 장동선, 김민형, 조천호, 김범준, 송민령, 이지유 등 새로운 사람들이 등장한 것이다.

2020년을 넘어오면서 과학 커뮤니케이터는 또 다른 양상을 띠고 있다. 강연자나 저술가뿐만 아니라 다수의 유튜버가 여기에 포함되었다. 몇 년 전만 해도 대중성이 낮은 과학을 소재로 유튜브 채널을 운영하는 것 자체가 큰 도전으로 여겨졌다. 하지만 최근 50만 구독자를 넘은 과학 채널이 속속 생겨날 정도로 눈에 띄게 성장하고 있다. 이렇게 우리 사회는 조금씩 '어른이 과학 시대'로 진입하고 있는 것이다.

성인층에 집중하는 해외 과학관

이는 우리나라만의 현상이 아니다. 미국, 유럽 등에서 더 일찍, 더욱 뚜렷하게 나타났다. 달밤과학파티와 같은 성인 대상 프로그램도 이미 미국이나 유럽의 과학관에서는 10년 전부터 있었다. 미국 샌프란시스코의 과학관 '익스플로라토리엄(Exploratorium)'에서는 매주 목요일 저녁 '애프터 다크(After Dark)'라는 야간 개장 프로그램이 열린다. 이 시간만 되면 과학관 전체가 성인을 위한 강연과 체험 프로그램으로 가득 차며

DIY, 카페인, 불꽃, 반려동물, 시간, 저마늄 등 주제도 다양하다.

영국의 런던과학관에서도 유사한 프로그램이 운영되는데, 매달 마지막 주 수요일 저녁에 열리는 '레이츠(Lates)'다. 여기도 성인 인증을 받은 사람만 입장할 수 있으며 과학 강연, 라이브 공연, 갖가지 체험이 전시관 이곳저곳에 펼쳐진다. 레이츠는 '침묵 속 댄스 파티(Silent Disco)'라는 프로그램이 유명한데, 이 시간만 되면 관람객들이 각자 헤드폰을 끼고 사이키델릭한 조명 아래에서 몸을 흔드는 진풍경이 펼쳐진다.

사실 미국, 유럽의 대다수 과학관에서는 이런 적극적인 방식 외에도 성인을 대상으로 한 프로그램을 쉽게 찾아볼 수 있다. 주로 강연이나 토론회, 워크숍 등이다. 미국 보스턴과학관은 그중에서도 성인 대상 프로그램에 적극적이다. 웹사이트에 별도 메뉴로 구성해놓을 정도이며 매번 프로그램이 바뀌는데, 현재 (2022년 8월)는 과학 책 읽기, SF 읽기 프로그램을 진행하고 있다. 스위스의 과학관 테크노라마(Technorama)는 좀 더 특별한 방식으로 성인들을 맞이한다. 매년 디너 파티 '인 비노 스시엔티아(In Vino Scientia)'를 여는데, 고급스러운 만찬과 함께 준비된 과학 강연과 사이언스쇼를 즐기는 것이다.

영국 런던과학관은 아예 2003년 데이나센터(Dana Center)라는 과학 강연, 토론 전용 공간을 마련했다. 동시대 과학기술을 주제로 한 강연, 워크숍, 이벤트, 토론회 등을 운영함으로써, 과학기술에 대한 사람들의 생각을 쌓아나가고 담론을 형성하는 역할을 해온 것이다. 데이나센터는 2015년에 데이나 도서관 및 연구 센터(Dana Library and Research Center)로 다시 열면서 기록물 보존 및 아카이브에 좀 더 주력하고 있지만, 여전히 성인들이 과학을 소비, 재생산하는 공간을 담당한다.

2000년대에는 기관이 아닌 민간 주도 방식의 성인 대상 과학 프로그램도 크게 유행했다. 대표적인 것이 '과학카페(Science Café)'인데 1997년 프랑스, 1998년 영국에서 시작해 2000년대 전 유럽을 휩쓴 성인 대상 토론 프로그램이다. 과학카페는 기관, 단체 차원이 아니라 과학 대중화에 관심이 있는 개인에 의해 운영되었기 때문에 진행 방식이 각각 다르지만, 과학자의 짧은 주제 소개로 시작해 참가자들이 과학에 대해 자유롭게 토론하고 대화한다는 기본 형태는 동일하다. 강연장이나 회의실이 아닌 카페, 바, 펍, 극장, 레스토랑, 뮤지엄, 아트센터 등 캐주얼한 장소에서 열린다는 점도 과학카페의 큰 특징이다.

그렇다면 왜 이런 현상이 일어나게 된 걸까? 학자들은 이를 지적 여가 생활의 확대와 연결지어 이해한다. 최근 10년 사이 트레바리, 문토 등 북클럽이 생겨나고 지식 강연 TV나 유튜브가 성행했는데 이는 사람들 사이에서 늘어난 여가 시간을 단순 놀이와 재미만이 아닌 지적 호기심을 충족시키는 방향으로 소비하려는 현상이 짙어졌다는 것이다. 여기에 우리나라 역시 과학기술 사회로 들어서면서 자연스럽게 관심이 늘었고 취미 생활, 지적 교양으로서 과학을 바라보는 시선이 생겨난 것도 한몫했다.

대중 과학 프로그램 기획자, 연구자는 성인을 과학 관심 정도에 따라 '과알못(과학을 전혀 모르는 계층)', '과학관심층', '과학덕후', '과학전문가(전공자, 과학자)'로 구분한다. 그리고 학부모, 교사, 실버 세대를 또 다른 그룹으로 둔다. 각 계층에 따라 과학을 경험하는 동기와 목적이 완전히 다르기 때문이다. 예를 들어 과학관심층은 과학에 궁금증을 갖기 시작한 사람들로, 지나치게 정보가 많거나 어려운 과학 주제는 바로 불편함을 느끼지만 적정량의 소소한 과학 지식은 오히려 반긴다. 학부모가 아이들이 과학을 어떻게 받아들이고 이해하는지 또는 아이들에게 설명해줄 수 있는 과학 이야기에 귀를 기울인다면, 실버 세대는 주로 건강이나 죽음에 관련된 분야에 관심이 많다. 성인도 연령과 상황에 따라 유형화하여 다르게 접근해야 한다는 것이다.

　　외국에서는 성인 관람객 및 학습자에 대한 연구가 20년 전부터 깊이 있게 다뤄졌다. 과학관에 방문하는 성인 관람객은 누구이며 어떤 목적으로 방문하는지, 성인 학습은 어떠한 특성이 있으며 이들을 대상으로 한 프로그램은 어떻게 기획할 수 있는지 등이 박물관 및 과학관 연구자의 주된 관심사였다. 예를 들어, 새커텔로우 소이어(B. Sachatello-Sawyer)는 2002년 《박물관 성인 프로그램(Adult Museum Programs)》이라는 책을 통해 성인을 참가 목적에 따라 네 가지 유형으로 구분했는데, 지식탐구형(knowledge seekers), 사교중시형(socializers), 자기계발형(skill builders), 박물관호감형(museum lovers)이 그것이다.

프로그램에 참가한 성인의 대부분을 차지하는 지식탐구형은 새로운 것을 학습하는 자체에 대한 열망이 크고, 도전 과제를 찾거나 넓고 다양한 분야의 지식을 얻는 데 관심이 있는 유형이다. 이와 달리 사교중시형은 대부분 가족, 친구 등을 따라 혹은 자기와 같은 분야에 관심 있는 사람들을 만나고 싶어서 박물관이나 과학관에 오는 경우로, 자기계발형 즉, 특정 능력을 키우는 데 관심이 있거나 높은 수준의 학습을 요구하는 유형과는 구분된다. 박물관호감형은 박물관 및 과학관 자체에 애정이 있는 집단이며 다양한 프로그램에 지속적으로 참여할 뿐만 아니라 자원봉사, 후원회 등 다른 형태로도 박물관, 과학관에 참여한다.

이제 과학에 관심 있는 성인이 많아지는 것은 확실한 현상으로 자리 잡았다. 그렇다면 대중 과학계도 어린이, 청소년을 중심으로 서비스해왔던 데서 벗어나 성인층을 위한 제대로 된 서비스가 필요한 것은 아닐까? 그리고 이를 위해서는 외국과 같이 우리나라 성인층에 대한 깊이 있는 연구와 분석이 함께 진행되어야 할 것이다.

2021-2022
노벨상 특강

노벨상을 수상한 기상학자

2021 노벨물리학상

정원영

2021년 10월 5일, 노벨상위원회는 노벨물리학상 수상자로 마나베 슈쿠로(Syukuro Manabe) 교수, 클라우스 하셀만(Klaus Hasselmann) 연구원, 조르조 파리시(Giorgio Parisi) 교수를 선정했다. 최근 연속적으로 노벨물리학상은 천문우주 분야가 차지했고, 양자역학 등 입자물리 분야도 쟁쟁한 후보였지만, 결과적으로 기후학 연구가 주인공이 되었다. 별도의 노벨상이 없는 지구과학 분야의 수상 소식에 반갑기도 했지만, 그 연구 성과가 기후변화와 관련되었다는 점에서 현재의 전 세계적인 기후 위기 상황에 대해 경각심을 줄 계기가 되겠다는 생각도 들었다.

지구의 기후를 이해하는 물리적 모델링

마나베 슈쿠로 교수는 1960년대부터 기후 모델을 개발하는 연구를 해오며 현대 기후 모델링의 창시자로 인정받는다. 태양복사에너지가 입사되고 적외복사에너지가 방출되는 과정에서, 대류를 통해 수증기가 더운 공기를 타고 대기 중으로 상승하여 온실효과를 일으키게 되는 물리적 모델을 제시했다. 기후 모델을 보다 정확히 연구하기 위해서는 대량의 데이터를 처리할 수 있

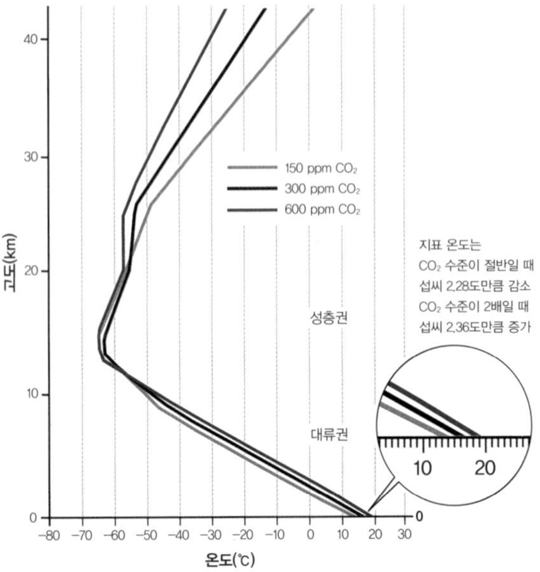
150 ppm CO_2
300 ppm CO_2
600 ppm CO_2
지표 온도는
CO_2 수준이 절반일 때
섭씨 2.28도만큼 감소
CO_2 수준이 2배일 때
섭씨 2.36도만큼 증가
성층권
대류권
고도(km)
온도(℃)

그림 7-1
지상과 고층에서의 이산화탄소 농도에 따른 온도 변화 그래프.

어야 하므로 슈퍼컴퓨터가 동원된다. 컴퓨터의 능력이 커지고 좋아질수록 날씨나 기후변화를 예측하고 기후 모델링을 정교화할 가능성이 높아진다. 그런데 마나베 교수는 1960년대 1세대 슈퍼컴퓨터를 활용해 연구했음에도 시뮬레이션 결과의 현실 반영도가 비교적 높다. 당시에는 많은 양의 관측 데이터가 없었을 것이므로 수학적 이론에 기반하여 모델링을 한 것이 오히려 주효했던 것이다.

    마나베 교수의 연구를 대표적으로 설명하는 그래프(그림 7-1)를 보면, 지표 부근에서는 이산화탄소 농도가 높을수록 온도가 높은 경향을 보이지만 성층권 이상의 고층 대기에서는 이산화탄소 농도가 높을수록 온도가 오히려 낮아지고 있다. 온실가스인 이산화탄소가 많아져 온실효과가 강해지면 지구 표면으로 되돌려 보내는 지구복사에너지가 많아지고 상대적으로 그보다 상층부로 방출되는 에너지는 줄어들기 때문이다.

    그리고 지표에서 이산화탄소 농도와 온도와의 관계를 보면, 300피피엠을 기준으로 볼 때 150피피엠으로 2분의 1만큼 줄어들면 온도가 섭씨 2.28도만큼 내려가고, 600피피엠으로 2배 늘어나면 온도가 섭씨 2.36도만큼 올라간다. 이산화탄소 농도를 300피피엠을 기준으로 하는 이유는 1960년대에만 하더라도 대기 중 이산화탄소 농도가 300피피엠 남짓이었기 때문이다. 그러나 2013년에 대기 중 이산화탄소 농도는 400피피엠을 넘어섰고, 2021년 기준으로 지구의 평균기온은 섭씨 1.09도만큼 상승한 상황이다. 마나베 교수가 대기 중 이산화탄소의 농도와 온도 간 상관관계를 밝혀낸 이후, 이제는 그 연구가 현실에 반영되고 있는 것이다. 마나베 교수의 연구가 수십 년 후 지구온난화를 예측하는 기반으로 훌륭하게 작동한 바는 큰 성과이나, 그 사이에 우리가 이렇다 할 대응을 하지 못한 채 기후 위기를 현실로 맞닥뜨린 상황은 반성할 부분이지 않을까 싶다.

기후변화와 인간의 영향력, 복잡계

클라우스 하셀만 연구원은 아인슈타인이 다룬 브라운운동을 기후계에 도입해 날씨의 변동이 축적되어 기후변동을 발생시킨다는 개념을 제시했다. 브라운운동은 유체 안에서 떠다니는 입자들의 불규칙한 움직임을 말한다. 기체나 액체는 불규칙한 움직임을 가지는 작은 입자로 이루어져 있고, 그 유체 속에 보다 큰 입자를 투입하면 그 큰 입자 역시 유체와 같은 온도(에너지)에서는 작은 입자들과 마찬가지의 불규칙한 움직임을 보인다는 것이다. 날씨는 장소나 시간에 따른 대기 현상의 변동이 끊임없이 발생하는 특징이 있지만, 기후는 보다 장기적이고 거시적인 범위의 개념이어서 시스템적인 접근과 평균적인 관점이 필요하다. 하셀만 연구원은 거대한 개념 수준의 기후변동성을 예측하는 데보다 작은 개념 수준의 변화무쌍한 날씨 변동성의 연속적 축적이 기여한다는 아이디어를 모델화하여 업적을 인정받았다.

또한 기후변화의 자연적 원인과 인위적 원인을 구분 짓는 시도를 통해 기후변화에서 인간의 영향력을 밝히는 데 기여했다. 기후변화에 관한 정부 간 협의체(IPCC)가 발간하는 연구 보고서를 보면 인간의 영향력에 대한 수치가 언급되는데, 1990년 1차 보고서에서는 기후변화 원인에 인간의 영향력에 대한 확신이 없다고 했지만, 1995년 2차 보고서에서는 인간의 활동이

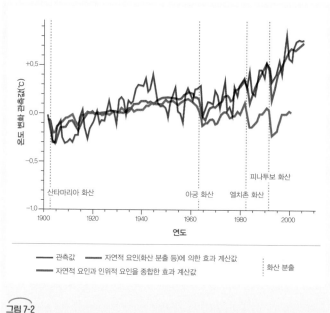

온도 변화 관측값(℃)

연도

산타마리아 화산   아궁 화산   엘치촌 화산   피나투보 화산

관측값   자연적 요인(화산 분출 등)에 의한 효과 계산값

자연적 요인과 인위적 요인을 종합한 효과 계산값   화산 분출

그림 7-2

기후변화의 인위적 요인과 자연적 요인.

원인 중 하나라고 했고, 2001년 3차 보고서에서는 66퍼센트, 2007년 4차 보고서에서는 90퍼센트 이상, 그리고 2013년 5차 보고서에서는 기후변화 원인의 95퍼센트가 인간의 활동에 있음이 명백하다고 했다. 그리고 현재 우리는 기후 위기에 직면해 기후변화의 원인이 명백히 인간 활동에 있음을 충분히 인식하고 있다.

하셀만 연구원이 고안한 방법은 기후 탐지다. 인위적 요인과 자연적 요인에는 각각 일종의 지문과도 같은 고유 패턴이 있을 것이라 가정하고, 이를 구분해낼 방법을 발견했다는 점에 의의가 있다. 여러 변수에 기반한 관측 패턴들을 모델 패턴과 비교하면서 과연 어떤 변수에 의한 패턴이 명확한 원인이 되는지를 찾는다. 그림 7-2를 보면, 화산 분출 같은 자연적 요인에 의한 기온 변화 계산값(파란색 선)과 실제 관측 기온 패턴(검은색 선)을 비교해보면 그 양상이 1970년대 이후로 달라지지만, 자연적 요인과 인위적 요인을 종합하여 예측한 기온 변화 계산값(빨간색 선)과 실제 관측 기온 패턴(검은색 선)은 최근까지 양상이 유사하게 나타난다. 이는 기온 상승에, 특히 최근 들어서는 인위적 요인이 절대적인 영향을 행사하고 있다는 의미로 해석이 가능하다.

마지막으로 조르조 파리시 교수는 물질의 복잡계에 대한 설명을 공로로 인정받았다. 복잡계는 수많은 구성 요소 간의 관계와 상호작용이 얽혀 있으면서 완전한 질서 혹은 완전한 무질서 대신 혼돈을 보이는 상태를 의미하며, 물리학, 생명과학, 사회과학 등 다양한 분야에서 현상을 해석하기 위해 연구한다. 파리시 교수는 물리학 분야에서 스핀 글라스(spin glass)*의 개념을 활용 및 확장하여 복잡계에서 나타나는 무질서하고 무작위적인 현상들에 대한 이해를 높이는 데 기여했다.

예를 들어, 구리 원자들의 배열에 무작위적으로 철 원자가 섞여 들어갔을 때 각각의 철 원자는 마치 작은 자석처럼 주변 원

● 스핀 글라스는 무작위적인 상호작용이 존재하는 스핀들로 이루어진 복잡계 모형이다.

자의 영향을 받아 움직이지만, 스핀 글라스에서는 어느 방향으로 움직여야 할지 모르고 쩔쩔매는(frustrated) 모습을 보인다는 것이다. 주변 입자와의 관계성 속에서 모순되는 두 가지 선택지 중 어느 하나의 입장을 정하지 못하는 상황을 쩔쩔맨다고 표현한다. 이렇게 다양한 상호작용으로 인한 시스템의 복잡성과 무질서함에 대한 설명이 파리시 교수의 업적이다. 지구의 기후에 대한 직접적인 연구를 수행한 두 기후과학자와는 다소 결이 다르지만, 사실 기후도 하나의 거대한 시스템이며 복잡계이므로 그에 대한 이해가 있다면 기후 현상을 이해하고 예측하는 일도 수월해질 것이라는 측면에서 일맥상통하는 바가 있다.

무엇보다 노벨상은 인류에 기여한 바를 중요한 기준으로 여긴다는 점에서 기후에 대한 연구가 물리학상을 수상했다는 사실은 많은 함의를 남긴다. 인간의 활동으로 인한 기후변화가 심각해지면서 이제는 위기 혹은 비상 상황으로까지 진단되는 상황이다. 문제를 일으킨 것도, 현상을 이해하는 것도, 위기를 극복하고 해결하는 것도 모두 우리 인류의 몫이다. 그리고 그 과정에 많은 과학자와 연구가 함께 기여한다. 더 중요한 것은 기후 위기를 해결하는 일은 과학자들만으로는 불가능하며 우리 모두가 참여, 실천해야 한다는 것이다.

제3의 촉매

2021 노벨화학상

임두원

오늘도 등산에 나선다. 건강을 위해 시작했지만 어느새 등산의 매력에 푹 빠져 자칭 등산 애호가가 되었다. 산을 오를 때나 내려올 때 모두 다른 매력을 지녔다. 숨이 턱까지 차오르며 한 걸음 한 걸음 내딛는 오르막 여정은 비록 힘이 들기는 하지만 목표를 향해 조금씩 나아가는 성취감을 느낄 수 있고, 정상에 오른 뒤 내려오는 동안에는 멋진 풍경을 감상할 여유가 생긴다. 그런데 이런 과정을 즐기는 이는 비단 나뿐이 아니었으니, 세상을 구성하는 아주 작은 입자인 원자나 분자 또한 그러하다. 다만 이들의 여정은 등산이 아니라 화학반응이라 불리는 차이만 있을 뿐.

화학반응 또한 크게 두 가지 길을 따른다. 오르막과 내리막. 오르막 여정을 흡열반응이라 부르는데, 쉽게 말해 열을 흡수하는 반응이란 뜻이다. 우리가 산을 오를 때 힘이 드는 이유는 위로 오를수록 위치에너지가 높아지기 때문인데, 흡열반응도 이와 유사하다. 처음 시작 단계의 에너지가 낮고 최종 단계의 에너지가 더 높으니 추가로 에너지 공급이 필요한 것이다.

내리막 여정은 이와는 반대 과정이다. 가뿐하게 산을 내려올 수 있는 이유가 높은 곳보다는 아래쪽이 에너지가 더 낮기 때문인 것처럼, 반응 시작 단계보다 최종 단계의 에너지가 더 낮으면 에너지를 밖으로 내어놓으면서 반응이 진행된다. 이를 발열반응이라 한다. 화학 산업에서는 특히 발열반응이 중요한데 원자, 분자 들을 반응시켜 새로운 물질을 합성하는 데 주로 관여된다. 최종적으로 목표하는 물질은 에너지가 더 낮아 안정적인 화학물인 경우가 많기 때문이다.

그런데 여기서 재미있는 사실 한 가지가 있다. 에너지가 더 높은 쪽으로 가야 하는 흡열반응은 그렇다 하더라도 에너지를 내어놓으면서 내려가는 발열반응 또한 에너지를 가해주어야 한다는 것이다. 마치 산 정상에서 잠시 앉아 쉬었다 하산하려면 힘겹게 몸을 일으켜 세워야 하는 것처럼, 발열반응이라도 처음 그 반응을 시작하려면 어느 정도 초기 에너지가 필요하다. 이를 활성화에너지라고도 부른다.

A와 B가 반응하여 C와 D가 되는 과정을 화학식으로는 간단히 'A+B → C+D'로 표시하지만, 실제 일어나는 반응은 훨씬 더 복잡한 경우가 많다. 다시 말해 중간 단계의 반응들이 있다는 말인데, 최종 반응식에서는 위에서처럼 중간 단계를 생략하고 결과만 표시한다. 최종적인 반응은 열에너지를 내놓아 안정화되는 반응이기는 하지만, 때에 따라서는 중간 단계에 오히려 열에너지를 흡수해야 하는 반응들이 섞여 있기도 한다. 바로 이러한 숨어 있는 반응들 때문에 활성화에너지가 필요한 것이다.

활성화에너지가 매우 작은 경우라면 문제없이 반응이 일어난다. 분자들 간의 자연스러운 충돌만으로도 충분하기 때문이다. 하지만 활성화에너지가 크다면 문제는 심각하다. 물론 이 반응을 반드시 일으켜야만 하는 입장에서 그렇다는 말이다.

지구에는 대략 70억 명의 사람이 산다. 이 많은 사람을 그럭저럭 부양할 수 있게 된 것은 인공 비료의 합성으로 인해 농작물 수확량이 전에 비해 엄청나게 늘어났기 때문이다. 비료의 주성분은 암모니아이며 이것으로 질소비료를 만든다. 암모니아(NH_3)는 질소(N_2)와 수소(H_2)가 반응하면 생성되는데 앞에서도 설명한 발열반응의 일종이다. 따라서 일단 시작만 하면 열을 내어놓으면서 저절로 일어나는 반응이라고 할 수 있다. 하지만 문제는 높은 활성화에너지라는 벽을 넘어야 하는 것이다.

$$N_2 + 3H_2 \rightarrow 2NH_3$$

그렇다고 필요한 활성화에너지를 가하기 위해 반응 온도를 무작정 높일 수는 없다. 왜냐하면 반응하면서 열에너지를 내놓는 발열반응의 특성상 온도가 높을수록 방해를 받기 때문이다. 몸에 열이 많이 나는데 더운 여름이라면 체온이 잘 내려가지 않는 것과 같은 이치다. 질소를 이용한 암모니아 합성은 특히 활성화에너지가 매우 높은 특징이 있다. 주된 이유는 질소 분자(N_2)와 수소 분자가 반응하기 위해서는 질소 분자가 질소 원자(N) 상태로 분해되어야 하지만, 질소 분자가 워낙 안정적인 상태라 분해가 쉽지 않다. 그렇지만 일단 분해만 되면 열에너지를 내놓으면서 반응은 잘 일어난다.

20세기 초 독일의 화학자 프리츠 하버는 이 활성화에너지를 낮추기 위해 다양한 촉매를 반응에 도입하는 실험을 진행했다. 촉매란 최종 반응식은 변화시키지 않으면서도 활성화에너지는 낮추는 물질을 말한다. 앞서 말한 반응의 중간 단계들이 더 낮은 에너지에서도 일어날 수 있게 도움을 주는 물질이다.

하버는 미세한 금속 입자를 이용하면 200기압에서 섭씨 450도 정도면 암모니아 합성 반응이 일어남을 확인했는데, 실제 필요한 온도보다 훨씬 낮아 효율적인 암모니아 합성이 가능했다. 미세한 금속 입자 표면에 질소 분자와 수소 분자가 달라붙는데, 아무래도 이 분자들이 서로 가깝게 밀집해 있다 보니 서로 간 반응이 일어날 확률을 높아질 수밖에 없었던 것이다.

하지만 이와 같은 암모니아 합성법이 산업적으로 널리 이용된 것은 독일 BASF사에 근무하던 카를 보슈의 역할이 컸다. 하버는 금속 촉매로 오스뮴이라는 희귀 금속을 이용했는데, 보슈는 이보다 훨씬 저렴하고 구하기 쉬운 철을 기반으로 금속 촉매를 개발한 것이다. 그래서 금속 촉매하에 질소와 수소를 이용하여 암모니아를 만드는 방식을 하버-보슈법이라 부르게 되었다. 그리고 보면 이 금속 촉매는 인류의 식량문제 해결에 큰 공헌을 한 셈이다.

2021년 노벨화학상의 주제 또한 이러한 촉매와 관련이 있다. 독일의 벤야민 리스트(Benjamin List) 교수와 미국의 데이비드 맥밀런(David W. C. MacMillan) 교수가 공동 수상했는데, 주제

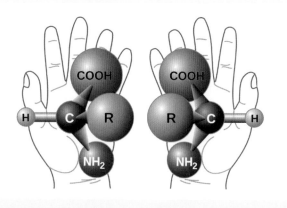

그림 7-3

두 물질의 비대칭성. 거울에 비친 모습처럼 좌우가 바뀐 입체가 서로 겹치지 않을 때 비대칭성이 있다고 말한다. 거울에 비친 내 모습은 좌우만 다를 뿐 나와 동일하지만, 비대칭성이 있는 물질은 성질이 확연히 다를 수 있다.

는 바로 비대칭 유기촉매다. 조금은 난해한 이름을 지녔지만 이 또한 촉매임에는 분명하다. 활성화에너지를 낮춰주어 원하는 화학반응이 쉽게 일어나도록 도와주는 물질이기 때문이다. 그런데 앞에 붙은 두 단어는 조금 생소하니 이에 대해 더 살펴보겠다.

거울 앞에 선 나의 모습은 좌우가 바뀌어 있다. 하지만 그 점을 제외하고는 나와 다른 점은 없다. 나와 동일한 이름을 지니고 행동도 성격도 같다. 그렇지 않다면 얼마나 무서울까? 그런데 이 무서운(?) 일이 화학이라는 무대에서는 종종 일어난다. 거울에 비친 듯 좌우가 바뀌었다는 점을 빼고는 같아 보이는 두 물질의 성질이 확연히 다른 것이다. 물론 이름도 다르게 붙여야 한다.

극단적으로는 한 물질은 약으로 또 다른 한 물질은 독으로 작용하기도 한다.

앞서 '비대칭'이란 용어는 이러한 관계를 지칭하는 것이고, 비대칭 유기촉매란 이러한 비대칭성(카이랄성이라고도 한다)이 있는 물질을 합성하는 데 사용되는 촉매라는 뜻이다. 이 촉매를 사용하면 분자식은 동일하지만 입체구조는 서로 겹치지 않는 두 물질 가운데 오직 한 종류의 물질만 선택적으로 만들 수 있다. 독감 치료제로도 유명한 타미플루도 이 방식으로 만들어진다. 타미플루 역시 왼손, 오른손 관계처럼 비대칭성을 갖는 물질들이 존재하는데, 그중 오직 한 종류만이 뛰어난 약효를 보인다. 비대칭성 유기촉매는 이 물질만을 선택적으로 합성하는 데 이용된다. (자연계에서는 이 비대칭 물질들이 정밀하게 따로따로 만들어지지만, 인공적으로 합성하는 과정에서는 비대칭 물질이 같이 생성되거나 원하지 않는 물질이 만들어지는 경우도 있다.)

그럼 '유기'라는 말은 무슨 뜻일까? 오늘날에는 모호해졌지만, 예전에는 유기물과 무기물이란 용어를 구분해 사용했다. 유기물이란 생명이 있는 것으로부터 유래한 물질, 무기물은 그렇지 않은 물질이다. 유기촉매란 유기물로 만들어진 촉매란 뜻으로 우리와 같은 생명체에서 발견되는 친숙한 물질을 그 원료로 한다. 실제로도 우리 몸에서 일어나는 대부분의 화학반응은 유기촉매의 도움을 받는다.

이를테면 우리가 음식물을 섭취하면 여러 기관을 거치면서 소화가 일어나는데 이는 음식물을 구성하는 탄수화물, 단백질, 지방 같은 거대한 분자, 즉 고분자를 더 작은 단위의 분자로 분해하는 과정이다. 이때 다양한 소화효소가 관여하며 이 효소가 바로 유기촉매의 한 예다. 대표적으로 입속에서 분비되는 아밀레이스는 탄수화물 등을 포도당 같은 더 작은 크기의 당 성분으로 분해하는 과정에 필요한 촉매다. 우리 몸이 섭씨 36.5도라는 비교적 낮은 온도에서 이와 같은 화학반응을 할 수 있는 것은 다 이러한 유기촉매들 덕분이다. 이 유기촉매의 정체는 우리 몸에 존재하는 특정한 단백질이고, 이를 단백질 효소라 부르기도 한다. 만약 단백질 효소가 없다면 우리의 생명 활동은 원천적으로 불가능해진다. 우리 몸의 에너지만으로는 이처럼 복잡다단한 화학반응들을 일으킬 수 없기 때문이다.

그럼 이제 한번 정리해보자. 비대칭 유기촉매란 비대칭성을 지닌 화합물을 합성하기 위해 사용되는 유기물 형태의 촉매란 뜻이다. 기존에 알려진 촉매로는 단백질 효소, 즉 효소 촉매 이외에도 금속 촉매가 있다. 효소 촉매가 생명 활동과 밀접한 관련이 있다면 금속 촉매는 하버-보슈법의 경우처럼 산업적으로 널리 활용된다. 하지만 이 두 촉매에는 분명한 한계가 있다. 먼저 효소 촉매는 단백질 구조의 복잡성을 고려할 때 이를 합성하거나 이용하는 데 많은 제약이 따른다. 금속 촉매 또한 큰 단점이 있는데, 제조 단가가 비교적 높고 산소와 수분에 크게 민감하다는 것이다.

리스트와 맥밀런 교수는 복잡한 구조의 효소 촉매에서도 그 핵심 기능은 몇몇 아미노산이 수행한다는 사실을 발견했다.[●] 그리고 이 아미노산에서 비대칭 유기촉매로서의 가능성도 확인했다. 이로써 기존 효소 촉매나 금속 촉매와는 다른, 제3의 촉매를 개발하게 된 것이다.

물론 기존 효소 촉매와 금속 촉매의 유용성은 여전하다. 비대칭성 유기촉매가 기존의 촉매로서는 불가능했던 반응들을 가능하게 하거나 효율성을 높이는 장점이 있지만, 모든 분야에 다 적용되는 것은 아니기 때문이다. 하지만 기존의 양대 촉매뿐만 아니라 우리가 활용할 또 하나의 촉매를 발견했다는 점은 매우 뜻깊다 할 수 있다. 아주 저렴하면서도 친환경적으로 손쉽게 원하는 물질을 합성할 수 있는 길이 열렸기 때문이다. 리스트와 맥밀런 교수의 수상 이후 더 많은 종류의 유기촉매가 연구, 개발되고 있으니 앞으로 제3의 촉매라는 지위를 넘어 주도적인 역할을 하게 되는 때도 오지 않을까 한다.

● 리스트 교수는 복잡한 단백질 효소에서 2개의 아미노산이 실질적인 촉매 역할을 한다는 사실을 발견하고, 아미노산 단위에서 촉매작용을 연구하던 중 프롤린이라는 아미노산이 비대칭성 촉매 역할을 한다는 사실을 발견했다.

감각의 비밀,
온도와 촉각 수용체

김선자

한겨울 목을 감싼 부드러운 양털 목도리에 추위가 녹아내리고, 무거운 책가방이 어깨를 내리눌러도 팔에 스친 엄마의 따뜻한 손길에 마음은 한결 가벼워진다.

우리는 감각기관을 통해 수많은 정보를 받아들이고 세상과 소통한다. 외부의 다양한 환경과 변화에 적절하게 반응하고 대응하며 생존하고 있다. 이렇게 살아 있는 모든 것은 감각한다. 자극을 알아차리는 것, 즉, 감각을 과학자들은 눈으로 확인하고 그 기작을 밝혀 비밀을 풀어냈다.

인간이 세상을 인식하는 방법

보고 듣고 냄새를 맡고 맛을 보고 피부로 느끼는 오감을 주로 인간이 가진 감각으로 정의한다. 오감은 신체에 있는 감각 수용기의 종류로 분류한 것으로, 체내가 아닌 외부 환경의 자극을 받아들여 지각하는 것이다. 그런데 이 감각만으로는 우리가 세상을 모두 인식할 수 없다. 감각기관인 귀, 눈, 코, 혀를 이용해 느끼는 시각, 청각, 후각, 미각 등의 특수 감각 외에도 복잡하고 다양한 인간이 가진 또 다른 감각이 있다. 피부의 감각신경으로 느끼는 체성감각이다. 오감 중 하나인 촉각이 체성감각에 속하는데 그 이유는 촉각에는 아주 다양한 감각이 포함되어 있기 때문이다. 체성감각의 감각기관은 관절, 장기, 심혈관계, 피부, 상피 등에 퍼져 있고 온도, 촉각, 고유수용감각, 통각, 가려움 등 별개의 감각이 한데 뭉쳐 있다. 네 가지 특수 감각만으로는 넘어지지 않고 달리거나, 손을 이리저리 뻗는 능력을 설명하기 어려운데, 바로 체성감각 중 고유수용이라는 감각을 통해 자세를 잡고, 몸을 지탱하고 우리 몸의 팔이나 다리, 장기가 어디에 위치했는지 느낄 수 있다. 이것은 어디서 느낄까? 바로 뇌다. 그렇다면 뇌는 어떻게 느끼는 걸까?

감각에 대한 호기심은 역사가 깊다. 17세기 철학자인 르네 데카르트는 발에 닿은 불꽃의 뜨거움이 머리까지 어떻게 전달되는지 상상해서 그림을 그렸다. 그는 사람이 뜨거운 불을 만질 때, 해당 부위부터 머리까지 실로 연결되어 있어 감각을 전달하고 느낀다고 생각했다. 이런 데카르트의 상상은 기다란 신경세포를 통해 자극이 전달된다는 점에서는 맞는다고 할 수 있겠다. 그렇지만 신경은 결국 전기적인 신호 형태로만 전달할 수 있다는 점에서는 한계가 있는 상상이었다. 신체 내에서 어떤 과정을 거쳐 온도나 기계적인 자극 등이 전기신호로 변환되는가는 오래도록 미지의 영역이었다.

우리 감각은 전기신호로 뇌에 들어가는데 바로 뉴런(신경세

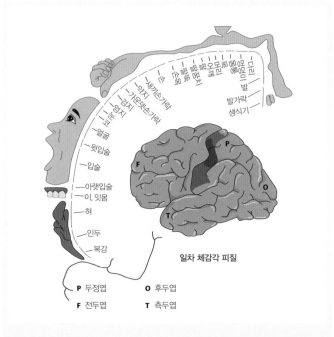

그림 7-4
펜필드의 체감각(somatosensory) 지도. 우리 몸에서 어떤 부분이 다른 영역보다 자극에 더 민감한지를 보여준다. 자극에 민감한 부위일수록 더 크게 표현되었다.

포)이 신호를 전달하는 역할을 한다. 감각의 크기, 정도를 느끼는 감각뉴런, 느낀 감각을 쐬주는 중간(연합)뉴런, 느낀 감각을 통해 근육에 신호를 보내 행동하게 하는 운동뉴런이 있다. 뉴런은 온몸 곳곳에 그물 구조로 이루어져 있고 그물 속 튜브를 통해 전기신호가 신경세포체, 뇌, 척수 혹은 뇌실 등 우리 몸 곳곳에 전달된다. 그다음은 운동뉴런이 작용해 위험을 피하는 행동으로 이어진다.

이렇게 뉴런을 거쳐 전기신호를 주고받다가 뇌의 특정한 곳에 도달하게 되는데, 뇌 안에는 신체의 모든 부분에서 발생하는 감각을 받아들이는 장소가 구분되어 있다. 이 장소는 신체 곳곳에 분포한 감각세포의 많고 적음에 따라 그 크기가 다르다. 캐나다 신경외과 의사인 와일더 펜필드(Wilder Penfield)는 사람의 뇌를 연구하여, 몸에서 느끼는 감각들이 뇌의 어떤 부분과 관계가 있는지를 설명하는 지도를 만들었다. 그리고 뇌의 가장 바깥쪽에 있는 피질의 어느 부분이 몸 어디의 감각과 관계가 있고, 감각을 느끼는 정도가 어떻게 다른지를 신체 부위의 크기로 묘사했다. 뇌에서 느끼는 감각의 민감도는 신체의 크기에 비례하지 않고, 순서대로 배치되어 있지도 않았다. 이 비율 그대로 재구성한 인간의 모습을 '호문쿨루스(homunculus)'라 한다. 라틴어로 플라스크 속 작은 인간이라는 뜻이다.

중요한 감각인 시각, 청각, 후각, 미각은 각각 별도의 감각 기관이 발달되어 집중적으로 그곳으로 감각을 느끼게 되지만 몸 전체에서 들어오는 피부 표면의 접촉 감각, 온도 및 통증 감각, 위치 감각 등은 대뇌의 후 중심 자이러스˚에서 1차로 신호를 받아들인다. 특히, 손은 크고 입술과 혀도 두툼하고 크다. 실제보

˚ 대뇌는 구불구불한 자이러스(gyrus, 뇌 회전)로 되어 있다. 대뇌 맨 위의 정수리 부분은 앞의 전두엽(frontal lobe)과 두정엽(parietal lobe)을 나누는 깊은 골짜기(sulcus)가 좌우로 가로놓여 있다. 이 골짜기를 중심으로 앞으로 길게 자리한 자이러스를 전 중심 자이러스(precentral gyrus), 뒤에 있는 자이러스를 후 중심 자이러스(post central gyrus)라고 한다.

다 과장되어 감각 지도에서 차지하는 면적이 상당히 크다는 것을 볼 수 있다. 발은 작은데 코나 입은 크게 표현되었다. 이런 곳은 실제 인간의 크기에 비하여 감각신경이 더 많이 분포되어 있어 민감하다는 의미다.

오감과 노벨상

자동차는 수많은 전자 장비를 이용해 주행한다. 그중 센서가 핵심 역할을 한다. 실내 환경 유지 및 조절, 속도와 압력, 엔진 및 주행 상태, 충돌 여부 등 차량의 거동 상태를 감지해 전자제어장치가 시스템을 조절할 수 있도록 전기신호로 변환한다. 우리 몸에도 이러한 센서들이 있다. 뜨거운 커피 잔을 만졌을 때 화들짝 놀라 손을 떼고, 날카로운 것에 찔리면 통증과 함께 순간적으로 움츠리는, 이 모든 반응은 우리 몸의 센서 때문이다. 앞서 감각 정보는 뉴런을 통해 전기신호가 뇌에 전달된다고 했다. 또한 자동차의 전기신호는 온도, 압력, 습도, 후방 감지, 속도 등 다양한 기능의 센서가 만들어낸다. 그럼 전기신호를 생성하는 인간의 센서는 무엇이고 어떤 것이 있을까? 답은 수용체인데, 지금까지 발견된 것을 살펴보자.

빛을 인식하도록 하는 로돕신 수용체를 발견한 공적으로 1967년 노벨생리의학상이 수여되었다. 그리고 호흡할 때 들어오는 냄새 분자와 코 점막의 후각 수용체 단백질이 마치 열쇠와 자물쇠처럼 결합하면, 후각 상피에서 나온 신경계를 통해 전기신호가 뇌의 후각 망울로 보내져 냄새를 인지한다는 후각 메커니즘의 발견은 2004년 노벨생리의학상을 받았다. 또한 맛을 느끼는 미각 수용체와 관련된 G-단백질 결합 수용체(G-protein coupled receptor, GPCR)의 구조와 작동 원리를 밝힌 연구에는 2012년 노벨화학상이 주어졌다. 수용체 발견은 아니지만 청각 관련 연구도 1961년 노벨생리의학상을 받았다. 물리적 소리인 진동을 전기신호로 바꿔 청신경을 거쳐 뇌에 전달하는 역할을 하는 달팽이관 원리 발견이 바로 그것이다.

이제 오감 중 남은 하나는 바로 촉각이다. 촉각은 전신에 퍼진 피부에서 느끼는 감각이다. 우리가 외부 세계의 정보를 받아들이는 첫 번째 단계에 존재하는 체성감각에 해당된다. 드디어 2021년, 이 분야까지 노벨상의 영예를 함께했다. 오감 연구가 모두 노벨상을 거머쥐었다고 생각하면, 일상에서 당연하게 느끼고 있는 우리의 자연 감각이 얼마나 소중한 것인지 되새기게 된다.

2021년 노벨생리의학상은 온도, 촉각 수용체를 발견한 미국 샌프란시스코 캘리포니아대학의 데이비드 줄리어스(David Julius) 교수와 스크립스연구소의 아뎀 파타푸티언(Ardem Patapoutian) 교수에게 돌아갔다. 사실 온도를 감각하고 조절하는 것은 매우 중요하다. 사람의 체온이 섭씨 27도 이하로 떨어지거나, 43도 이상으로 올라가면 사망할 정도가 되고, 우리 몸은 열을 감지해

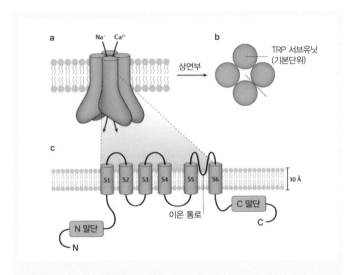

그림 7-5

TRP 채널(Transient Receptor Potential Channel). TRP 채널 *은 6개의 부위로 구성되며 단백질이 막을 6번 관통하여 N 말단과 C 말단이 세포 내로 향해 있다. 그중 5번과 6번이 열리고 닫히는 문 역할을 한다. 특정 자극이 있을 때 Ca 이온이 이 구멍을 통해 세포 내부로 유입된다. 일시적인 전위 변화를 인식하여 반응하고 양이온 (Ca, Na, Mg)에 대해 비선택적 투과성을 가진다.

체내 항상성을 유지하는 데 가장 많은 에너지를 소비한다. 이 과정에서 온도 센서가 핵심 역할을 한다. 심장이 뛰고, 식사 후 포만감을 느끼고, 적절히 힘 조절을 하는 것, 중력을 느끼고 몸의

● 결합되는 물질에 따라 9개의 아과(subfamily)가 있는데, TRPA(ankyrin), TRPC (calcium), TRPM(melastatin), TRPML(mucolipin), TRPN(no mechanoreceptor potential C), TRPP(polycystin), TRPV(vanilloid), TRPS(soromelastatin), TRPVL (vanilloid-like)가 있다.

평형 유지하는 데는 압력 센서가 관여한다. 이처럼 안전에 직접 연관된 우리 몸의 센서가 끊임없이 변하는 주변 환경에 적응하도록 작동하는 방식이 밝혀진 건 비교적 최근이다.

　　두 과학자는 각각 TRPV(Transient Receptor Potential Vaniloid)*라는 온도 센서를, 피에조(Piezo)라는 압력 센서를 발견했다. 정확하게는 센서 역할을 하는 이온 채널 단백질을 찾아낸 것이다. 이온 채널은 세포의 가장 바깥 부분인 세포막에 존재하고, 이름처럼 이온들이 들락날락하는 문 역할을 한다. 우리 몸에는 수많은 종류의 이온 채널이 존재하는데, 이중 특정 온도와 힘(압력)에 의해 열리는 이온 채널인 것이다. 이온 채널이 열리면 세포 바깥의 이온들이 세포 안으로 쏟아져 들어오고, 이때 세포 내 전하량이 증가하면서 전위차가 발생한다. 이 전위차, 즉 전기신호가 뉴런에 의해 뇌까지 전달되어 우리가 온도와 힘의 감각을 느낄 수 있는 것이다.

매운맛=아프다

고추의 성분인 캡사이신(Capsaicin)은 매운 음식을 먹을 때 통각을 유발하는 물질이다. 캡사이신은 통증 감각을 일으키는 뉴런에 작용하여 전기신호를 발생시키는 것으로 이미 알려져 있었

●　바닐릴(vanillyl)기를 가지는 바닐로이드 물질을 인식하는 수용체.

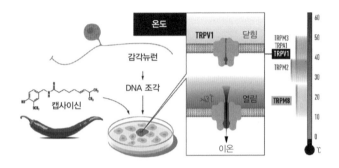

그림 7-6

캡사이신의 열에 의해 활성화되는 이온 채널 TRPV1 식별. TRPV1은 캡사이신에 붙거나 섭씨 43도 이상이 되면 채널이 열린다.

다. 하지만 캡사이신이 어떻게 이런 반응을 일으키는지가 밝혀지지 않았고 1990년대, 줄리어스 교수팀은 캡사이신을 만졌을 때 통증이 유발되는 메커니즘에 대해 연구했다. 이런 자극이 하나의 유전자에 의해 만들어지는 수용체로 전달될 것으로 가정하고 통증, 열 및 접촉에 반응하는 감각뉴런에서 발현되는 수백만 개의 DNA 단편 라이브러리를 만들었다. 그리고 캡사이신에 반응하는 단백질을 암호화한 DNA도 그 라이브러리 안에 있다고 가정했다.

결국 수많은 연구 끝에 라이브러리에서 캡사이신에 반응하는 수용체를 만드는 단일 유전자를 발견했다. 이것이 바로 캡사이신 감지 유전자다. 추가 실험으로 이 유전자가 새로운 이온 채널 단백질을 만들고, 캡사이신 수용체라는 것을 발견했다. 이것이 바로 TRPV1이다(1997년《네이처》에 발표되었다). 그러던 중 이 수용체는 캡사이신에만 반응하는 것이 아니라 열, 고온에 의해서도 활성화된다는 바를 발견했다. 이로써 캡사이신이 TRPV1과 결합해 반응을 일으키면 마치 뜨거운 물체에 닿는 듯한 통각을 느끼게 된다는 것을 알게 되었다. 영어로 'hot'은 뜨겁다, 맵다의 두 의미를 동시에 가지고 있다. 심지어 과학적으로도 뜨거운 것과 매운 것의 원인이 같은 TRPV1 이온 채널이라는 점은 참 공교롭다.

줄리어스 교수의 발견은 온도 촉각 수용체 연구에 불을 지폈다. 파타푸티언 교수와 줄리어스 교수는 경쟁적으로 후속 연구에 나섰고, 각각 'TRPM8'이라는 수용체를 발견해 2002년 동시에《셀》과《네이처》에 결과를 발표했다. 'TRPM8'은 'TRPV1'과 반대로 시원한 느낌을 주는 박하 향이 나는 멘톨(menthol)에 작용하는 이온 채널이다. 이 두 수용체를 시작으로 온도에 따라 활성화되는 추가 이온 채널이 발견되었다. 섭씨 52도 이상에서 반응하는 TRPV2 이온 채널을 1999년, 줄리어스 교수가 찾아냈다. 2004년에는 가장 낮은 섭씨 17도 이하를 감각하는 TRPA1 이온 채널을 파타푸티언 교수가 단독 발견해《셀》에 게재했다. TRPV1의 발견은 온도 감지 수용체에 대한 추가 의문을 풀어주는 획기적인 발견이었다. 또한 신경계에서 전기신호가 어떻게 유도되는지 이해할 수 있는 중요한 역할을 했다.

압력을 인식하는 촉각 수용체

온도 감각의 원리가 밝혀지는 동안, 기계적 자극이 촉감으로 어떻게 전환되는지는 불분명했다. 연구자들은 선행 연구에서 박테리아의 기계적 센서를 발견했지만, 척추동물이 촉감을 느끼는 원리는 밝히지 못하고 있었다. 파타푸티언 교수팀은 관련 연구를 지속하던 중 2010년 온도가 아닌 압력에 의한 촉각 수용체를 발견했다. 먼저 세포를 얇은 바늘로 찔렀을 때 전기신호를 방출하는 세포주를 모았다. 그들은 기계적 힘에 의해 활성화되는 수용체는, '외부 힘을 전기신호로 바꿔주는 TRPV1과 같은 이온 채널이다'라는 가정 아래 후보 유전자 72개를 찾아냈다. 이후 기계적 힘에 민감하게 반응하는 유전자를 발견하기 위해, 유전자를 하나씩 비활성화해가면서 기계적 감각을 담당하는 것을 확인했다.

끈질긴 연구 끝에 세포를 찔렀을 때 반응하지 않게 만드는 유전자를 찾아내는 데 성공했다. 그리고 새로운 이온 채널에는 '압력'을 뜻하는 그리스어에서 유래된 피에조1(Piezo1)이라는 이름이 주어졌다. 이후 피에조2 이온 채널도 발견했고 피에조2 이온 채널이 촉각에 필수적임을 보여주는 논문들을 발표하기 시작했다. 피에조2는 눈을 감고도 팔다리가 어디쯤 위치하는지와 움직임을 감지하는 고유감각을 찾는 데도 중요한 역할을 하는 것으로 나타났다. 그 뒤 추가 연구를 통해 피에조1, 2 통로가 혈압,

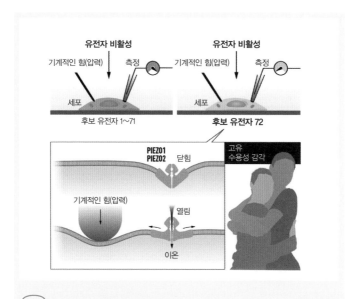

그림 7-7

기계적인 힘(압력)을 통해 열리는 이온 채널 피에조1, 2. 72번째 후보 유전자를 비활성화시키자 기계적인 힘을 가해도 반응이 없다는 것을 확인했다. 이 유전자에 해당하는 이온 채널이 피에조1이었다. 압력이 가해지면 피에조1이 열리고 전기신호가 발생해 압력은 촉각으로 변환된다.

호흡, 방광 조절 같은 압력과 관련한 생리학적 과정을 조절한다고 밝혀지기도 했다. 하지만 피에조 수용체가 어떤 기전으로 이러한 과정을 조절하는지는 아직 명확히 규명되지 않았다.

피에조 채널은 다른 이온 채널에 비해 크기가 엄청나게 커서 구조와 기능을 규명하는 것이 쉽지 않았다. 이 채널은 카메라의 조리개처럼 생긴 신기한 구조다. 3개의 날이 존재하는데, 이를 조였다 풀었다 하면서 이온이 통과하는 구멍을 닫고 연다. 이

날들은 세포막에 붙어 있어 세포막에 힘이 가해지면, 그 힘에 의해 움직이면서 채널이 열린다.

일상의 잊힌 감각을 깨워준 노벨상

2021년 노벨생리의학상이 발표되었을 때 학계에서는 대부분 '예상 밖이었다'라는 반응이었다. 코로나19 해결의 핵심이자 결정적인 역할을 한 헝가리의 커털린 커리코(Katalin Karikó) 박사의 수상에 대한 기대가 컸던 탓인 듯하다. 커리코 박사는 '합성 mRNA의 과도한 면역반응 조절 기술'을 개발해 신종 감염병 전성시대를 살아가야 하는 인류의 건강을 지킬 mRNA 백신의 핵심을 마련했다.

　　그러나 2021년 노벨상이 갖는 의미를 생각해본다면, 감각의 비밀을 밝힌 것이 인류의 생존과 더 밀접하다는 뜻으로 해석된다. 모든 인간은 본질적으로 더 행복하고 덜 아프고 싶어 하는 욕구가 있다. 결국 이 욕구로 인해 감각 정보를 알게 되었으니 인간의 바라는 바에 충실한 성과였다. 파타푸티안 교수는 노벨상 수상 직후 인터뷰에서 '이제 막 표면에 흠집을 낸 정도'라고 말하기도 했다. 즉 지속적인 연구의 시초이고, 이를 토대로 관련 기술의 발전 가능성을 확장시켰다는 측면에 의의가 크다고 할 수 있겠다.

현대 문명의 강력한 도구, 양자 얽힘

2022
노벨물리학상

강성주

2022년 10월 3일부터 생리의학상을 시작으로 노벨상 수상자 발표가 진행되었다. 물리, 화학 분야를 담당하는 스웨덴 왕립과학원(The Royal Swedish Academy of Science)은 알랭 아스페(Alain Aspect) 교수, 존 클라우저(John F. Clauser) 박사, 안톤 차일링거(Anton Zeilinger) 교수를 2022년도 노벨물리학상 수상자로 선정했다고 발표했다.

양자역학을 이해하기 위해서 꼭 필요한 개념은 바로 '중첩'이다. 그리고 양자역학의 이해는 현실 세계에서 상식적으로 받아들이기 힘든 중첩을 얼마나 파악하는지에 달려 있다. 이 중첩 현상을 바탕으로 미시 세계에서 일어나는 기묘한 일들이 설명되기 때문이다. 2022년 노벨물리학상을 받은 3명의 물리학자는 양자역학의 특성인 '중첩'을 넘어 양자의 '얽힘' 현상을 실험적으로 설계하고 증명했다. 이는 양자 정보 전달에 관한 기반을 마련해 양자 암호 개발과 양자 컴퓨터 등 다양한 방면에 활용할 수 있는 길을 연 것이다. 그렇다면 이 물리학자들은 어떻게 이해하기 어려운 양자 세계의 모순을 실험으로 증명하고, 응용의 단계에 진입시킨 것일까?

1927년 10월 24일, 전 세계의 물리학자가 벨기에 브뤼셀로 모여들었다. 알베르트 아인슈타인을 비롯해서 막스 플랑크

(Max Planck), 아서 콤프턴(Arthur Compton), 폴 디랙(Paul Dirac), 루이 드브로이(Louis de Broglie), 마리 퀴리(Marie Curie), 닐스 보어(Niels Bohr) 등 한번쯤 이름을 들어보았을 유명한 물리학자들이 '전자와 광자'라는 주제로 진행된 학회에 참가했다. 이는 바로 인류 역사상 다시 없을 학회라고 불리는 제5차 솔베이 회의다. 참석자 29명 중 무려 17명이 노벨상을 수상했는데, 이 쟁쟁한 학자들 사이에서 제5차 솔베이 회의의 주인공은 단연 보어와 아인슈타인이었다. 이들이 학회 기간 내내 열띤 토론을 펼친 내용은 바로 양자역학의 개념이었다.

양자역학으로 대표되는 미시 세계 양자의 특성은 20세기 초 물리학계의 중요한 논쟁 주제였다. 이 시대가 낳은 두 천재 아인슈타인과 보어의 논쟁으로 더 유명해진 양자역학은 이제 대중에게도 널리 알려지면서 많은 이의 관심을 받는 주제가 되었다. 하지만 오랫동안 신비함과 환상을 안기기만 했을 뿐, 실제로 양자역학이 어떻게 활용되며 양자의 세계가 어떻게 작동하는지에 대해서 제대로 알기 어려운 것도 사실이다.

앞서 언급했듯 양자역학을 이해하기 위해서 가장 중요한 개념은 바로 중첩이다. 입자로 알려진 전자를 이중 슬릿에 통과시켰을 때 당연히 나와야 할 2줄 대신, 여러 줄의 간섭무늬가 관측된다. 하지만 특이하게도 전자가 이중 슬릿의 어떤 구멍을 통과하는지, 구멍을 통과하는 순간을 관측하면 간섭무늬 대신 2개의 줄무늬가 나타난다는 것을 확인할 수 있다. 이러한 전자의 이중 슬릿 실험을 통해 전자는 입자처럼 행동할 수도, 파동처럼 행동할 수도 있다는 것이 증명되었다. 따라서 전자는 입자의 형태와 파동의 형태가 '중첩'이 되어 있는 것이다. 이게 무슨 말도 안 되는 설명이냐고 생각할 수 있지만, 양자역학의 기본 성질은 바로 이 중첩의 의미를 받아들이는 데서 시작한다.

아인슈타인과 보어, 둘 사이에 일어난 양자 얽힘에 대한 '논쟁'은 생각보다 간단하다. 예를 들어 정모와 성주는 반드시 검은색과 흰색 2개의 공 중에서 하나를 가져야 한다고 가정해보자. 정모가 검은 공을 가지면 성주는 반드시 흰 공을, 성주가 흰 공을 가지면 정모는 어쩔 수 없이 검은 공을 가져야 한다. 그러던 어느 날 정모가 제주도로 출장을 갔는데, 손에 검은 공을 들고 있는 것을 누군가가 목격했다. 그렇다면 같은 시간 서울에 있던 성주가 가진 공은 무엇일까? 당연히 선택권은 흰 공밖에 없다. 사실 이러한 결과 자체는 특별히 이상한 것이 없고 오히려 지극히 상식적이기까지 하다. 하지만 이 과정을 양자역학의 세계에서 들여다보면 어떨까? 양자적 관점에서 바라보았을 때, 정모의 공과 성주의 공은 서로 상관관계에('얽혀') 있어서 한 공이 다른 한 공에 영향을 주는 것이다.

이렇게 양자역학으로 본 세계는 너무나 당연한 결과임에도 중간 과정을 해석하는 상황이 조금은 복잡해진다. 앞서 언급한 이중 슬릿 실험처럼 양자는 관측 전까지 모든 상태가 중첩되어 있어야 한다. 입자든 파동이든 하나의 상태만 존재해서는 설명할 수 없는 문제가 양자역학에서는 심심치 않게 일어나고 있다. 그러나 관측 뒤의 결과는 단 하나의 상태만 존재하고 관측되기 때문에 보어는 이러한 입자들이 관측될 때 비로소 '중첩'이 되어 있던 양자의 상태가 붕괴하면서, 그 상태가 하나로 결정된다고 주장한다. 그럼 이러한 양자의 '중첩' 상태가 사실이라면 과연 어떤 문제가 생길까?

앞서 언급했던 정모와 성주의 흰 공과 검은 공처럼 양자적 관점에서 상관관계가 얽혀 있는 양자 입자를 매우 멀리 떨어뜨려본다고 가정해보자. 양자역학적 해석에 따라 관측이 되기 전 양자 입자인 흰 공과 검은 공은 그 색깔이 결정되어 있지 않지만 서로 '둘 중 하나만 선택해야 하는' 상황으로 얽혀 있기 때문에 어떠한 사람이 하나를 관측해서 색깔을 확인할 때, 다른 입자의 상태도 그 즉시 결정된다.

다시 말해 앞선 예시보다 더 극단적으로 정모가 한국에, 성주가 미국에 있을 때 한국에 있는 정모가 들고 있는 공과 미국에 있는 성주가 들고 있는 공은 모두 흰색과 검은색이 중첩된 상태, 즉 '양자 중첩 상태'다. 이때 미국에 있는 누군가가 성주가 들고 있는 공의 색깔을 검은색으로 관측한다면, 그 즉시 한국에 있는 정모의 공은 흰색으로 결정된다. 왜냐하면 관측 전까지는 두 가지 색이 중첩된 공을 들고 있어도 관측하는 순간에는 한 가지 색깔로만 결정되는데, 각자가 선택 가능한 공의 색깔은 서로 얽혀 있기 때문이다. 이게 바로 '양자 얽힘'의 개념이다.

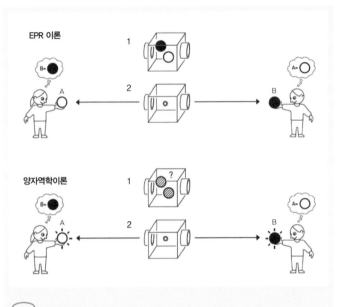

그림 7-8
EPR 이론과 양자역학 이론.

　이러한 모순적이고 복잡해 보이는 보어의 양자역학 해석으로 인해 아인슈타인은 상식적으로 양자역학 해석에 문제가 있다고 생각했다. 아인슈타인은 한 입자의 상태가 원래 정해져 있는 게 아니라 관측되는 순간 그 즉시 멀리 떨어진 얽힌 입자의 상태도 함께 결정된다면, 곧 한 입자의 상태가 결정될 때 다른 입자의 상태에도 어떤 식으로 영향을 준다는 것이고, 그 영향이 먼 거리에서 즉시 일어난다는 건 마치 '유령 같은' 방법으로 영향을 준다는 바를 의미한다고 생각했다. 이것이 바로 아인슈타인이

1947년 막스 보른(Max Born)에게 보낸 편지에 등장하는 "먼 거리에서의 유령 같은 작용(Spooky actions at a distance)"이다.

1935년에 아인슈타인(Albert Einstein)과 포돌스키(Boris Podolsky), 로즌(Nathan Rosen), 세 과학자는 각자 이름의 앞 글자를 따 EPR 이론이라고 부르면서 이러한 현상은 물리학적으로 불가능하다고 언급했다. 그리고 양자역학은 현실 세계의 '완전한' 설명을 제공하지 않는다고 결론지었다. 아인슈타인은 관측 전 양자 중첩의 상태를 유지하다가 성주의 공이 누군가에게 발견되는 순간 비로소 정모의 공 색깔이 결정된다고 할 때, 성주가 정모에게 어떤 식으로든 정보나 영향을 전달하는 과정이 필요하다고 했다. 아인슈타인도 정보를 전자기적으로 상호작용 하는 형태로 인식했고, 전자기의 한 형태인 빛과 상호작용 하는 정보가 빛보다 빠를 수는 없으며(상대성이론), 보어가 말하는 양자 얽힘에서 나타나는 즉각적인 반응은 일어날 수 없다고 말한다.

물리학에서는 이렇게 멀리 떨어진 두 물체가 서로 직접적인 영향을 줄 수 없다는 법칙을 국소성(Locality)이라고 부른다. 그래서 아인슈타인은 우리가 경험적으로 그리고 상식적으로 생각할 수 있는 것처럼, 미시적인 입자들의 양자 상태 역시 관측 전부터 이미 양자들의 어떤 상태가 정해져 있어야 한다고 믿었다. 다시 말해 EPR 이론 관점으로 보면, 성주와 정모는 어떤 시점에서 이미 어떠한 색깔의 공을 가질 것인지 암묵적으로 알고 있었다는 것이다. 따라서 이 관점에서는 양자역학처럼 먼 거리에서의 즉각적인 영향은 고려할 필요가 없으며, 관측 전에 이 두 사람이 어떤 색의 공을 가질 것인지에 대한 문제는 '양자 중첩'이 아닌 수학적 확률에 불과한 것으로 귀결된다.

그렇게 아인슈타인은 양자 이론을 개선하려면 완전히 다른 기본 개념을 통해 새로 시작해야 한다고 생각했다. 그러나 당시의 문제는 보어와 아인슈타인의 해석을 확인할 실험적 증거가 없었다는 것이다. 왜냐하면 아인슈타인이나 보어의 것 모두 관측 전 상태의 해석 차이일 뿐, 실질적인 관측에서 나타나는 결과는 똑같았기 때문이다. EPR 해석이든 양자역학적 해석이든 실질적으로 정모와 성주는 다른 색의 공을 가지고 있다. 그렇다면 어떻게 '얽혀 있는 입자'들의 관측 전 상황이 관측 전에 이미 그 상태를 결정짓는 '숨은 변수'가 있어서 결정된 것인지, 아니면 보어가 제안한 양자 중첩과 양자 얽힘의 원리인지 밝혀낼 수 있을까?

EPR 이론이 옳은지, 양자역학 이론이 옳은지를 증명하기 위해서는 실험이 필요했다. 따라서 실험 없이 증명이 불가능해 보이던 이 문제는 1950년대 미국의 물리학자 데이비드 봄(David Bohm)의 실험 아이디어 제공으로 전환점을 맞이한다. 그는 양자 얽힘의 EPR 이론을 실험적으로 나타내기 위해 전자의 스핀(spin)을 활용할 수 있다고 주장했다. 예를 들어 2개의 원자로 이루어진 분자를 어떠한 방법을 이용해 분리하면, 분리된 두 원자는 처음 상태를 유지하기 위해 서로 다른 방향의 스핀을 가지게 되므로 서로 멀어지는 2개의 원자 중 하나의 스핀 상태를 측정하면 동시에 다른 원자의 스핀 상태도 알 수 있다. 결국 서로 멀리 떨어지고 있는 두 원자의 스핀 쌍이 서로 상관관계, 즉 얽혀 있다는 뜻이고 이러한 방법은 멀리 떨어져 있어도 서로 얽혀 있는 양자 상태에 대한 EPR 이론 실험을 구현할 수 있게 한다.

또한 스핀의 측정이 어렵다면 가장 실험하기에 유용한 양자인 광자 즉 빛을 이용할 수 있다고 제안했다. 반물질인 양전자와 물질인 전자가 만나면 쌍소멸을 하게 된다. 이때 소멸된 에너지만큼 한 쌍의 광자가 서로 반대 방향으로 방출되는데, 이 한 쌍의 광자는 서로에게 직교한 편광 방향을 띠고 있기 때문에 멀리서 이 중 하나의 광자에 대한 편광 상태를 측정하면 다른 방향으로 날아간 광자의 편광도 알아낼 수 있다. 그렇다면 여기서 우리는 어떻게 아인슈타인의 EPR 이론이 옳은지, 보어의 양자역학 이론이 맞는지 알 수 있을까?

이 두 이론을 검증하기 위한 방법을 제안한 사람이 바로 1964년 영국의 물리학자인 존 스튜어트 벨(John Stewart Bell)이다. 그는 관측 전까지 모든 상태가 중첩되어 있다가 하나를 관측하면 순식간에 다른 얽힌 양자 상태도 결정된다고 주장하는 양자역학 이론이 왜 틀릴 수밖에 없는지를 다음과 같이 수학적으로 증명해내고자 했다.

앞서 봄의 사고 실험에서와 비슷하게 한 쌍의 원자에서 멀어지는 각각의 스핀 한 쌍을 생각해보자. 여기서 스핀의 개념은 중요하지 않으며 단순히 위를 향한 화살표와 아래를 향한 화살

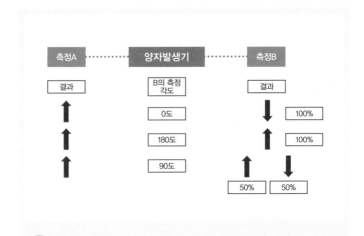

그림 7-9

B의 측정 결과에 따른 스핀 상태의 확률 분포. 스핀은 위 또는 아래만 존재하므로 90도 각도로 측정하면 위, 또는 아래의 스핀이 각각 50퍼센트 확률로 검출된다.

표 한 쌍으로 생각해도 좋다. 이 한 쌍의 스핀은 초기의 상태가 항상 보존되어야 하므로 서로 멀어지더라도 하나의 스핀 상태가 '위'로 결정되면 다른 하나는 '아래'로 결정되어 둘의 합이 0이 되어야 한다. 그러나 관측자의 관측 방향에 따라 스핀 방향은 달라질 수 있다.

예를 들어 A 지점의 스핀 상태가 위쪽으로 결정이 되었다면 B 지점에서는 당연히 아래쪽으로 결정이 된다. 하지만 B 지점에서 측정을 180도 거꾸로 돌려서 한다면, 스핀 상태는 아래쪽 방향이지만 관측자가 180도 누워서 관측하므로 B 지점에서의 관측자가 보기에는 위쪽 방향으로 보이게 된다. 이것이 벨이 주목한

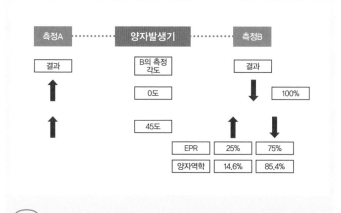

그림 7-10
B의 측정 각도에 따른 EPR 이론과 양자역학 이론의 스핀 상태 확률 분포. B의 측정 각도가 45도일 경우 EPR 이론과 양자역학 이론의 스핀 상태 확률은 최대 10퍼센트 가까이 차이가 난다.

가장 중요한 포인트다. A 지점에서 스핀 상태가 위로 결정될 때, B 지점에서 측정하는 사람이 90도로 누워서 측정한다면 90도로 누워서 관측한 B 지점의 스핀 상태는 위, 아래 모두 50퍼센트 확률로 존재한다. 스핀의 상태는 위, 아래 두 가지로만 결정되기 때문에 옆으로 존재하는 것은 없기 때문이다.

그렇다면 우리의 상식과 맞닿아 있는 EPR 이론의 입장에서는 어떻게 나타날까? 서로 반대 방향으로 멀어지는 이 스핀 한 쌍은 이미 출발 전부터 그 상태를 결정하는, 우리가 확인할 수 없는 '숨은 변수'에 의해 스핀 상태가 정해져 이동한다. A 지점의 스핀 상태가 위로 결정된다면 B 지점에서 45도(180도 기준 25퍼센트) 돌려서 측정할 경우, 확률적으로 75퍼센트는 스핀의 상태가 아래쪽이고 25퍼센트는 위쪽으로 결정된다. 측정 장치의 축을 돌린 만큼 스핀의 방향은 그 비율의 확률로 나타난다.

이와 달리 양자역학적 관점은 어떨까? 일단 관측 전까지는 스핀의 상태가 결정되지 않고 중첩되어 있기 때문에 서로 멀어지는 원자 한 쌍은 스핀의 상태가 중첩되어서 멀어진다. 그러다가 A 지점에서 스핀을 측정하는 순간 B 지점에서 스핀의 상태가 다른 하나로 붕괴되면서 비로소 B 지점의 측정 결과도 결정된다. 이때 B 지점에서 관측 방향을 틀면, 양자역학적 관점에서 B 지점에서 스핀의 상태가 붕괴될 때 어디로 붕괴될지는 삼각함수의 식으로 결정이 된다.

예를 들어 A 지점에서 스핀 상태가 위로 결정이 되었을 때, B 지점이 A 지점보다 45도(25퍼센트) 틀어져서 관측한다면, B 지점에서 관측되는 양자의 상태는 삼각함수를 이용한 식에 따라 아래쪽일 확률이 85.4퍼센트, 위쪽일 확률이 14.6퍼센트가 된다. A 지점에서 스핀의 상태가 위로 결정이 되었다고 가정하고, B 지점에서 각도가 틀어졌을 때, B 지점에서 관측되는 EPR 예측과 양자역학 예측에서 스핀의 상태가 아래쪽으로 관측되는 확률이 최대 10퍼센트 차이가 나게 되는 것이다. 벨은 이 차이를 토대로 '벨 부등식(Bell inequality)'을 도출해낸다.

벨 부등식은 다음과 같이 표현된다.

$$\bar{P}(a, b) - \bar{P}(a, c) | \leq 1 + \bar{P}(b, c)$$

수식으로는 복잡해 보이나 의미는 간단하다. 수학적 계산을 위해 위쪽 스핀을 +1, 아래쪽 스핀을 −1이라고 하자. 이 식은 두 관측 지점에서 서로 다른 방향으로 측정된 값의 곱에 대한 평균값을 의미한다. 벨은 양자역학을 부정하고 EPR을 지지하기 위해 이 부등식을 만들었으므로 EPR이 맞는다면 그 모든 결과는 벨 부등식에 부합해야 한다. 만약 이 부등식에 위배된다면 그 말은 곧 양자역학적 해석이 옳다는 것을 의미한다. 따라서 벨 부등식을 통해 EPR, 양자역학적 해석 가운데 어느 것이 옳은지 판명할 수 있다. 이렇게 벨에 의해 다시 불이 지펴진 양자역학과 EPR 이론 증명을 위한 실험은, 이 거대한 충돌의 중심에 서 있던 보어와 아인슈타인이 애석하게도 세상을 떠난 후, 후대의 과학자들에 의해 시작되었다.

1969년 벨의 부등식 문제를 유심히 지켜보던 2022년 노벨상 수상자인 클라우저 박사는 혼(Michael A. Horne), 시모니(Abner Shimony), 홀트(Richard A. Holt) 박사와 함께 이 논문을 실제 실험으로 구현하기 시작한다. 실험을 위해 벨 부등식을 내용의 변화 없이 약간 수정해 연구자들이 실험을 설계할 수 있도록 했는데, 앞 글자를 따 CHSH 부등식이라고 부른다. 양쪽에서 하나씩 총 2개의 값을 측정했던 벨 부등식과는 달리 양쪽에서 서로 다른 각도를 가지는 2개씩, 총 4개의 값을 측정하는 것으로 벨 부등식에서 구현할 수 없는 실험적 전제의 문제를 해결했다. 이렇게 클라우저 박사는 벨 부등식의 실험 기반을 위한 토대를 마련한 공로로 노벨물리학상을 받았다.

이제 실제 검증만이 남아 있었고, 1970년대 들어서 본격적으로 EPR 예측과 양자역학적 예측을 위한 실험이 진행되었다. 서로 얽혀 있는 스핀을 만들어 분석하는 실험은 매우 까다로웠기 때문에, 과학자들은 앞서 데이비드 봄이 언급했던 또 다른 양자 입자인 '광자(photon)' 즉 빛을 활용했다. 바로 두 광자의 편광이 서로 수직과 수평 방향으로 얽혀 있는, 양자 얽힘의 상태를 이용한 것이다. 1970년대 이뤄진 7개의 실험은 각자 다양한 방법으로 벨 부등식의 검증을 진행했다.

초창기 실험 대부분은 벨 부등식에 위배되는 결과를 확인하면서 양자역학의 승리로 결론이 도출되는 듯했다. 하지만 과학자들은 자체 및 동료 검증을 통해, 설계가 완벽하지 않았던 초기의 실험을 더 정교하게 가다듬는다. 1982년 아스페 박사는 기존 실험의 결점을 보완하여 신뢰할 수 있는 실험 설계를 제시했고, 그 공로로 2022년 노벨물리학상을 받았다. 그렇게 수정된 실험을 통해서도 결과는 양자역학의 승리로 끝나게 된다. 이후 수십 년 동안 진행된 다양한 벨 부등식의 측정 실험은 압도적으로 벨 부등식을 위배하면서 양자역학의 저력을 보여주기까지 했다.

이에 따라 앞서 언급했던 한국에 있는 정모의 공과 미국에 있는 성주의 공은 그 색깔을 확인하기 전까지 흰색과 검은색이 모두 중첩되어 있으며, 한쪽 공의 색이 관측되는 순간 관측된 공의 색은 흰색과 검은색 중 하나로 붕괴되고, 다른 한 공은 서로 얽혀 있다는 이유로, 동시에 다른 색으로 붕괴되는 것이 실제로 양자 세계에서 일어나고 있는 현상임이 증명된 것이다. 물론 이 예시는 우리가 살고 있는 거시 세계가 아닌 빛과 스핀과 입자같이 작은 양자의 세계, 즉 미시 세계에서만 일어나는 일임을 명심해야 한다.

그렇다면 만약 얽힘 상태에 있는 양자 둘 중 하나의 양자가 제3의 양자와 상호작용을 하여 얽힘 상태를 이룬다면, 애초의 양자 중 얽히지 않은 양자에게 제3의 양자 정보가 전달될 수 있을까? 차일링거 박사는 바로 이 궁금증을 실험적으로 해결하여, 양자 상태가 최초로 얽혀 있던 멀리 떨어진 입자에 옮겨질 수 있다는 것을 증명했으며, 이 공로로 2022년 노벨물리학상을 받았다.

이렇게 여러 단계의 양자 얽힘을 통해 먼 거리에 위치한 입자의 정보가 전달되는 현상을 '양자 전송' 또는 '양자 순간 이동'이라고 한다. 차일링거 박사는 실험을 통해 서로 얽혀 있는 상태의 광자 두 쌍을 광섬유 양쪽으로 전송하여 각각의 광자 중 1개의 광자씩을 서로 얽힌 상태로 만들어서 직접 만난 적이 없는 나머지 광자들도 서로 얽힌 상태가 될 수 있다는 것을 밝혀냈다. 차일링거 박사는 이 이론을 기반으로 거리를 늘려가면서 양자 정보 통신의 거리를 확장하는 데 기여했다.

양자역학의 불완전성을 주장하기 위해 부등식을 제안한 벨

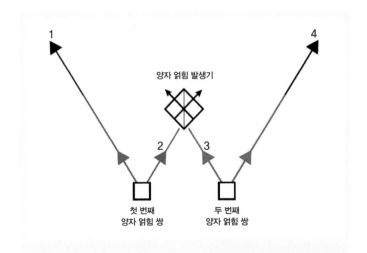

그림 7-11
1번과 2번, 3번과 4번이 각각 서로 양자적으로 얽혀 있는 상태일 때, 2번과 3번이 양자적으로 얽히면 단 한 번도 서로 얽히지 않았던 1번도 4번도 양자적으로 얽힌 상태가 될 수 있다.

의 논문은 오히려 양자역학의 완전성을 주장하기 위한 든든한 기반이 되는 아이러니한 현상이 되었으며, 양자역학은 역사적으로도 그것을 부정하기 위해 제안된 논문들을 반박하면서 입지를 공고히 해오고 있다. 이제 우리는 상식 그리고 경험과는 다른 행동을 하는 양자의 세계를 완벽하게 이해하지는 못하더라도, 양자 세계에서 일어나는 현상의 존재를 받아들이고, 이를 바탕으로 널리 활용할 준비를 마쳤다. 양자 컴퓨터와 양자 통신, 양자 암호와 같은 장비와 기술을 이제 우리가 아는 지식을 바탕으로 구현해내고 있다.

지금의 물리학계에서는 생각보다 더 빠르게 양자 기술의 개발을 가속화하고 있다. 물론 미래는 어떻게 될지, 어떤 기술이 등장할지 알 수 없지만, 한 가지 분명한 사실은 적어도 지금 우리에게는 미래의 방향을 그릴 기반이 필요하다는 것이다. 그리고 그 중심에 양자 기술이 있다. 이 기술은 앞으로 상상하지 못했던 또 다른 미래를 가져올 것이다.

유기합성의 역사와
클릭 화학

2022
노벨화학상

이해랑

2022년 노벨화학상은 쉽고 간단한 유기물질을 이용하여 새로운 유기 화합물을 합성하는 기술을 개발한 미국의 칼 배리 샤플리스(Karl Barry Sharpless), 덴마크의 모르텐 페테르 멜달(Morten Peter Meldal), 캐럴린 루스 버토지(Carolyn Ruth Bertozzi) 3명의 화학자에게 돌아갔다. 대학 수준의 전공자가 아니면 직관적으로 이해하기 어려운 이들의 업적을 설명하기 위해 유기화학과 유기 화합물 합성의 역사부터 차례대로 다루고자 한다.

유기화학과 유기 화합물 합성의 역사

유기화학은 탄소를 바탕으로 하는 화합물을 아우르는 분야다. 유기 화합물은 탄소 골격의 길이나 분기의 다양성에 제한이 없어 매우 복잡한 구조를 가질 수 있는 만큼 그 종류가 1억 개가 넘는다. 현재는 석유화학 제품부터 의약품에 이르기까지 여러 유기 화합물이 합성되고 있지만, 근대인 18세기만 하더라도 유기 화합물은 생명체의 산물이라는 생기론이 지배적이었기 때문에 실험실에서 유기 화합물을 합성할 수 있다는 생각을 그 누구도 하지 못했다. 하지만 1828년, 유기화학의 아버지라고 불리는 프리드리히 뵐러(Friedrich Wöhler)가 생명체의 대사산물인 요소를 실험실에서 합성하는 데 성공하며, 생명체 내 모든 유기 화합물을 인공적으로 만들 수 있다는 가능성을 열어주었다.

유기 화합물을 만드는 유기합성은 탄소, 수소, 산소 같은 원자를 서로 연결하여 최종적으로 특정한 분자구조를 생성해낸다는 점에서 벽돌이나 철근을 차근차근 쌓아 올려 건물을 짓는 건축과 비교되곤 한다. 하지만 눈으로 공정을 확인할 수 있는 건축과는 달리 1나노미터보다도 더 작은 원자를 다루는 합성은 과정이나 결과물까지도 살펴보기 어렵다는 차이가 있다. 오죽하면 합성한 물질을 확인하기 위한 분석만 해도 질량분석, 핵자기공명분석, 적외선분석, 라만분석 등등 이토록 다양할까! 최초로 유기합성에 성공한 프리드리히 뵐러조차 다른 물질을 만들어내려다 우연히 요소를 합성하게 되었다고 하니 초창기의 유기합성은 우연에 기대는 일이었을 것이고, 당연하겠지만 복잡하고 섬세한 유기 화합물을 높은 수율로 얻어낼 수 없었을 터다.

이러한 상황에서 원하는 분자구조를 쉽게 만들 수 있게 해주는 합성법의 발견은 근대 화학 발전에 필수적이었다. 특히 소재 개발의 중요성이 더욱 두드러지는 현대에 이르러서는 복잡하고 독특한 구조를 가진 유기 화합물을 쉽고, 비용도 덜 드는 방법으로 제작하기 위해 더욱 다양한 시행착오가 이어지고 있다. 따라서 당연하게도 가치가 높은 반응이나 뛰어난 유기합성 기술은 많은 화학자를 노벨화학상으로 이끌었으며, 유기 화합물의 핵심이 탄소 골격인 만큼 탄소-탄소 결합 반응이 특히나 많은 주목을 받았다. 빅토르 그리냐르(Victor Grignard)는 최초로 탄소 원자를 서로 연결할 수 있는 그리냐르 반응을 개발한 공로로 1912년 노벨화학상을 받았다. 또한 2010년 노벨화학상은 팔라듐 촉매를 이용해 탄소 원자 사이의 결합을 쉽고 정교하게 만들어낼 수 있는 스즈키 반응을 개발한 3명의 화학자에게 돌아갔다.

이 두 반응은 현재도 널리 쓰이지만, 유기화학의 시작점과 최고 활용 분야인 생명 분야에서는 오히려 꺼리는 것이기도 하다. 산업 활용을 위한 합성이라면 추가 공정을 통해 부산물을 제거할 수 있다. 그렇지만 살아 있는 생명체 내의 세포와 직접적인 반응을 일으키는 의약품 등 생명 분야 활용의 경우에는 체내 부산물 생성이 큰 문제가 될 수 있다. 이에 가능하면 쉽고 간단한 반응과 높은 수율이 보장되는 것은 물론, 용매나 부산물이 생체 친화적이어야 한다는 까다로운 조건이 붙는다.

그리냐르 반응은 우리 몸속에서 가장 흔한 물질인 물이나 산과 빠르게 반응하는 특성이 있어 생체 내에서 반응을 일으키면 원하는 유기 화합물을 합성할 수 없고 매우 위험하다. 스즈키 반응의 핵심인 팔라듐은 금보다 비싸고 독성이 있기 때문에 분리하는 데 추가적인 비용이 드는 촉매다. 따라서 팔라듐을 대체할 새로운 촉매를 찾으려는 시도가 끊임없이 이어지고 있다. 이처럼 생명체와 가까운 존재인 유기 화합물이지만 생명체에 사용이 어려운 합성법이 대다수인 상황에서, 생체 내에서도 쉽고 정

확하며 안전하게 원하는 유기 합성물을 얻을 수 있는 합성법의
발견은 매우 값진 일인 것이다.

2022년 노벨화학상, 클릭 화학

2022년 노벨화학상은 클릭 화학(click chemistry)을 개발한 3명
의 화학자에게 돌아갔다. 클릭 화학은 복잡하고 긴 시간에 걸쳐
복잡한 합성물을 만들어내는 기존의 반응 대신, 똑딱 하는 사이
또는 컴퓨터 마우스를 클릭하는 것처럼 두 가지 유기물질을 효
율적으로 연결해 새로운 유기 화합물을 얻는 반응을 일괄하여
칭한다. 특히 샤플리스는 복잡한 유기합성을 단순화했으며, 마
치 가구 제조 업체인 이케아에서 내세우는 것처럼 모듈식으로
표준화하는 데 성공했다.

샤플리스와 멜달이 제시한 클릭 화학에 해당하는 화학반응
은 합성 결과물의 수율이 높고, 물처럼 생체 친화적인 용매의 사
용과 부산물이 생성되어야 한다는 조건이 있다. 이 두 화학자가
제시한 아자이드-알킨 반응을 보면, 생체 내에서 적혈구를 만들
고 철의 흡수와 이용을 높여 심장 혈관계를 유지하는 데 중요한
역할을 하면서 콜라겐과 엘라스틴의 형성에 관여하는 구리가 촉
매로 사용되었다. 이처럼 생체 친화적인 촉매를 사용하면서도
복잡한 반응의 수율을 높인 것이다.

클릭 화학이라는 개념은 아자이드-알킨 반응을 비롯하여 대학교에서 유기화학을 배운 적 있는 사람이라면 꼭 한 번은 거쳐 갔을 핵심 합성법인 딜스-알더 반응이나 두 아미노산 간에 일어나는 아마이드 공유결합인 펩타이드결합 등을 아우르며 점점 복잡한 합성법을 선보이던 유기합성 분야에 새로운 바람을 불러온 데 큰 의의가 있다. 또한 샤플리스와 멜달이 선보인 아자이드-알킨 반응을 토대로 클릭 화학의 응용 분야를 넓힌 사람이 바로 버토지다.

앞서 언급한 대로 클릭 화학은 그야말로 생체 내에서도 쉽고 정확하며 안전하게 원하는 유기 합성물을 얻을 수 있는 합성법 그 자체인 만큼, 버토지는 살아 있는 생명체의 세포 표면 생체분자를 표적으로 작용하는 클릭 화학을 연구했다. 그는 세포의 정상적인 화학반응을 방해하지 않고 세포 표면에 존재하는 생체분자인 글리칸을 찾아내는 방법을 발표했고, 이는 표적 암 치료제 효과를 개선하는 데 널리 활용된다.

노벨화학상은 화학 분야에서 인류의 복리와 삶의 질 향상을 위해 헌신한 사람에게 수여되는 권위 있는 상이다. 클릭 화학 개념을 만들고 발전시켜 인류에게 막대한 이익을 선사한 세 화학자가 2022년 노벨화학상을 받은 일이야말로 필연적인 일인 셈이다.

우리를 우리답게 만드는 것

2022 노벨생리의학상

이정모

2022년 노벨생리의학상 수상자가 발표된 날 내내 대학 동기가 모인 채팅방에서는 난리가 났다. "와! 이게 노벨상 받으면 난 벌써 몇 번 받았어야 해." "석사 과정 학생이 받아도 되는 것 아냐?" 뭐, 이런 내용의 이야기가 이어지다 "역시 강대국에서 살아야 해"로 마무리된 것 같다. 난 아무 이야기도 하지 못했다. 어디서 시작해야 할지 몰랐으니까. 그리고 대학 동창과는 자녀 문제 또는 부부 문제나 다뤄야지, 학문 이야기를 하는 것은 아니라고 생각하기 때문이기도 했다.

  나는 생화학과를 졸업했다. 연구소에서 일하던 이들은 대부분 은퇴했고 교수만 몇 명 남아 있을 뿐이다. 졸업 후 다른 분야로 진출한 친구들은 뭘 말하든지 아마 관심도 없을 것이다. 그렇다. 2022년 노벨생리의학상에 대해서는 나이 지긋한 생화학자, 분자생물학자는 불만이 많을 것 같다. 도대체 왜 그게 노벨상감이냐고 말이다. 하지만 여기는 대학 동기 채팅방이 아니니 수상자의 연구가 노벨상을 받아 마땅한 것이라는 이야기를 하려고 한다.

이집트 덕후, 스반테 페보

2022년 노벨생리의학상은 독일 막스플랑크 진화인류학 연구소 스반테 페보(Svante Erik Pääbo)에게 돌아갔다. 그는 1955년에 태어난 스웨덴 유전학자다. 어머니는 에스토니아 출신의 화학자 카린 페보. 스웨덴이라고 모친의 성을 물려받는 것은 아니다. 어머니가 비혼모라는 뜻이다. 나중에 스반테 페보가 밝힌 아버지는 스웨덴 생화학자 수네 베리스트룀(1916~2004)이고, 그는 1982년 노벨생리의학상 수상자다. 지금까지 열한 가족에서 2명 이상의 노벨상 수상자를 배출되었다. (퀴리 가족은 무려 5명이 받았다.) 스반테 페보 가족이 열두 번째 가족으로 기록될지는 두고 볼 일이다.

스반테는 열세 살 때 어머니와 함께 이집트를 여행하면서 이집트 고대 역사에 매료되었다. 파라오, 피라미드, 미라에 대한 꿈을 안고 웁살라대학에서 이집트학을 전공했다. 그런데 이집트학은 너무나 천천히 움직였다. 스반테는 스릴을 원했고 의학으로 전공을 바꿨다. 같은 일을 반복하는 걸 지독히도 싫어하는 그는, 의사가 되었지만 병원 대신 기초의학 실험실을 선택했다.

스반테는 설사와 감기 등의 원인이 되는 아데노바이러스의 표면 단백질 연구팀에 합류했다. 그는 표면 단백질이 세포 속에 있는 이식항원을 세포 표면으로 가지 못하게 해서, 면역계가 감염되었다는 것을 눈치챌 수 없게 한다는 사실을 밝혀냈다. 다른 바이러스도 같은 방식으로 면역계를 피하는 것으로 드러났다. 그는 주목받는 최고의 학술지에 여러 편의 논문을 실으면서 과학에 매혹되었다.

그러나 스반테는 여전히 이집트 덕후였다. 자신을 매료시킨 이집트와 분자생물학을 연결시킬 고리를 찾아냈다. 이집트 미라가 바로 그것. 마침 이집트 미라의 DNA를 연구한 사람이 아무도 없다는 사실을 알았다. 사람들은 DNA처럼 민감한 분자가 수천 년이나 지난 미라에 남아 있을 것이라고 생각하지 않았지만 그는 미라처럼 잘 건조된 샘플에서는 DNA를 얻을 수도 있을 것이라고 추측했다. 문제는 누가 스반테에게 미라에서 샘플을 얻게 허락을 하겠느냐는 것.

1981년 여름, 스반테는 슈퍼마켓에 갔다. 송아지 간을 사서 마치 미라를 만들 듯이 섭씨 50도로 맞춰진 오븐에 넣었다. 간은 미라처럼 되었다. 그는 간에서 DNA 단편들을 추출하는 데 성공했다. 이쯤 되니 정말로 미라에서 DNA를 추출할 수 있을 것 같았다. 여전히 문제는 남았다. 누가 그에게 미라를 내어주겠는가.

길은 있었다. 1983년 여름 그는 동베를린의 박물관에서 미라 시료를 채취하게 되었고, 여기서 DNA를 추출하여 박테리아에 넣어 증폭시켰다. 무려 2,400년 된 DNA를 복제한 것이다. 그는 흥분하는 대신 의심했다. "내가 미라에서 얻은 게 혹시 박테리아 DNA 아닐까? 이게 인간 DNA라는 걸 어떻게 증명하지?"

스반테는 300개 뉴클레오티드 조각인 알루(Alu) 요소를 선택했다. 알루는 인간 게놈에서는 수백만 번 출현하지만 영장류 외에서는 전혀 나타나지 않는다. 스반테가 미라에서 얻은 DNA 에는 알루가 있었다. 이제 《네이처》에 논문을 보내고 싶었다. 그런데 문제가 있었다. 지금까지 모든 연구를 지도 교수 몰래 했던 것이다. 교수는 흔쾌히 용서했을 뿐만 아니라 스반테 페보에게 지도 교수 이름 없이 단독 저자로 논문을 발표하라고 격려했다. 자기가 모르는 분야에 숟가락을 얹지 않겠다는 뜻이다. 대학원생 신분이었던 스반테는 1985년, 《네이처》의 단독 저자가 되었다.

면허 없는 분자생물학과 PCR 경찰

《네이처》는 힘이 세다. 미국 버클리 캘리포니아대학의 세계적인 진화학자 앨런 윌슨(Allan Charles Wilson)에게서 편지가 왔다. "페보 교수님 연구실에서 안식년을 보낼 수 있나요?" 앨런 윌슨은 스반테 페보가 이미 교수일 거라고 오해한 것이다. 이 인연으로 스반테 페보는 앨런 윌슨의 버클리 연구실에서 박사후과정을 밟았다. 여기서 멸종한 얼룩말의 일종인 콰가얼룩말과 캥거루쥐의 DNA를, 당시로서는 새로운 기술인 중합 효소 연쇄 반응(PCR)을 통해 연구하면서 DNA 분석 테크닉을 터득했다.

1990년에는 독일 뮌헨대학 동물학 연구소 정교수로 임용되었다. 대학에서 받은 첫 번째 요구는 '곤충 분류학' 강의. 이때 그는 "동물학 연구소에서 동물도 아닌 곤충을 다루다니 놀랍군요"라고 대답했다. 동료 교수들이 얼마나 기가 찼겠는가? '곤충이 동물인지도 모르는 놈이 교수로 왔다니…'라고 생각했을 것이다. 하지만 대학원생들은 고대 표본의 DNA 연구에 관심이 많았다.

이때 스반테 페보가 세운 원칙이 있다. 첫째, 고대 표본에서 DNA를 추출할 때마다 표본은 없지만 다른 과정은 그대로 진행한 텅 빈 추출물(blank extract)을 준비할 것. 둘째, 추출과 PCR을 여러 번 반복할 것. 셋째, 고대 DNA 단편 중에는 150개 뉴클레오티드보다 긴 건 없다는 바를 명심할 것. 연구자가 얻은 DNA가 먼지나 연구자 또는 박테리아 등에 오염될 수 있음을 모두 염두에 두었다는 뜻이다.

실제 스반테의 논문 발표 후 곳곳에서 고대 표본 DNA 연구 논문이 나왔다. 고대 DNA 연구가 각광을 받자 사방에서 유행처럼 연구한 것이다. 이때마다 스반테 페보 연구팀은 그들의 오류를 찾아냈다. 대부분 오염된 시료였다. 페보 연구팀은 이를 '면허 없는 분자생물학'이라고 불렀다. 그럼에도 엉터리 연구들이 《네이처》와 《사이언스》에 꾸준히 발표되자 스반테는 'PCR 경찰 노릇'을 그만두기로 결심한다. 그리고 자신의 길을 간다.

네안데르탈인과 아프리카 기원설

1987년에 이미 《네이처》에 "인간 미토콘드리아를 분석해 봤더니 모든 현대인은 약 20만 년 전 동아프리카 사바나 지역에 살았던 한 여성에서 기원한 것으로 보인다"는 논문이 발표되었다. 이른바 '미토콘드리아 이브' 연구였다. 이를 주도한 사람이 바로 앨런 윌슨이다. 많은 고생물학자, 고고학자, 진화학자, 유전학자 사이에 치열한 공방이 이어지고 있었다.

네안데르탈인은 현대인과 진화적으로 가장 가까운 친척이다. 이들과 우리가 유전적으로 어떻게 다른지 연구한다면, 어떤 변화가 현대인의 조상을 지구상 모든 생물과 다르게 만들어서 달에 가고 우주의 나이를 알아내게 만들었는지 찾을 수 있을 것이다. 물론 '가장 유명한 독일인'이자 비공식적인 국가 보물인 네안데르탈인의 표본을 얻는 일은 쉽지 않았다. 그가 독일로 온 것은 행운이다. 그나마 그가 독일에 있었기에 네안데르탈인의 유전자를 얻을 수 있었을 것이다. 네안더 계곡에서 발견된 네안데르탈인의 뼈에서 무려 3.5그램이나 되는 조각을 제공받았다. 그리고 페보 연구팀은 네안데르탈인 미토콘드리아 DNA 염기서열을 해독하는 데 성공했다.

크로아티아 동굴에서 발견된 네안데르탈인에서는 더 많은 것을 알아냈다. 미토콘드리아 DNA는 현대인과 네안데르탈인이 약 50만 년 전까지는 조상이 같았다는 바를 알려주었다. 미토콘드리아 변이 차이가 현대인과 네안데르탈인 사이에는 겨우 3.4퍼센트였다. 하지만 이 차이는 침팬지와는 14.8퍼센트, 고릴라와는 18.6퍼센트로 벌어졌다. 스반테 페보는 이러한 결과로부터 "네안데르탈인은 우리 현생인류와 비슷했을 것이며, 그들 역시 우리처럼 작은 집단에서 시작해 팽창했을 것"이라는 의견을 제시했다.

네안데르탈인은 아프리카에서 유래한 현대인보다 유럽이나 아시아에서 유래한 현대인의 염기서열과 더 비슷하다. 네안데르탈인은 현대인의 직접 조상이 아니라 호모사피엔스와 수천 년 동안 공존하면서 교배했다는 의미다. 그는 《사이언스》 논문을 통해 네안데르탈인과 사하라 이남 아프리카를 제외한 현생 유라시아인 사이에 혼혈이 있었다고 결론지었다.

네안데르탈인과 현대인은 55만 년 전에 갈라섰으며, 7만 년 전 아프리카를 추가로 탈출한 현대인이 6만 년 전 중동에서 네안데르탈인과 교배를 했다. 유라시아 사람들은 전체 유전체 가운데 약 2퍼센트를 네안데르탈인에게 물려받았다. 이로써 스반테 페보는 아프리카 기원설에 관한 오랜 논란을 일단락 지었다. (아직도 수긍하지 않는 학자들이 많기는 하다.)

막스플랑크 진화인류학 연구소와 데니소바인

1997년 네안데르탈인 미토콘드리아 DNA 서열을 발표하기 며칠 전 스반테 페보는 한 노교수로부터 막스플랑크협회에 인류학 연구소를 세워도 되는지에 대한 질문을 받았다. 나치 치하에서 벌어졌던 일 때문에 독일은 감히 인류학을 드러내놓고 연구하기 어려운 분위기였다. 스반테 페보는 우리가 역사를 잊어서도 안 되지만 앞으로 나아가기를 두려워해서도 안 된다고 생각했다. 우리가 무엇을 할 수 있는지를 50년 전에 죽은 히틀러가 결정하게 두어서는 안 된다고 대답했다. 스반테 페보에게 막스플랑크 인류학 연구소를 세울 전권이 주어졌다.

스반테 페보는 '무엇이 다른 영장류와 매우 다른 진화의 길로 인간을 이끌었는지' 알아내는 연구소를 세우고 싶었다. 그 점에서 네안데르탈인은 아주 잘 맞았다. 대형 유인원도 마찬가지다. 그는 연구소의 주축이 될 책임자들을 모두 독일 밖에서 데려왔다. 독일은 이것을 용인했으며 막대한 지원을 아끼지 않았다.

1997년 설립된 막스플랑크 진화인류학 연구소는 2006년 핵 유전체 일부 해독, 2008년 미토콘드리아 유전체 완전 해독, 2010년 유전체 초안 해독이라는 경이로운 성과를 놀라운 속도로 이뤄냈다. 그 중심에 페보가 있었다. 또한 페보 박사는 남시베리아의 데니소바 동굴에서 발견된 손가락뼈 유전체를 분석하여 이 뼈의 주인공이 우리가 알지 못했던 전혀 새로운 인류라는 사실도 밝혀냈다. 데니소바인은 뉴기니와 오스트레일리아에 살고 있는 현대인과 깊은 관련이 있다.

진화학 만세!

인류진화유전학에 노벨생리의학상이 수여될 거라고 기대한 사람은 거의 없었다. 하지만 만약에 이 분야에 노벨생리의학상이 주어진다면 그 대상은 당연히 스반테 페보여야 한다는 점은 누구나 동의할 것이다.

여전히 질문이 남는다. "도대체 왜 인류진화유전학에 노벨상 그것도 생리의학상을 주는 건데?" 이유는 명확하다. 무엇이 우리를 우리답게 만드는지 밝힘으로써 의학 발전에 도움이 되고 인류 복지 증진에 큰 기여를 하기 때문이다. 사람마다 유전적 차이가 있다. 그 결과로 같은 질병에 대한 감수성이 달라지고 약의 치료 효과도 다르다. 이 유전적 차이는 고인류에게서 왔다. 우리가 고인류를 연구하는 인류진화유전학의 도움을 받으면 더 건강하고 행복할 수 있다.

너무나 힘든 연구다. 시료를 구하기도 어렵고 그 시료에서 오염을 제거하기는 더욱더 힘들다. 스반테 페보는 이것을 해냈다. 뿐만 아니라 그는 진짜 과학자다. 유행에 따라, 명성을 얻기 위해 여기저기 휘둘리는 과학자가 아니라 덕후 기질을 지킨 과학자다.

페보 만세! 진화학 만세!

참고 자료

PART 1. 지속 가능한 우주탐사

차세대 제임스웹우주망원경의 첫 이미지

김연희, 〈제임스웹우주망원경이 건넨 선물〉,《시사IN》, 2022년 8월 1일 자

'STScI Webb Space Telescope Image Resources.' WEBB SPACE TELE-SCOPE, November 14, 2022, url: https://webbtelescope.org/resource-gallery/images

'Two Weeks In, the Webb Space Telescope Is Reshaping Astronomy.' Quanta magazine, November 14, 2022, url: https://www.quantamagazine.org/two-weeks-in-the-webb-space-telescope-is-reshaping-astronomy-20220725/

심우주 탐사를 위한 전초기지, 아르테미스프로그램

'Secrets of the Moon's Permanent Shadows Are Coming to Light.' Quanta magazine, November 14, 2022, url: https://www.quantamagazine.org/secrets-of-the-moons-permanent-shadows-are-coming-to-light-20220428/

'South Korea's double-digit space budget boost.' SPACE NEWS, November 14, 2022, url: https://spacenews.com/south-koreas-double-digit-space-budget-boost/

인류 첫 지구 방어 실험 DART의 성공

'Center for Near Earth Object Studies.' neos, November 10, 2022, url: https://cneos.jpl.nasa.gov/

Minton, D., Malhotra, R. (2009). "A record of planet migration in the main asteroid belt". *Nature* 457, 1109-1111

한국천문연구원, 〈국내 최초로 지구위협소행성(2018 PP29) 발견 보도자료〉,

2019년 6월 25일 자

'OSIRIS-Rex.' NASA, November 10, 2022, url: https://www.nasa.gov/osiris-rex

'Tunguska event.' WIKIPEDIA, November 10, 2022, url: https://en.wikipedia.org/wiki/Tunguska_event

'Planetary Defense.' NASA, November 10, 2022, url: https://www.nasa.gov/specials/pdco/index.html

'NASA's Hubble Spots Twin Tails in New Image After DART Impact.' NASA, November 10, 2022, url: https://www.nasa.gov/feature/nasa-s-hubble-spots-twin-tails-in-new-image-after-dart-impact

초신성 폭발을 직접 관측하다

Burrows, Adam S. (2015). "Baade and Zwicky: 'Super-novae', neutron stars, and cosmic rays". PNAS, 112 (5) 1241-1242

'Scientists Claim They Discovered World's Earliest Representation of a Supernova.', Hyperallergic, November 10, 2022, url: https://hyperallergic.com/421198/scientists-claim-they-discovered-worlds-earliest-representation-of-a-supernova/

유경로, 〈조선왕조실록에 기재된 Kepler초신성의 관측기록〉, 《한국천문학회지》 5, 1990, pp.85~94

Brown, Peter J., et. al. (2010). 'The Absolute Magnitudes of Type Ia Supernovae in the Ultraviolet'. *Astro-ph.arXive* 1007.4842

'Hubble Finds That Betelgeuse's Mysterious Dimming Is Due to a Traumatic Outburst.' NASA, November 10, 2022, url: https://www.nasa.gov/feature/goddard/2020/hubble-finds-that-betelgeuses-mysterious-dimming-is-due-to-a-traumatic-outburst

Wynn Jacobson-Galán et al. (2022). "Final Moment. I. Precursor Emission, Envelope Inflation, and Enhanced Mass Loss Preceding the Luminous Type II

Supernova 2020tlf". *Astrophysics Journal*, Volume 924, Number 1

'Amateur astronomer makes once-in-lifetime discovery.' Astronomy Now, November 10, 2022, url: https://astronomynow.com/2018/02/23/amateur-astronomer-makes-once-in-lifetime-discovery/

Jones, D. O. et al. (2020). "The Young Supernova Experiment: Survey Goals, Overview, and Operations". Astro-ph. arXive 2010.09724

'Dying star's explosive end seen by astronomers.' EarthSky, November 10, 2022, url: https://earthsky.org/space/dying-stars-explosive-end-supernova-sn-2020tlf/

'First Supernova Shock Wave Image Snapped by Planet-Hunting Telescope.' Space.com, November 10, 2022, url: https://www.space.com/32337-first-supernova-shock-wave-imaged-by-kepler.html

Anna Frebel & Timothy C. Beers. (2018). "The formation of the heaviest elements". *Physics Today*, Volume 71 Issue 1 p.30

'Earth Is Surrounded by a 1,000-Light-Year-Wide Bubble That Cooks Up Stars.' GIZMODO, November 10, 2022, url: https://www.gizmodo.com.au/2022/01/earth-is-surrounded-by-a-1000-light-year-wide-bubble-that-cooks-up-stars/#:~:text=In%20a%20study%20published%20today%20in%20Nature%2C%20they,into%20space%20over%20the%20last%2014%20million%20years.

우리가 만난 두 번째 블랙홀

'Black Hole Image Reveals the Beast Inside the Milky Way's Heart.' Quanta magazine, November 14, 2022, url: https://www.quantamagazine.org/black-hole-image-reveals-sagittarius-a-20220512/

'Fermi Bubbles.' Fermi Gamma-ray Space Telescope, November 14, 2022, url: https://fermi.gsfc.nasa.gov/science/constellations/pages/bubbles.html

누리호가 극복한 공학의 난제들

'한국항공우주연구원.' 2022년 11월 10일, url: www.kari.re.kr

물리학의 미래, 데이터사이언스

생화학분자생물학회, 〈텍스트 마이닝〉, 《생화학백과》, 생화학분자생물학회, 2019

'빅데이터 데이터 마이닝.' 국립중앙과학관, 2022년 11월 10일, url: https://smart.science.go.kr/scienceSubject/bigdata/view.action?menuCd=DOM_0000 00101001013000&subject_sid=1225

'물리산책 양자역학.' 네이버캐스트, 2022년 11월 10일, url: https://terms.naver.com/entry.naver?docId=3571786&cid=58941&categoryId=58960

'SPACEAlgorithm for Predicting Planets' Orbits Could Be Key to Endless Energy Supply.' UNITE.AI, November 10, 2022, url: https://www.unite.ai/algorithm-for-predicting-planets-orbits-could-be-key-to-endless-energy-supply/

'New machine learning theory that can be applied to fusion energy raises questions about the very nature of science.' PPPL, November 10, 2022, url: https://www.pppl.gov/news/2021/new-machine-learning-theory-can-be-applied-fusion-energy-raises-questions-about-very

인공 태양을 만드는 핵융합의 최전선

유지한, 〈1억 도에서 30초 유지… 한국이 만든 '인공 태양' 세계 기록 깼다〉, 《조선일보》, 2021년 11월 22일 자

김윤수, 〈2만5860회 실험 끝에 한국형 인공태양 'KSTAR' 1억 도 20초 유지 세계 최초 성공… 핵융합 기술력 세계 최고 달성 쾌거〉, 《조선비즈》, 2020년 11월 24일 자

국가핵융합연구소(현 한국핵융합에너지연구원), 《국가핵융합연구소 10년사》, 국가핵융합연구소, 2015

'KSTAR.' 위키백과, 2022년 11월 10일, url: https://ko.wikipedia.org/wiki/
KSTAR

'ITER.' November 10, 2022, url: https://www.iter.org/

'TOKAMAK.' 위키백과, 2022년 11월 10일, url: https://ko.wikipedia.org/wik
i/%ED%86%A0%EC%B9%B4%EB%A7%88%ED%81%AC

국가핵융합연구소(현 한국핵융합에너지연구원),《핵융합의 세계: 인류가 원하
는 미래에너지》, 국가핵융합연구소, 2015

'KSTAR 기네스.' 한국핵융합에너지연구원, 2022년 11월 14일, url: https://
www.kfe.re.kr/kor/pageView/89

디지털 신호로 읽는 메타버스

조너선 헤네시, 박중서,《만화로 보는 비디오 게임의 역사》, 계단, 2018

김상균,《메타버스》, 플랜비디자인, 2020

딥페이크 제대로 이해하기

'Antikythera mechanism.' Wikipedia, November 10, 2022, url: https://
en.wikipedia.org/wiki/Antikythera_mechanism

'Colossus computer.' Wikipedia, November 10, 2022, url: https://
en.wikipedia.org/wiki/Colossus_computer

'Artificial Intelligence (AI) Coined at Dartmouth/ Celebrate Our 250th.'
Dathmouth, November 10, 2022, url: https://250.dartmouth.edu/highlights/
artificial-intelligence-ai-coined-dartmouth

Goodfellow, Ian J., et al. (2014). "Generative Adversarial Networks". *arXiv*
1406.2661

Nightingale, Sophie J., Farid, Hany. (2022). "AI-synthesized faces are
indistinguishable from real faces and more trustworthy". *PNAS*, 119 (8)
e2120481119

김정호, 안재주, 양보성, 정주연, 우사이먼성일, 〈데이터 기반 딥페이크 탐지 기

법에 관한 최신 기술 동향 조사〉,《정보보호학회지》제30권 제5호, pp.79~92

'카이캐치.' 2022년 11월 10일, url: https://kaicatch.com/

Radford, Alec. Metz, Luke. Chintala, Soumith. (2015). "Unsupervised Representation Learning with Deep Convolutional Generative Adversarial Networks". *arXiv* 1511.06434

Isola, Phillip. Zhu, Jun-Yan. Zhou, Tinghui. Efros, Alexei A. (2016). "Image-to-Image Translation with Conditional Adversarial Networks". *arXiv* 1611.07004

Zhao, Junbo. Mathieu, Michael. LeCun, Yann. (2016). "Energy-based Generative Adversarial Network". *arXiv* 1609.03126

Berthelot, David. Schumm, Thomas. Metz, Luke. (2017). "BEGAN: Boundary Equilibrium Generative Adversarial Networks". *arXiv* 1703.10717

Zhu, Jun-Yan. Park, Taesung. Isola, Phillip. Efros, Alexei A. (2017). "Unpaired Image-to-Image Translation using Cycle-Consistent Adversarial Networks". *arXiv* 1703.10593

Kim, Taeksoo. Cha, Moonsu. Kim, Hyunsoo. Lee, Jung Kwon. Jiwon, Kim. (2017). "Learning to Discover Cross-Domain Relations with Generative Adversarial Networks". *arXiv* 1703.15192

Choi, Yunjey. Choi, Minje. Kim, Munyoung. Ha, Jung-Woo. Kim, Sunghun. Choo, Jaegul. (2017). "StarGAN: Unified Generative Adversarial Networks for Multi-Domain Image-to-Image Translation". *arXiv* 1711.09020

Ledig, Christian. Theis, Lucas. Huszar, Ferenc. Caballero, Jose. Cunningham, Andrew. Acosta, Alejandro. Aitken, Andrew. Tejani, Alykhan. Totz, Johannes. Wang, Zehan. Shi, Wenzhe. (2017). "Photo-Realistic Single Image Super-Resolution Using a Generative Adversarial Network". *arXiv* 1609.04802

Pascual, Santiago. Bonafonte, Antonio. Serrá, Joan. (2017). "SEGAN: Speech Enhancement Generative Adversarial Network". *arXiv* 1703.09452

인공지능이 만드는 인공지능

Tan, Mingxing. Le, Quoc V. (2019). "EfficientNet: Rethinking Model Scaling for Convolutional Neural Networks". *PMLR* 97:6105-6114

Hong Kong Baptist University. (2019). 'An overview of AutoML pipeline'. "AutoML: A Survey of the State-of-the-Art".

Bergstra, James. Bengio, Yoshua. (2012). "Random search for hyper-parameter optimization". *JMLR* 13(10): 281-305

Brochu, Eric. Cora, Vlad M. Freitas, Nando de. (2010). "A tutorial on Bayesian optimization of expensive cost functions, with application to active user modeling and hierarchical reinforcement learning". *arXiv* 1012.2599

문용혁, 신익희, 이용주, 민옥기, 〈자동 기계학습(AutoML) 기술 동향〉, 《전자통신동향분석》 34권 4호, 2019, pp.32~42

Marcus, Gary. (2018). "Deep Learning: A Critical Appraisal". *arXiv* 1012.2599

Frazier, Peter I. (2018). "A Tutorial on Bayesian Optimization". *arXiv* 1807.02811

Feurer, Matthias. Hutter, Frank. (2019). *Hyperparameter Optimization*. Springer. pp.3-33

소통하는 서비스 로봇의 현장

'Business Focus, CES 2022를 통해 본 미래 ICT 산업.' 삼정KPMG 경제연구원, 2022년 11월 10일, url: https://assets.kpmg/content/dam/kpmg/kr/pdf/2022/kr-bf-ces-2022-20220110.pdf

김원정, 〈CES 2022에서 로봇과 함께하는 미래를 엿보다〉, 《산업일보》, 2022년 1월 8일 자

안준형, 〈'삼성 봇'에 탑재된 기술 2가지는?〉, 《비즈니스워치》, 2022년 1월 9일 자

윤상은, 〈화재 현장 불 끄고 가스 탐지하는 소방 로봇, 국내는 아직 '걸음마'〉, 《지디넷코리아》, 2022년 5월 10일 자

선담은, 〈얼굴에 감정이 드러나는 로봇 '아메카', CES서 첫 공개〉, 《한겨레》, 2022년 1월 7일 자

장길수, 〈메타버스로 확장하는 로봇 기술 선보인 'CES 2022'〉, 《로봇신문》, 2022년 1월 12일 자

이영아, 〈"CES 홀렸다"…비욘드허니컴, AI 셰프로 영화 기생충 '짜파구리' 재현〉, 《테크M》, 2022년 1월 10일 자

로봇신문사, 〈'CES 2022'에서 꼽아본 흥미로운 로봇 TOP 3〉, 《로봇신문》, 2022년 1월 21일 자

이한수, 〈인간이 되고 싶은 로봇, 그리스신화에도 있었네〉, 《조선일보》, 2020년 6월 27일 자

최성우, 〈로봇과 사이버네틱스의 원조(3)〉, 《사이언스타임즈》, 2021년 7월 23일 자

문병성, 《제4차 산업혁명 핵심기술의 이해》, 2020

제임스 케라마스, 이만형 외, 《로봇공학》, 사이텍미디어, 2000

'서비스 로봇.' K-MOOC, 2022년 11월 10일, url: http://www.kmooc.kr/courses/course-v1:JNUk+JNUk02+2019_T1/about

'제3차 지능형 로봇 기본계획.' 산업통상자원부, 2022년 11월 10일, url: https://motie.go.kr/motie/ms/nt/announce3/bbs/bbsView.do?bbs_seq_n=65584&bbs_cd_n=6

'2022년 지능형 로봇 실행계획.' 대한민국 정책브리핑, 2022년 11월 10일, url: https://www.korea.kr/news/pressReleaseView.do?newsId=156498511

'World Robotics 2021.' IFR, November 10, 2022, url: https://ifr.org/news/service-robots-hit-double-digit-growth-worldwide

한국로봇산업진흥원, 〈2020년 기준 로봇산업 실태조사 결과보고서〉, 2021

과학기술정보통신부, 한국과학기술기획평가원, 〈소셜 로봇의 미래〉, 2020

로라 불러, 클라이브 기포드, 앤드리아 밀스, 이한음, 《로봇 백과 ROBOT》, 비룡소, 2019

이강봉, 〈초소형 비행로봇 '로보비 엑스-윙'〉, 《사이언스타임즈》, 2019년 6월 28일 자

이소현, 〈뒤바뀐 삼총사 지형도…'로봇' 동맹 현대차 · 모비스 · 글로비스〉, 《이데일리》, 2020년 12월 13일 자

배일한, 〈2030 미래로봇 시나리오〉, KAIST, 2021

이준희, 〈로봇 미래예측 2030 대담회 "초고령화 위기를 기회로, K-로봇 선도국가 도약해야"〉, 《전자신문》, 2021년 12월 20일 자

박설민, 〈멀잖은 AI사회, 노동자와 로봇의 공존은 가능할까〉, 《시사위크》, 2021년 12월 22일 자

현경민, 정근호, 백채욱, 권기범, 김호균, 김태형, 민준홍, 《모바일 미래보고서 2022》, 비즈니스북스, 2021

박현섭, 고경철, 황정훈, 조규남, 《4차 산업혁명 로봇 산업의 미래》, 크라운출판사, 2019

강기헌, 〈현대차, 네 바퀴 로봇 '모베드' 공개…1인 모빌리티 시대 연다〉, 《중앙일보》, 2021년 12월 17일 자

한국산업기술진흥원, 〈CES의 경과 및 시대적 시사점 분석〉, 2017

김영신, 〈1967년 소규모 가전 전시회로 출발한 美CES…미래기술 총집합〉, 《연합뉴스》, 2022년 1월 2일 자

중소기업청, 〈중소기업 기술로드맵-로봇응용 분야〉, 2015

조선일보, 〈곁으로 다가온 로봇: 로봇의 역사와 미래〉, 《조선일보》, 2002년 12월 31일 자

산업통상자원부, 〈자율주행로봇 보도통행 허용, 내년으로 앞당긴다! 보도자료〉, 2022년 1월 26일 자

국가지정 의과학연구정보센터, 〈보건의료신기술 경쟁환경분석 및 성장전망: 의료용 수술 로봇〉, 2018.

김효정, 〈밀물썰물: 로봇 시대〉, 《부산일보》, 2022년 6월 9일 자

정석용, 〈카페도 로봇바리스타 전성시대〉,《내일신문》, 2022년 6월 3일 자

최민석, 〈심리치료용 애완로봇〉, ETRI, 2017

조선일보, 〈3D 프린터로 만든 생체 모방 로봇 개미 '바이오닉앤트'〉,《조선일보》, 2015년 3월 31일 자

송경은, 〈온 몸이 문어처럼 움직인다고? 초소형 소프트 로봇 개발〉,《동아사이언스》, 2016년 8월 25일 자

PART 3. 새로운 소재, 무한한 기회

태양전지의 내일, 페로브스카이트

Park, I. J. Kim, D. H. (2019). "Organic-Inorganic Perovskite for Highly Efficient Tandem Solar Cells". *Ceramist*, Vol. 22, No. 2, pp.146~169

O'Regan, Brian. Grätzel, Michael. (1991). "A low-cost, high-efficiency solar cell based on dye-sensitized colloidal TiO_2 films". *Nature*, volume 353, pp.737~740

'A low-cost, high-efficiency solar cell based on dye-sensitized colloidal TiO_2 films.' Google Scholar, November 10, 2022, url: https://scholar.google.com/citations?view_op=view_citation&hl=ko&user=B0h47WAAAAAJ&citation_for_view=B0h47WAAAAAJ:Qy-rCirNo-8C

Jena, A. K. Kulkarni, A. Miyasaka, T. (2019). "Halide Perovskite Photovoltaics: Background, Status, and Future Prospects". *Chem. Rev.* 2019, 119, 5, 3036-3103

Mitzi, David B. (2019). "Introduction: Perovskites". *Chem. Rev.* 2019, 119, 3033-3035

송명관, 〈페로브스카이트 태양전지용 홀 전도체 개발과 비납계 페로브스카이트 연구 동향〉,《세라미스트(Ceramist)》 제21권 1호, 2018

Roh, Deok-Ho. et al. (2022). "Molecular design strategy for realizing vectorial electron transfer in photoelectrodes". *Chem*, Volume 8, Issue 4. pp.1121~1136

'식물 광합성 방식 모방해 태양전지 효율 높인다!' UNIST News Center, 2022년 11월 10일, url: news.unist.ac.kr/kor/20220227-2/

'April 25, 1954: Bell Labs Demonstrates the First Practical Silicon Solar Cell.' APS physics news, November 10, 2022, url: aps.org/publications/apsnews/200904/physicshistory.cfm

양태열, 전남중, 서장원, 노준홍, 〈페로브스카이트 태양전지 공정 기술〉, 《전기전자재료》 제29권 제8호, 2016, pp.22~34

이선주, 양태열, 전남중, 서장원, 노준홍, 〈할로겐화물 페로브스카이트 태양전지〉, 《KIC News》 제20권 2호, 2017, pp.59~76

유형렬, 최종민, 〈친환경 페로브스카이트 태양전지 최신 기술 동향〉, 《전기화학회지》 제22권 3호, 2019, pp.104~111

박민아, 김진영, 〈페로브스카이트 기반 탠덤 태양전지 연구 동향〉, 《한국태양광발전학회》 제3권 1호, 2017, pp.42~52

다시 암모니아가 뜬다

김기수, 임수진, 〈태평양 전쟁(War of the Pacific)과 남미 삼국의 영토분쟁〉, 《군사연구》 제136권, 2013, pp.9~34

류창국, 〈암모니아 '오줌 찌린내' 나지만… 알고 보면 미래 에너지〉, 《매일경제》, 2021

'Rudolf Diesel.' Britannica, November 10, 2022, url: https://www.britannica.com/biography/Rudolf-Diesel

'암모니아 선박 눈앞.' KBS NEWS, 2022년 11월 10일, url: https://news.kbs.co.kr/news/view.do?ncd=5165481

한국에너지기술연구원, 〈암모니아에서 그린수소 뽑아내는 핵심기술 개발〉, 2021

〈암모니아 연료선박에 대한 지침서, 한국선급〉, GL-0025-K. 2021

이후경, 우영민, 이민정, 〈탄소중립을 위한 암모니아 연소기술의 연구개발 필요성-Part Ⅱ 연구개발 동향과 기술적 타당성 분석〉,《한국연소학회지》제26권 1호, 2021, pp.84~106

관계부처 합동, 〈2030 한국형 친환경선박(Greenship-K) 추진전략: 제1차 친환경선박 개발·보급 기본계획('21~'30)〉, 2020

Cames, Martin. Graichen, Jakob. Siemons, Anne. Cook, Vanessa. (2015). "Emission Reduction Targets for International Aciation and Shipping, Policy Department A: Economic and Scientific Policy", European Parliament, IP/A/ENVI/2015-11

'Media information - MEPC 78 preview, Marine Environment Protection Committee(MEPC)-78th session.' IMO, November 10, 2022, url: https://www.imo.org/en/MediaCentre/SecretaryGeneral/Pages/MEPC-78-opening-.aspx

Han, Gao-Feng. Li, Feng. Chen, Zhi-Wen. Coppex, Claude. Kim, Seok-Jin. Noh, Hyuk-Jun. Fu, Zhengping. Lu, Yalin. Singh, Chandra Veer. Siahrostami, Samira. Jiang, Qing. Baek, Jong-Beom. (2021). "Mechanochemistry for ammonia synthesis under mild conditions". *Nature Nanotechnology*, volume 16, pp.325-330

신경세포 모방과 고분자 전자 소재

조일준, 〈스티븐 호킹의 경고… "인공 지능 기술 개발, 인류 멸망 부를수도"〉, 《한겨레》, 2014년 12월 3일 자

민태기, 〈알파고가 쓴 에너지, 이세돌의 8500배… 미래 산업, 에너지 혁신에 달렸다〉,《조선일보》, 2021년 11월 15일 자

Mead, C. (1990). "Neuromorphic electronic systems". *Proceedings of the IEEE*, 78(10), 1629-1636

강일용, 〈퀄컴, 인간처럼 학습하는 프로세서 '제로스' 공개〉,《IT동아》, 2013년 10월 16일 자

문채석, 〈개발·양산 때마다 세계 최초 '삼성 3나노 첫 양산'〉,《아시아경제》, 2022년 6월 30일 자

Han, J. K. et al. (2022). "Artificial Olfactory Neuron for an In-Sensor Neuromorphic Nose", *Advanced Science*, 9(18), 2106017

이해랑, 〈구부러지는 스마트폰 화면 가능케 하는 신기한 플라스틱, 전도성 고분자〉, 《한국경제》, 2022년 5월 6일 자

Xu, W. et al. (2016). "Organic core-sheath nanowire artificial synapses with femtojoule energy consumption", *Science Advances*, 2(6), 1501326

Burgt, Y. van de. et al. (2018). "Organic electronics for neuromorphic computing", *Nature Electronics*, 1. pp.386-397

Lee, H. R. et al. (2022). "Neuromorphic Bioelectronics Based on Semiconducting Polymers", *Journal of Polymer Science*, 60(3), pp.348-376

신축성 소재로 만드는 웨어러블 디바이스

한영혜, 〈저혈압 아닌 심낭염… 갤워치4가 아내 AZ 부작용 잡아냈다〉, 《중앙일보》, 2021년 8월 23일 자

장유미, 〈'갤럭시언팩 2022' 뜨거워진 손목 위 전쟁… 삼성, 갤워치5로 애플 넘을까〉, 《아이뉴스24》, 2022년 8월 10일 자

강민경, 〈디지털 문신… 피 안 뽑고도 혈당 측정 가능〉, 《YTN 사이언스》, 2015년 1월 21일 자

신동윤, 〈다양한 기능과 형태로 삶의 질 개선해 나가는 웨어러블 디바이스〉, 《테크월드뉴스》, 2019년 12월 6일 자

도시의 유전, 미래 플라스틱

김기범, 조해람, 〈당신은 오늘 '몇 플라스틱' 하셨습니까?〉, 《경향신문》, 2021년 1월 28일 자

BBC NEWS 코리아, 〈플라스틱: 영화, 음악, 병원을 있게 한 플라스틱의 역사〉, 《BBC NEWS 코리아》, 2018년 11월 24일 자

이찬희, 《플라스틱 시대》, 서울대학교출판문화원, 2022

이정은, 〈막대한 양의 플라스틱 생산이 기후위기 앞당겨〉, 《환경일보》, 2021년

9월 16일 자

김훈남, 〈플라스틱 열분해 시장 열린다〉, 《머니투데이》, 2022년 8월 31일 자

김철선, 〈500도 열분해 거쳐 플라스틱으로 부활한 폐비닐… 하루 10t 처리〉, 《연합뉴스》, 2019년 10월 19일 자

PART 4. 일상을 지키기 위한 세포 정복

알츠하이머병, 이제 극복이 가능할까

중앙치매센터, 〈대한민국 치매현황 보고서〉, 보건복지부, 2021

원종혁, 〈치매 치료 겨냥한 CRISPR 유전자 기술, '미세아교세포 활성 조절 주목'〉, 《디멘시아뉴스》, 2022년 9월 7일 자

원종혁, 〈흔들리는 '베타 아밀로이드 가설'… 찻잔 속 태풍일까〉, 《디멘시아뉴스》, 2022년 7월 25일 자

정우현, 《생명을 묻다》, 이른비, 2022

김형자, 〈노화주범 따로 있었네! 70세, 피가 달라진다〉, 《주간조선》, 2022년 6월 13일 자

푸드테크 중심에 선 대체육의 과학

이정민, 김용렬, 〈대체축산물 개발 동향과 시사점〉, 《농정포커스》 170호, 한국농촌경제연구원, 2018

유광연, 용해인, 유민희, 전기홍, 〈식물성 단백질을 이용한 육류 유사식품에 관한 고찰〉, 《한국식품과학회지》, 제52권 2호, 2020, pp.167~171

최정석, 〈세포배양육 생산을 위해 우리가 해결해야 할 과제〉, 《축산식품과학과산업》 제9권 1호, 2020, pp.2~10

윤성용, 조해주, 이경본, 〈대체육(代替肉) KISTEP 기술동향브리프〉 2021-01호, 한국과학기술기획평가원, 2021

지현근, 〈배양육 연구동향: Beyond the BEYOND MEAT®〉, BRIC View

2020-T37, 2020

이현정, 조철훈, 〈세계 대체육류 개발 동향〉, 《세계농업》 2019 3월호, 2019

강민호, 〈"대체육, 고기라고 부르지 마"… 축산업계, 비건식품 인기에 발끈〉, 《매일경제》, 2022년 1월 10일 자

BBC NEWS 코리아, 〈'인공고기' 배양육, 얼마나 승산 있을까〉, 《BBC NEWS 코리아》, 2021년 4월 8일 자

'NATURE'S Fynd.' November 10, 2022, url: https://www.naturesfynd.com/

'What is Nature's Fynd and What is Fy?' YouTube, November 10, 2022, url: https://www.youtube.com/watch?v=sodONlWRiE0&t=9s

'엠빅뉴스: 살아 있는 가축 대신 세포를 키워 만든 고기가 첫 판매 허가를 받았다.' YouTube, 2022년 11월 10일, url: https://www.youtube.com/watch?v=rQVg_q6x2_8

'KBS: 세포로 키워 만든 '배양육' 먹어보니…' YouTube, 2022년 11월 10일, url: https://www.youtube.com/watch?v=z0xJBsvYOdc

박영경, 〈프리미엄 리포트: 고기, 이제는 '제조'합니다〉, 《동아사이언스》, 2021년 11월 6일 자

곽노필, 〈다시마 육포·다시마 버거… 해초도 고기가 될 수 있다〉, 《한겨레》, 2020년 12월 4일 자

'IMPOSSIBLE.' November 10, 2022, url: https://faq.impossiblefoods.com/hc/en-us/articles/360018937494-What-are-the-ingredients-in-Impossible-Burger

'Soy leghemoglobin (LegH) preparation as an ingredient in a simulated meat product and other ground beef analogues.' Gonernment of Canada, November 10, 2022, url: https://www.canada.ca/en/health-canada/services/food-nutrition/genetically-modified-foods-other-novel-foods/approved-products/soy-leghemoglobin/document.html

Ding, Shijie. Swennen, G. N. M. Messmer, Tobias. Gagliardi, Mick. G.

M. Molin, Daniël. Li, Chunbao. Zhou, Guanghong. Post, Mark J. (2018). "Maintaining bovine satellite cells stemness through p38 pathway". *Scientific Reports*, volume 8, Article number: 10808

Kolkmann, Anna M. Essen, Anon Van. Post, Mark J. Moutsatsou, Panagiota. (2022). "Development of a Chemically Defined Medium for *in vitro* Expansion of Primary Bovine Satellite Cells", *frontiers in bioengineering and biotechnology*, 04

골수이식은 더 이상 두려운 일이 아니다

송근섭, 〈'2만 분의 1' 유전자 단짝에 새 삶 선물한 공무원〉, 《KBS NEWS》, 2021년 3월 10일 자

김기철, 최원준, 김태균, 〈2019년 조혈모세포·제대혈 기증 대국민 인식조사 결과〉, 《주간 건강과 질병》 13권 3호, 2020, pp.140~152

대한적십자사 혈액관리본부, 〈기증방법별 현황〉, 2021

황종식, 〈2만 분의 1 기적을 낳은 사나이, 육군 제8기동사단 김기범 상사〉, 《국 제뉴스》, 2022년 8월 29일 자

'혈연 반일치 조혈모세포 이식, 비혈연 이식과 대등한 치료 결과.' 서울대학교 병원, 2022년 11월 10일, url: http://www.snuh.org/board/B003/view.do?bbs_no=5799&searchKey=&searchWord=&pageIndex=1

한국백혈병어린이재단, 〈조혈모세포이식〉, 2015

PART 5. 지구에서 공존하기 위한 절박한 외침

지질학으로 본 다이아몬드의 가치

엄남석, 〈다이아몬드 속 철 동위원소가 밝혀준 700km 밑 맨틀의 비밀〉, 《연합 뉴스》, 2021년 4월 1일 자

조혜인, 〈다이아몬드가 밝힌 아프리카 땅의 나이〉, 《동아사이언스》, 2021년 6월 2일 자

유세진, 〈40억 년 이상 된 다이아몬드 발견, 지구 형성 비밀 밝혀지나〉, 《뉴시스》, 2007년 8월 23일 자

이장혁, 〈대륙이동의 시작, 다이아몬드는 알고 있다?〉, 《테크홀릭》, 2016년 2월 2일 자

이정현, 〈다이아몬드서 찾은 새로운 광물, 지구 맨틀 비밀 벗길까〉, 《지디넷코리아》, 2021년 11월 17일 자

꿀벌은 왜 사라지는가

조홍섭, 〈꿀벌은 다 채식주의라고?… 육식하는 독수리꿀벌〉, 《한겨레》, 2021년 12월 6일 자

고은경, 〈시시콜콜: 전 세계는 지금 멸종위기 '꿀벌' 구하기 나섰다〉, 《한국일보》, 2020년 7월 19일 자

이승민, 〈'인류 존망의 풍향계' 야생꿀벌 다양성 25년간 25% 줄었다〉, 《연합뉴스》, 2021년 1월 23일 자

이상진, 〈꿀벌은 도시를 좋아해〉, 《이웃집과학자》, 2019년 5월 8일 자

김종화, 〈꿀벌 멸종하면, 인류는 4년 내 멸망?〉, 《연합뉴스》, 2020년 2월 4일 자

윤태희, 〈꿀벌 멸종? 생존 위해 '빠르게 진화'하고 있다-네이처〉, 《나우뉴스》, 2015년 8월 26일 자

'How you can help save the bees, one hive at a time.' YouTube, November 10, 2022, url: https://www.youtube.com/watch?v=WlFsUeYzezk

박미용, 〈잠깐 과학: 꿀벌도 투표한다〉, 《동아사이언스》, 2021년 4월 6일 자

서광원, 〈꿀벌의 민주적 의사결정 1억 년을 버틴 집단 지능의 힘〉, 《중앙일보》, 2017년 5월 6일 자

'개미 제국의 모든 권력은 일개미들로부터 나온다.' 네이버 포스트, 2022년 11월 10일, url: https://post.naver.com/viewer/postView.nhn?volumeNo=7144713&memberNo=27562621

김행범, 〈민주주의가 꿀벌을 닮을 수 있을까?〉, 《국회소식》, 2022년 2월 16일 자

'꿀벌의 민주주의, 경이로운 꿀벌의 세계: 토론하고 설득하고 꿀벌은 정치가.' INTERPARK, 2022년 11월 10일, url: https://book.interpark.com/event/EventFntTemPlate.do?_method=GenTemplate&sc.evtNo=125338

'카를 폰 프리슈.' 위키백과, 2022년 11월 10일, url: https://ko.wikipedia.org/wiki/%EC%B9%B4%EB%A5%BC_%ED%8F%B0_%ED%94%84%EB%A6%AC%EC%8A%88

사이언스올, 〈2012년 우수과학도서 꿀벌의 민주주의〉, 2012

Heidborn, T. (1965). "Dancing with bees. Culture & Society_History of Science". *MaxPlanck Research*, 2 10. pp.75~80

Seeley, T. D. (2008). "Martin Lindauer(1918-2008). Prime mover in behavioral physiology and sociobiology". *Nature*, vol. 456 Issue 718

Seeley, T. D., Kűhnholz, S., and R. H. Seely, (2002). "An early chapter in behavioral physiology and sociobiology: The science of Martin Landauer". *Journal of Comparative Physiology A*, 188(6): 439-53.

온실가스 메테인 다시 보기

기상청, 〈IPCC 제6차 평가 주기(AR6) 제1실무그룹 보고서 '기후변화 2021 과학적 근거: 정책결정자를 위한 요약본'〉, 2021

관계부처 합동, 〈2050 탄소중립 시나리오안〉, 2021

'국가지표체계.' e-나라지표, 2022년 11월 10일, url: www.index.go.kr

'종합기후변화감시정보.' 기상청 기후정보포털, 2022년 11월 10일, url: www.climate.go.kr

PART 6. 오늘의 문화가 된 과학

휴대용 해시계 일영원구의 발견?

문화재청, 〈문화재청, 휴대용 해시계 '일영원구' 공개 보도자료〉, 2022년 8월

18일 자

이용삼, 〈일영원구 환수 유물의 특징과 의미〉, 기자회견 발표 PPT, 2022년 8월 18일

아프가니스탄의 과학자들

이영완, 〈탈레반에 무너지는 아프간 과학, 수학 교수는 이슬람 신학자가 차지〉, 《조선일보》, 2021년 9월 28일 자

이영완, 〈탈레반, 20년간 일군 아프간 과학 산산조각 내: 아프간 유학생 야쿱 단독 인터뷰〉, 《조선일보》, 2021년 9월 9일 자

이종필, 〈폭정을 피해 고국 등진 불행한 두뇌들, 인류의 불행을 덜다: 이종필의 과학자의 발상법〉, 《경향신문》, 2021년 9월 9일 자

이영완, 〈"죽고 싶지 않아요" 탈레반에 아프간 과학이 무너진다〉, 《조선일보》, 2021년 8월 30일 자

과학기술전략과, 《과학기술50년사》, 과학기술정보통신부, 2017

김능우, 〈중세 암흑시기에 이슬람은 문명을 밝혔다〉, 《신동아》, 2011년 8월 19일 자

하워드 R. 터너, 정규영, 《이슬람의 과학과 문명》, 르네상스, 2004

'스토리 뉴스.' 대한민국과학기술유공자, 2022년 11월 10일, url: https://www.koreascientists.kr/scientists/

주 4일 근무제와 과학적관리법

'국가기록원.' 2022년 11월 10일, url: www.archives.go.kr

'국가법령정보센터.' 2022년 11월 10일, url: http:/law.go.kr

'국회의안정보시스템.' 2022년 11월 10일, url: http://likms.assembly.go.kr/bill

'국회법률정보시스템.' 2022년 11월 10일, url: http://likms.assembly.go.kr/law

'the Henry Ford.' November 10, 2022, url: http://www.thehenryford.org

'The principles of scientific management.' WIKIPEDIA, November 10, 2022, url: https://en.wikipedia.org/wiki/The_Principles_of_Scientific_Management

시민과학 프로젝트

강연실, 〈시민, 과학에 참여하다〉, 《사이언스온》, 2017년 7월 31일 자

고재경, 김연성, 예민지, 〈환경문제 해결을 위한 시민과학의 의미와 가능성〉, 《경기연구원 기본연구》, 2019, pp.1~288

권난주, 〈초등학생들이 생각하는 과학자 이미지와 과학과 관련된 경험 및 배경 조사〉, 《초등과학교육》 제24호 1호, 2005, pp.59~67

권현수, 〈안양시, 탄소중립 실현 '시민 기후활동가 양성' 교육생 모집〉, 《머니투데이》, 2022년 9월 26일 자

박은지, 〈과학을 즐기는 사람들: 성인의 과학 취미 활동을 통한 과학적 소양인 되기 과정 탐색〉, 서울대학교 대학원 박사학위 논문, 2016

박진희, 〈한국 시민과학의 현황과 과제〉, 《과학기술학연구》 제18권 2호, 2018, pp.7~41

서범석, 〈서울숲공원, 시민과학단 모집 '꽃 보러 가새'〉, 《나무신문》, 2020년 3월 21일 자

손고운, 〈새·나무 관찰 '시민과학자', 서울 생물다양성 전략 만든다〉, 《한겨레》, 2022년 4월 8일 자

송위진, 〈과학문화정책의 전환〉, 《Issues & Policy》, 2011, pp.1~19

윤경환, 〈기후변화도 AI로 해결"… SK하이닉스, '생물 보존' 아이디어 경연〉, 《서울경제》, 2022년 9월 20일 자

윤진, 〈학생들의 과학진로 선택 과정에 영향을 미치는 요인들 간의 인과관계 분석〉, 《한국과학교육학회지》 제27권 7호, 2007, pp.572~585

이영완, 〈시민 과학자 1만 명·구글 인공지능 합작… 소행성 1701개 찾아냈다〉, 《조선경제》, 2022년 5월 11일 자

이지영, 김희백, 주은정, 이수영, 〈중학생들의 과학과 과학 학습에 대한 이미지와 과학 진로 선택 사이의 관계〉, 《한국과학교육학회지》, 제29권 8호, 2009,

pp.934~950

이정은, 〈2022 날씨 빅데이터 경진대회 수상작 발표〉, 《환경일보》, 2022년 8월 23일 자

정재훈, 〈고양시, 시민·전문가 참여 정발산 일대 생물 다양성 조사〉, 《이데일리》, 2022년 6월 25일 자

조승한, 〈시민과 함께 환경 문제 연구할 연구자 모이세요〉, 《동아사이언스》, 2020년 3월 26일 자

현혜정, 문형욱, 〈성인의 과학문화 참여 확산을 위한 과학관 전시 연계 융합프로그램 방향 제안〉, 《한국과학예술융합학회》 제13권 1호, 2013, pp.429~439

Haklay, M. (2015). "Citizen science and policy: a European perspective". Washington, D.C.: Woodrow Wilson International Center for Scholars, 4

Irwin, A. (1995). *Citizen Science: A Study of People, Expertise and Sustainable Development*. London and New York: Routledge

UKEOF. (2018). *The UK Environmental Observation Framework Delivery Plan*. 2018-2020

Wiggins, A. and Crowston, K. (2011). "From Conservation to Crowdsourcing: A Typology of Citizen Science". Kauai, HI, USA: IEEE

Bonney, R., Ballard, H., Jordan, R., McCallie, E., Phillips, T., Shirk, J., & Wilderman, C. C. (2009). "Public Participation in Scientific Research: Defining the Field and Assessing Its Potential for Informal Science Education". Washington, DC: Center for Advancement of Informal Science Education (CAISE)

새로운 과학 소비자의 등장

'MOON NIGHT SCIENCE PARTY.' November 10, 2022, url: https://www.sciencecenter.go.kr/scipia/scienceparty

'After Dark.' exploratorium, November 10, 2022, url: https://www.exploratorium.edu/visit/calendar/after-dark

'LATES.' SCIENCE MUSEUM, November 10, 2022, url: https://www.sciencemuseum.org.uk/see-and-do/lates

'An evening for the inquisitive and gourmands.' TECHNORAMA, November 10, 2022, url: https://www.technorama.ch/en/meet/in-vino-scientia

'Science Cafés.' November 10, 2022, url: https://www.sciencecafes.org

Sachatello-Sawyer, B. (2002). *Adult Museum Programs*, Rowman & Littlefield Publishers

2021-2022 노벨상 특강

노벨상을 수상한 기상학자

'2022 Nobel Prize laureates.' THE NOBEL PRIZE, November 10, 2022, url: www.nobelprize.org

제3의 촉매

서상원, 〈과학자가 본 노벨상: 분자 만드는 독창적 도구 제3의 촉매; 개발〉, 《대덕넷》, 2021년 10월 19일 자

'ibs.' November 10, 2022, url: www.ibs.re.kr

문상흡, 신은우, 김우재, 조한익, 《촉매란 무엇인가?》, 사이플러스, 2021

김병민, 〈부작용 없는 코로나 치료제… '비대칭 유기촉매'가 해결사〉, 《아시아경제》, 2021년 12월 9일 자

Jayasree Seayad, Benjamin List. (2005) "Asymmetric organocatalysis". *Organic & Biomolecular Chemistry*, Issue 5

감각의 비밀, 온도와 촉각 수용체

'YTN 사이언스: 자동차에 사용되는 첨단센서.' YouTube, 2022년 11월 10일, url: https://www.youtube.com/watch?v=hNWIRc2nFb4

Vanneste, M., Segal, A., Voets, T. et al. (2021). "Transient receptor potential channels in sensory mechanisms of the lower urinary tract". *Nature Reviews Urology*, 18, 139–159

'감각의 비밀을 밝히다.' 대학지성 In&Out, 2022년 11월 10일, url: https://www.unipress.co.kr/news/articleView.html?idxno=4684

Vay, Laura. Gu, Chunjing. Mcnaughton, Peter A. (2012). "The thermo-TRP ion channel family: Properties and therapeutic implications". *British Journal of pharmacology*, 165(4): 787–801

조승한, 〈'인간은 어떻게 세상을 인식하는가' 노벨생리의학상 수상자 공적〉, 《동아사이언스》, 2021년 10월 4일 자

현대 문명의 강력한 도구, 양자 얽힘

'The Nobel Prize in Physics 2022 Press Release, Entangled states–from theory to technology.' THE NOBEL PRIZE, November 14, 2022, url: https://www.nobelprize.org/prizes/physics/2022/press-release/

'Pioneering Quantum Physicist Win Nobel Prize in Physics.' Quanta Magazine, November 14, 2022, url: https://www.quantamagazine.org/pioneering-quantum-physicists-win-nobel-prize-in-physics-20221004/

유기합성의 역사와 클릭 화학

동아사이언스, 〈화학의 장인들, 노벨상을 품다〉, 《동아사이언스》, 2010년 10월 7일 자

김수진, 〈2010 노벨화학상 수상자 발표… 탄소-탄소 결합반응 개발 공로〉, 《아시아경제》, 2010년 10월 6일 자

Remmel, Ariana. 'Why chemists can't quit palladium'. *Nature*. 14 June 2022

고재원, 〈노벨상 2022: "받을 사람이 받았다"… 인류건강과 혁신기술 '씨' 뿌린 수상자들〉, 《동아사이언스》, 2022년 10월 7일 자

그림 출처

Finkbeiner

그림 1-20 © EHT Collaboration

그림 1-21 © EHT Collaboration

그림 1-22 © NASA's Fermi Gamma-ray Space Telescope Mission

PART 2. 산업화 초읽기, 확장되는 과학

그림 2-1 공공누리에 따라 한국항공우주연구원의 공공저작물 이용

그림 2-2 공공누리에 따라 한국핵융합에너지연구원의 공공저작물 이용

그림 2-3 Fouad A. Saad/Shutterstock.com

그림 2-4 Goodfellow, Ian J., et al. (2014). "Generative Adversarial Networks". *arXiv* 1406.2661

그림 2-5 Tan, Mingxing. Le, Quoc V. (2019). "EfficientNet: Rethinking Model Scaling for Convolutional Neural Networks". *PMLR* 97:6105-6114

그림 2-6 Hong Kong Baptist University. (2019). 'An overview of AutoML pipeline'. "AutoML: A Survey of the State-of-the-Art"

표 2-1 중소기업청, 〈중소기업 기술로드맵-로봇응용 분야〉, 2015

표 2-2 정부관계부처 합동, 〈2022년 지능형 로봇 실행계획〉, 2022

PART 3. 새로운 소재, 무한한 기회

그림 3-1 Bacsica/Shutterstock.com

PART 4. 일상을 지키기 위한 세포 정복

그림 4-1 Fancy Tapis/Shutterstock.com

그림 4-2 metamorworks/Shutterstock.com

그림 4-4 ⓒ 씨위드

그림 4-5 LDarin/Shutterstock.com

그림 4-6 한국분자세포생물학회

PART 5. 지구에서 공존하기 위한 절박한 외침

그림 5-1 OSweetNature/Shutterstock.com

그림 5-2 Sansanorth/Shutterstock.com

그림 5-3 Yulia Lipnitskaya/Shutterstock.com

그림 5-4 Designua/Shutterstock.com

PART 6. 오늘의 문화가 된 과학

그림 6-1, 2, 5, 6, 8 본 저작물은 문화재청에서 2022년 작성하여 공공누리 제1유형으로 개방한 일영원구를 이용하였으며, 해당 저작물은 '문화재청, www.cha.go.kr'에서 무료로 다운받으실 수 있습니다.

그림 6-7 본 저작물은 국립고궁박물관에서 작성하여 공공누리 제1유형으로 개방한 앙부일구를 이용하였으며, 해당 저작물은 '국립고궁박물관, https://www.gogung.go.kr'에서 무료로 다운받으실 수 있습니다.

2021-2022 노벨상 특강

그림 7-1 ⓒ John Jarnestad/The Royal Swedish Academy of Sciences

그림 7-2 ⓒ John Jarnestad/The Royal Swedish Academy of Sciences

그림 7-4 Vasilisa Tsoy/Shutterstock.com

그림 7-5 Vanneste, Matthias. Segal, Andrei. Voets, Thomas. Everaerts, Wouter. (2021). "Transient receptor potential channels in sensory mechanisms of the lower urinary tract". *Nature Reviews Urology*, volume 18, pp.139-159

그림 7-6 ⓒ The Nobel Committee for Physiology or Medicine

그림 7-7 ⓒ The Nobel Committee for Physiology or Medicine

2023 미래 과학 트렌드

초판 1쇄 발행 2022년 11월 22일
초판 3쇄 발행 2023년 6월 25일

지은이 국립과천과학관
펴낸이 이승현

출판2 본부장 박태근
지적인 독자 팀장 송두나
편집 김예지
디자인 하은혜

펴낸곳 ㈜위즈덤하우스 **출판등록** 2000년 5월 23일 제13-1071호
주소 서울특별시 마포구 양화로 19 합정오피스빌딩 17층
전화 02) 2179-5600 **홈페이지** www.wisdomhouse.co.kr

ISBN 979-11-6812-537-7 03400